"十二五"职业教育国家规划教材
经全国职业教育教材审定委员会审定

电子行业认知与新技术

新世纪高职高专教材编审委员会 组编

主　编　祁春清

副主编　肖文平　索　迹

　　　　汪义旺　陆春妹

　　　　陈伟元　杨晓庆

第二版

大连理工大学出版社

图书在版编目（CIP）数据

电子行业认知与新技术 / 祁春清主编 . ‒‒2 版 . ‒‒
大连：大连理工大学出版社，2021.1（2023.11 重印）
新世纪高职高专电子信息类课程规划教材
ISBN 978-7-5685-2732-3

Ⅰ . ①电… Ⅱ . ①祁… Ⅲ . ①电子技术—高等职业教
育—教材 Ⅳ . ① TN

中国版本图书馆 CIP 数据核字 (2020) 第 203949 号

大连理工大学出版社出版
地址：大连市软件园路 80 号　邮政编码：116023
发行：0411-84708842　邮购：0411-84708943　传真：0411-84701466
E-mail：dutp@dutp.cn　　　URL：https://www.dutp.cn
大连雪莲彩印有限公司印刷　　　　　大连理工大学出版社发行

幅面尺寸：185mm×260mm　　印张：14.25　　　字数：329 千字
2014 年 9 月第 1 版　　　　　　　　　　2021 年 1 月第 2 版
2023 年 11 月第 3 次印刷

责任编辑：马　双　　　　　　　　　责任校对：高智银
　　　　　　　封面设计：张　莹

ISBN 978-7-5685-2732-3　　　　　　　定价：39.80 元

本书如有印装质量问题，请与我社发行部联系更换。

前　言

《电子行业认知与新技术》（第二版）是"十二五"职业教育国家规划教材，也是新世纪高职高专教材编审委员会组编的电子信息类课程规划教材之一。

党的二十大报告指出，加快构建新发展格局，着力推动高质量发展。推动战略性新兴产业融合集群发展，构建新一代信息技术、人工智能、生物技术、新能源、新材料、高端装备、绿色环保等一批新的增长引擎。本教材编写团队从电子行业认知入手，选取与电子信息相关专业更为紧密的部分新兴产业技术为题材。通过案例展示，进一步拓展电子信息相关专业人才的视野，增强民族自豪感和文化自信，引导其为中国式现代化建设贡献力量。

近年来，高职高专的人才培养改革以就业为导向，以学生为主体，着眼于学生职业生涯发展，注重专业拓展能力的培养。专业拓展能力的培养在人才培养方案中占有越来越重要的地位。此外，反映新知识、新技术、新工艺和新方法的"四新"也被提到了一定的高度。本教材为高职高专电子信息大类专业学生拓展能力的培养服务，正是基于这样的理念组织编写的。主要具有以下几个特色：

1. 具有"浅""用""新"的特色，适应高职学生认知水平和特点

在内容上，从电子行业认知，到新技术应用，力求实现浅显、实用、领先等思想，在满足教学要求的同时，也力求受到学生的欢迎。

电子行业认知的内容旨在使学生对自己所处领域有所了解，新技术应用的内容选择的是国家战略性新兴产业规划及中央和地方的配套支持政策所确定的"新七领域"中与电子信息有关的四大领域内容，旨在指引学生前进的方向，服务于学生的创新拓展。

2. 内容覆盖较广，适用专业多

在多年的发展中，电子信息大类专业虽然不断地扩展与细化，但是最终的就业面向集中在一个大的电子信息产业环境。电子信息大类专业学生应该清楚地了解自己所处的行业，专业发展高度融合加速了行业对复合型人才的需求。"十二五"期间，以"专业群"带动专业建设受到重视，旨在合理整合资源，各专业共享优质资源。因此，本教材力求在内容上适用整个电子信息大类专业，既为学生提供广阔的视野，也为本教材拓宽了使用面，实现教育部所提倡的资源共享。

3. 校企合作编写、编写队伍实力强，为编好教材提供保障

本教材编写团队成员均有三年以上的企业经历，同时又具备丰富的教学经验和科研经历。在编写过程中多次研讨，力求为读者比较全面地展示电子行业和新技术。

全书分六个单元，建议使用24~48学时，用于培养电子信息大类专业人才的专业能力拓展，在教材使用中，各具体专业可以根据本专业的人才培养方案从教材中选讲相关内容。

本教材由祁春清担任主编，由肖文平、索迹、汪义旺、陆春妹、陈伟元和杨晓庆担任副主编。全书由陈必群、孙刚担任主审，由祁春清负责统稿。

在本教材的编写过程中，中国电子工业标准化技术协会庞春霖副秘书长和人力资源与社会保障部职业技能鉴定中心许远主任参与了本教材的策划准备工作，提出了宝贵的建议。本教材的编写和出版得到高职高专电子信息类专业实践体系开发项目组的大力支持，在大连理工大学出版社的牵头下多次组织对本教材内容和框架进行研讨，各地院校代表对本教材的整体构思和内容选择提供了宝贵的建议。苏州市职业大学校企合作单位的相关专家也对本教材给予了帮助和支持，在此一并感谢！

在编写本教材的过程中，编者参考、引用和改编了国内外出版物中的相关资料以及网络资源，在此表示深深的谢意！相关著作权人看到本教材后，请与出版社联系，出版社将按照相关法律的规定支付稿酬。

限于编者的学识水平，书中疏漏之处在所难免，恳请读者提出宝贵的意见，我们将努力改正。

编　者

所有意见和建议请发往：dutpgz@163.com

欢迎访问职教数字化服务平台：https://www.dutp.cn/sve/

联系电话：0411-84707492　84706671

目　录

单元一

电子行业认知

模块一 电子信息行业与产业简介

电子产品世界是如此的丰富多彩，如影随形。电子产品充斥着我们每个人的生活，改变着每个人的生活方式。

节能灯、日光灯、LED 灯、太阳能路灯以及风光互补路灯……为我们带来光明。如图 1-1 所示是新颖美观的电子蜡烛。

图 1-1 像雪花一样晶莹的电子蜡烛

电话、手机、传真机……通信产品实现随时随地的沟通交流。

如图 1-2 所示是一扇窗口，还是一个手机？其实它是一个窗口手机，它不仅可以打电话，还拥有其他不同凡响的功能。目前这还只是一个概念，如果可以实际投入生产，它会为"炫酷"这个词设立新标杆。

电饭煲、豆浆机、面包机、多士炉、电磁炉、光波炉、消毒碗柜、吸油烟机……相信读者还能说出很多厨房电器来。

如图 1-3 所示是一台家用全自动豆芽机，也是厨房的好帮手。

图 1-2 概念窗口手机

图 1-3 家用全自动豆芽机

还有很多电子产品，就不一一列举了。

关于智能手机，TeleNav 进行过一项有趣的调查，让我们也来看看：这结果多么令人惊讶——美国人为了用手机可以放弃生活中很多美好的东西。

智能手机用户比普通手机用户更容易和手机黏在一起，**21% 受访者宁可一周不穿鞋也不能一周没有手机。22% 受访者宁可一周不刷牙也不能一周没有手机。33% 的 iPhone 用户认为找个 iPhone 用户做伴是最浪漫的事。54% 受访者宁可一周不锻炼也不能一周没手机。26% 智能手机用户会在饭桌上查看手机，而普通手机用户这一比例只有 6%。**

图 1-4 所示是对智能手机用户的调查结果信息图。

我们很庆幸生活在一个如此精彩的时代，也很庆幸选择了电子信息相关专业，下面我们一起走进神秘的电子世界去瞧瞧吧。

一、电子信息行业与产业区分

（一）行业与产业的概念

产业是国民经济活动的最基本类型，是由社会分工而独立出来的、专门从事某一类别生产经营活动的单位的总和。

产业主要指经济社会的物质生产部门，是介于宏观经济与微观经济之间的中观经济。包括农业、工业、交通运输业等部门，一般不包括商业。第二次世界大战以后，西方国家大多采用了三次产业分类法。在中国，产业的划分是：第一产业为农业，包括农、林、牧、渔各业；第二产业为工业，包括冶金、煤炭、石油、自来水、电力、蒸汽、热水、煤气、机械、电子、纺织、化工、食品等，是采掘自然资源和对原材料进行加工的物质生产部门。第三产业分流通和服务两部分。简单的产业划分示意图如图1-5所示。

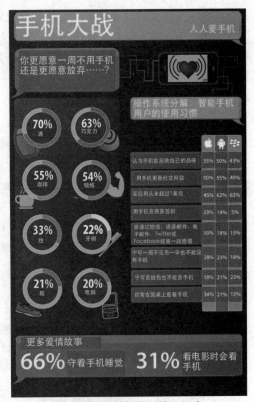

图1-4 智能手机使用情况调查

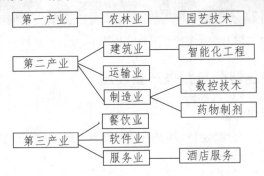

图1-5 简单的产业划分示意图（局部）

行业一般是指按其生产同类产品或具有相同工艺过程或提供同类劳动服务划分的经济活动类别，如饮食行业、服装行业、机械行业等。一般意义上，不同的行业有不同的待遇和排他性利益，行业的存在导致行业机会主义的存在，因此政府按行业进行直接管理，有时会因为怕损失行业利益而陷入行业保护，进而出现保守和封闭的现象。

产业与行业是密切相关的。传统意义上，产业是相对于工业而言的，如产业革命，主要指的是工业革命；行业是相对于工商业而言的，如零售行业，指的是商业。但是现在对这两个词的理解也发生了一些变化，就是产业应该是按照规模经济和要求集成起来的行业群体，因此产业的涵盖范围不仅包括工业，还包括非工业，比如教育。总之，产业可以是工业以外的行业，并且可以是由多个相对独立但业务性质完全一致的行业组成的，或者说是由分散在多个行业、具有同样业务性质的经济组织组成的。产业概念的外延要大于行业。

在本书中,对于同一个经济组织,产业定义为从宏观的角度出发,从政府政策层面出发;行业定义为从就业者的角度和商业的角度出发,相对微观一些。如果没有特别说明,二者表达的意思是接近的。

(二)电子信息产业的定义

电子信息产业是研制和生产电子设备及各种电子元件、器件、器具、仪器、仪表的工业,有时也涉及军事通信、电子雷达与电子对抗等领域,因此也可以说是军民结合型工业。电子信息产业由广播电视设备、家用电器、照明灯具、电子玩具、通信导航设备、雷达设备、电子计算机、平板电脑、智能手机、电子元器件、电子仪器仪表和其他电子专用设备等生产行业组成。

虽然很多人不喜欢这样机械化的定义,但它是最科学和全面的。如图1-6所示的是电子信息制造业的一个生产场景——某电子有限公司电阻自动化生产车间。

图1-6 某电子有限公司电阻自动化生产车间

二、电子信息产业划分与新兴产业领域

(一)电子信息产业划分

依据《电子信息产业行业分类注释(2005—2006)》,电子信息产业包括12个行业,46个门类,分别简述如下。

1. 雷达工业行业

雷达是利用电磁波探测目标的电子装备。雷达发射的电磁波照射目标并接收其回波,由此来发现目标并测定位置、运动方向、速度及其他特性。

雷达工业包含2个门类。

(1) **雷达整机产品的制造**。包括:战术导弹配套产品与地面雷达、机载雷达、舰载雷达等。

(2) **雷达专用配套设备及部件制造**。指为雷达整机产品配套的专用设备及部件产品。包括:二次雷达应答机、高度表、指挥仪、雷达侦察干扰设备、敌我识别器、雷达装备配套产品、指挥仪装备配套产品、雷达车厢、雷达天线、雷达用油机、雷达维护备件。

经过多年的艰苦奋斗,雷达行业已成为我国国防现代化建设和参与国民经济主战场的一支实力雄厚的产业大军,形成了中央与地方相结合、沿海与内地相结合、军用与民用结合、专业和门类比较齐全的工业体系,产品的性能指标已跨入先进行列。如图1-7所示是战场侦察雷达。

我国的雷达工业成果显著。机载雷达方面研制成功了具有全方位、全高度、全天候的脉冲多普勒机载火控雷达及机载多功能轰炸雷达，并研制了机载预警雷达。另外，为舰船研制成功了舰载相控阵三坐标雷达和舰艇综合火控雷达系统。在其他方面，为兵器配套研制成功了炮位侦察校射雷达等等；还研制成功一批新型雷达，如敌我识别雷达、天气雷达、近程远程交通管制雷达、着陆雷达、成像雷达等等。这些新型雷达融合了单脉冲跟踪体制技术、脉冲压缩体制技术、多普勒体制技术、相控阵体制技术和成像体制技术等，实现了雷达设计集成化、数字化、自动化、固态化。从而使雷达具备了作用距离远、抗干扰性能好、分辨率高、可靠性高的性能。遗憾的是，我国的雷达技术与装备水平距发达国家还有一定的差距，在某些领域还相当落后。如图 1-8 所示是工作人员在调试雷达。

图 1-7 战场侦察雷达

图 1-8 工作人员在调试雷达

2. 通信设备工业行业

通信设备工业行业包含 6 个门类。

(1) 通信传输设备制造。 指有线或无线通信传输设备的制造。包括：通信发射机、通信接收机、微波通信设备、卫星应用产品、散射通信设备、通信导航定向设备、载波通信设备、光通信设备。

(2) 通信交换设备制造。 指实现电路（信息）交换或接口功能设备的制造。包括：模拟电话交换设备、数字程控电话交换设备、IP 电话信号转换设备、数字移动通信交换设备、电报交换设备、综合业务数字交换设备、数据交换、光通信交换设备；网管、监控设备；无线接入设备、电缆线接入设备、光纤接入设备等。

如图 1-9 所示是覆盖青藏铁路的室外绿色一体化基站，由风光互补新能源设备供电。

图 1-9 绿色一体化基站

(3) 通信终端设备制造。 指电台、有线电话单机、数据通信设备、通信电子对抗设备、通信导航设备等各种有线通信终端接收设备的制造。包括：收发合一中小型电台；电话单机（普通、录音、可视等）；数据通信设备（传真机、数传机、数字分组交换机）；通信电子对抗设备（侦察、测向、干扰、保密等设备）；通信导航车辆（无线通信车、有线通信车、通信对抗车）；通信配套产品等。

(4) **移动通信设备制造**。指移动通信设备的制造。包括：移动通信设备、蜂窝移动通信设备、无线寻呼设备、集群移动通信设备、中小自动无线电电话系统设备、无中心选址通信系统设备、移动通信基站。

(5) **移动通信终端制造**。包括：手持（包括车载）无线电话机、无线寻呼机、对讲机等产品。

(6) **通信设备修理及其他通信设备制造**。包括：通信设备的修理；其他通信设备：通信用调制解调器、配线分线设备等产品。

自 20 世纪 80 年代以来，通信讯制造业步入了高速发展的时期。一方面专业技术进步显著，通信运营业实施了跨越式的发展，如交换设备跨越纵横、空分程控交换，直接进入数字程控交换，传输跨越同轴电缆，采用光纤、卫星传输。通信制造业在市场压力促进下，技术水平迅速提高。另一方面，民族企业发展壮大，一些勇于进取、积极创新的民族企业在激烈的市场竞争中脱颖而出，迅速发展壮大，成为产业的中坚力量。通信行业市场调查报告结果显示，现今我国固定电话用户总数已从 20 世纪 80 年代的第 17 位上升到了世界第 2 位，平均增长率高达近 30%。在移动电话用户增长方面，移动电话是我国通信业发展最迅猛的领域，我国移动通信仅用十余年的时间就达到了固定电话用一百多年才形成的用户规模。另外在数据用户方面，随着互联网的兴起，数据通信逐步从最初低速、单一的业务发展成高速、多样化的业务，已成为我国通信业又一个高速增长的业务。

①数字程控交换机的接口

可以通过各种信令和中继接入公众电话网 （PSTN）、公众移动网（PLMN）、专网以及组建跨区域的 VOIP 网。

②数字程控交换机的终端

可以提供专用话机、话务台、调度台、传真、无线分机以及用户自开发终端等多种接入终端，向用户提供安全、快捷、丰富的业务功能和个性化服务。

③数字程控交换机的网管

可通过 Ethernet、RS-232、E1、GSM 等方式接入网管系统；网管系统中的功能模块可集成到一台 PC 上，也可通过 LAN 分给多台 PC 进行分散管理；网管系统可以提供终端管理、交换机管理、计费管理、状态监控、新功能开发等功能模块。

3. 广播电视设备工业行业

该行业包含 3 个门类。

(1) **广播电视发射、传输、接收设备制造**。指广播电视发射、传输、接收设备及器材的制造。包括：

• 广播发射设备：中波、短波、调频等发射机；

• 电视发射、差转配套设备：电视发射机、电视差转机、数字电视发射机、电视发射、差转配套设备等；

• 电视接收设备：投影电视机、视像监视机、视像投影机；

• 广播接收设备：机动车辆用广播接收设备、广播模拟电视接收装置。

(2) **广播电视制作及播控设备制造**。指广播电视节目及专业用录音录像重放、音响设备及其配套的广播电视设备等产品的制造。包括：

• 音频节目制作和播控设备：广播专用录音放音设备、调音台、监听机（组）等；

• 视频节目制作和播控设备：电视录制和播出中心设备、新闻采访设备、专业录像机、专业摄录一体机、录像编辑设备、专业电视摄像设备和信号源设备、视频信息处理设备、电视信号同步设备、电视图文创作系统设备等；

· 专业录音和录像及重放设备：音频功率放大设备、录音转播机、电唱机、语音语言实验室设备。

如图 1-10 所示是某集团录音棚。

图 1-10 某集团录音棚

· 录像或重放像设备：电视光盘重放设备、磁带型录像机、摄像机编码器等；

· 音响设备配件或附件：音频电子放大器、拾音器、磁头、传声器（话筒）及其支架、麦克风、扬声器、头戴受话机、耳塞机及组合式成套话筒–扬声器等；

· 电缆电视分配电视系统设备、有线电视配套设备；

· 船用卫星电视单收站；

· 所有类型的天线、天线发射器和天线转子。

(3) **应用电视设备及其他广播电视设备制造**。指应用电视设备、其他电视设备和器材的制造，以及对广播电视专用设备的修理。包括：

· 应用电视设备：通用应用电视设备、特殊环境应用电视监视设备、特殊功能应用电视设备、特种功能应用电视设备、特种成像应用电视设备等。

· 应用电视设备器材；

· 其他广播电视设备：立体电视设备、多工广播设备、大屏幕彩色显示系统；

· 对广播电视专用设备的修理。

产品的主要用户是从中央到地方各级广播电台、电视台、教育电视台和各级电化教育系统，以及国防、公安、交通、医疗、环保、体育场馆等国民经济各部门。如图 1-11 所示是某电视台的电视播出监控大厅。随着计算机技术、数字技术等的突飞猛进发展，这个行业的设备也有了飞跃。原来目录里有的一些设备，已经逐渐被淘汰了。

图 1-11 电视播出监控大厅

4. 电子计算机工业行业

计算机工业（Computer Industry）是研究、开发、制造计算机及计算机软件的工业。计算机工业是电子工业的重要组成部分，是一个国家科技实力和综合国力的重要体现。计算机行业是一种省能源、省资源、附加价值高、知识和技术密集的行业，对于国民经济的发展、国防实力和社会进步均有巨大影响。**该行业包含 5 个门类。**

(1) **电子计算机整机制造**。指可进行算术运算或逻辑运算，包括中央处理机，并配有输入、输出装置和存储功能及其他外围设备的成套数字系统装置的制造（其中也包括来件组装电子计算机的加工活动）。

包括：

· 大中小型计算机及工作站：大中型计算机、小型计算机、工作站等。

· 微型计算机：个人台式电脑、IA 架构服务器、工控机、便携式微型计算机（笔记本、掌上型电脑）、学习机、个人数字处理（PDA、电子快译通、电子记事本、电子词典）。

图 1-12 所示为计算机主板。

图 1-12 计算机主板图片

(2) **计算机网络设备制造**。指建立某一计算机系统网络所需各种相关设备或装置的制造。

包括：

- 网络控制设备：通信控制处理机、集中器、终端控制器等；
- 网络接口和适配器：网络收发器、网络转发器、网络分配器、以太网络交换器等；
- 网络连接设备：集线器、网卡、网桥、路由器等；
- 网络检测设备：协议分析器、协议测试设备、差错检测设备等。

(3) 电子计算机外部设备制造。 指电子计算机外部设备产品的制造。包括：

- 终端显示设备：字符显示终端、图形显示终端、显示器（单色、彩色、平板等）；
- 输入设备：一般输入设备、识别输入设备、图形图像输入设备、语音输入设备、数据制备设备；
- 输出装置：打印设备、图形图像输出设备、语音输出设备；
- 半导体存储器；
- 外存储设备：磁带机、软磁盘机、硬磁盘机、光盘机等；
- 其他计算机外部设备及装置。

(4) 电子计算机配套产品及耗材制造。 指为计算机整机服务的配套产品及耗材制造。包括：

- 微型板卡：微机主机板、内存条、声卡、显卡、网卡、其他功能卡和接口卡。
- 电源：开关电源、UPS 电源等。
- 其他配套产品及耗材：机箱、硬盘片、软盘片、光盘、打印头、磁卡、墨盒、IC 卡等。

(5) 电子计算机应用产品制造。 指应用计算机技术推广应用的产品制造。包括：

- 电子出版系统：精密照排系统、轻印刷系统；
- 计算机辅助教学系统；
- 计算器及货币专用设备；
- 金融计算机应用产品：点钞机、清分机、复点机、自动存款机、银行自助终端等；
- 投影设备等；
- 其他应用产品：加油机税控计量器、电话计费器等产品。

计算机制造业包括生产各种计算机系统、外围设备、终端设备，以及相关装置、元件、器件和材料的制造。计算机作为工业产品，要求产品有继承性，有很高的性能 - 价格比和综合性能。计算机的继承性特别体现在软件兼容性方面，这能使用户和厂家把过去研制的软件用在新产品上，使价格很高的软件财富继续发挥作用，减少用户再次研制软件的时间和费用。提高性能 - 价格比是计算机产品更新的目标和动力。图 1-13 所示为工业控制用计算机。

计算机制造业提供的计算机产品，一般仅包括硬件子系统和部分软件子系统。通常，软件子系统中缺少适应各种特定应用环境的应用软件。为了使计算机在特定环境中发挥效能，还需要设计应用系统和研制应用软件。此外，计算机的运行和维护，需要掌握专业知识的技术人员，这是计算机服务业的主要工作内容。

5. 软件产业

软件产业包含 3 个门类。

(1) 软件产品。 指从事各种软件产品设计、开发、测试及推广应用的业务活动。包括：

- 系统软件：操作系统、数据库系统等。
- 支撑软件：中间件、网络及通信管理软件、安全保密软件、语言及工具软件、软件平台等。
- 应用软件：通用软件、各行业应用软件、文字语言处理软件等。
- 嵌入式软件。

图 1-14 所示为 IT 行业漫画，软件程序员真不容易呀！

图 1-13 工业控制用计算机

图 1-14 IT 行业漫画

(2) **系统集成制造**。指用应用软件将软（硬）件组成的面向实际应用的进程与结果。

(3) **软件信息服务**。包括：应用软件系统集成服务，软件发散传播服务，软件维护、培训、咨询服务等。

软件业是 21 世纪拥有最大产业规模和最具广阔前景的新兴产业之一。软件产业是信息产业的核心，是信息社会的基础性、战略性产业。软件产业不仅能创造十分可观的经济效益，而且由于其强大的渗透和辐射作用，对经济结构的调整优化、传统产业的改造提升和全面建设小康社会起到重要的推动作用，是国民经济和社会发展的"倍增器"。在人才需求方面，由于 IT 技术在通信、医疗、教育等各个方面的全面发展促进了各个软件开发方向的发展，从架构、编程到测试对人才的需求都比较旺盛。

如图 1-15 所示是我国软件行业的发展趋势。

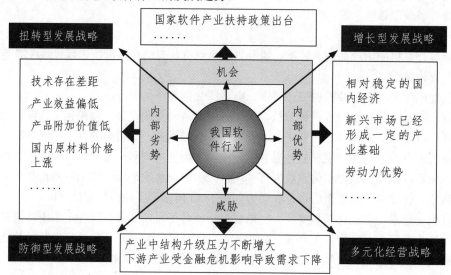

图 1-15 我国软件行业的发展趋势

随着国内现有的技术、网络等条件不断完善，金融、电信、电力、石油、政府等传统上软件行业的重要客户，都走上了数据集中的道路，为软件业发展提供了市场。另外，随着科技发展日新月异，各个行业都在不断发展变化，也为软件业提供了机遇。

6. 家用视听设备工业行业

该行业包括 4 个门类。

(1) **电视机制造**。指家用电视机整机产品的制造。

(2) **摄、录像、激光视盘机制造**。指家用摄、录像、激光视盘机整机产品的制造。包括：

录像机、放像机、家用摄录一体机、数字激光音、视盘机等。

(3) **家用音响电子设备制造**。指家用无线电收音机、收录音机、唱机等家用整机设备的制造。包括：家用音响，如收音机、收录放机、组合音响、CD机、MP3、家用功率放大器等产品；以及汽车电子设备：汽车音响设备等产品。

(4) **其他家用电子电器及家用电子电器配套件制造**。指其他家用电子电器产品及为整机配套的主要配套件产品的制造。其他家用电子电器产品包括电子琴、电子游戏机、洗衣机、电冰箱、空调、电风扇、微波炉、电磁炉、电子钟等；家用电子电器整机配套产品有：调谐器、行输出变压器、偏转线圈、录音录像机芯、磁头、光学头、天线、磁带、音像片、录音录像磁鼓及 VCD、DVD 开关电源等产品。

数字视听行业方面，技术创新加快，产品技术更新比较快，超薄、网络多媒体、节能环保、新型人机交互等新技术应用加快，云音乐播放系统等产品不断增加，形成了新的消费热点。

图 1-16 所示的是一个高级的现代家庭影院系统。

图 1-16 现代家庭影院系统

优秀的家庭影院要达到如下效果：清晰的对白跟画面、精准的声音定位、空间感极佳的环绕效果、感觉不到扬声器的存在、高对比度、精确的颜色还原、每个位置都有好的视线。

7. 电子测量仪器工业行业

该行业包括 4 个门类。

(1) **电子测量仪器制造**。指用电子技术实现对被测对象（电子产品）的电参数定量检测装置的制造。包括：频率测量仪器、电压测量仪器、示波器、器件参数测量仪器、元件参数测量仪器、脉冲测量仪器、扫描频谱波形分析仪器、微波测量仪器、通信测量仪器、广播电视测量仪器、超低频测量仪器、声学测量仪器、干扰场强测量仪器、稳压电源、记录显示仪、信号源功率计及其他测量仪器等产品。

安捷伦 DSO91304A Infiniium 高性能示波器如图 1-17 所示。

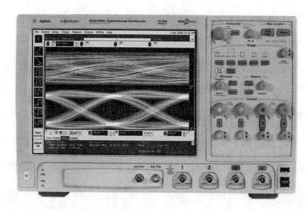

图 1-17 安捷伦 DSO91304A Infiniium 高性能示波器

这款高端示波器具有优越的性能：

首先是出色的示波器信号完整性。具有 13 GHz 带宽；具有 4 个模拟通道，每个通道的采样率均可达到 40 GSa/s，每个通道标配 20 Mpts 存储器，并可升级至 1 Gpts。

其次是提供非常高的实时测量精度：本底噪声（也称为背景噪声），100 mV/ 格时为 3.37 mV；抖动分析功能和精确的实时 T_j 和 R_j 特征，适用于 8.5 Gb/s 及以下的数据速率；硬件加速去嵌入技术可以轻松地补偿探头、夹具和通道效应。

(2) 医疗电子仪器及设备制造。指用于医疗专用诊断、监护、治疗等方面的电子仪器及设备的制造。包括：医用电子仪器设备、医用超声仪器、医用激光仪器及设备、医用生化分析仪器、医用高频微波射线核素仪器、中医用仪器及其他医疗电子仪器等产品。图 1-18 所示为高端医疗电子仪器。

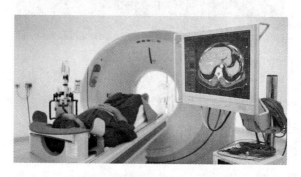

图 1-18 高端医疗电子仪器

(3) 汽车用电子仪器制造。指汽车制造方面应用的各种电子信息产品。包括：转数器、速度测量仪表及加速度计；生产产量计数器；出租汽车计价器、里程记录器、汽车电脑报站器；计步器、频闪观测仪及类似计量仪表；速度指示器及转速计、汽车定位系统和闪光仪等。

下面分析出租汽车计价器，如图 1-19 所示。

图 1-19 出租汽车计价器

这款计价器功能较为全面，具为以下特点：

- 计价、打印、税控、语音、IC 卡管理及非接触卡功能一体；
- 体积小前出票，可内嵌安装于各种车型；
- 远程服务，在线软件升级功能；
- 无晶体高精度万年历时钟，每月可手动调校 ±5 分钟；
- 全自动打印乘车凭证，可增加补打功能；
- 检定日期提醒和按期交税功能；
- 数码防作弊功能，可选——对应数码传感器；
- 符合中国人民银行 PBOC 规范，具有电子钱包功能；
- 具有符合 ISO/IEC14443A 或 B 射频卡消费功能，配有不少于 2 个 SAM 卡座；
- 具有 IC 卡控制及数据采集功能，实现收费管理；
- 可具有两个连接 RS-232 或 485 的串行接口。

(4) **应用电子仪器制造**。指国民经济各部门产品制造或工作中应用的电子仪器及各种专用电表等产品的制造。包括农业、工业、文教等各部门的电子应用仪器及其他仪器等产品；环境监测、导航、气象、海洋、地质勘探、地震、核子及核辐射等专用测量仪器；电子电表包括直流（交流）电流电压表、热电式高频电流表、功率表和电平表等产品；电子专用表包括特殊用途电表、IC 卡智能电（水、煤气、热能）表。如图 1-20 所示为电子产品检测电波暗室，可以用来测量设备噪声，设备电磁干扰（EMC）参数。

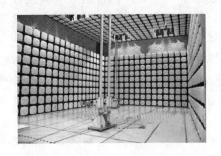

图 1-20 电子产品检测电波暗室

8. 电子工业专用设备工业行业

该行业包含 3 大门类。

(1) **电子工业专用设备制造**。指生产半导体器件、集成电路、电子元件、电真空器件以及电子设备整机装配专用设备的制造。包括：

- 半导体器件及集成电路专用设备：材料加工、制版、光刻和图形加工、烧结扩散和掺杂、外延镀膜溅射和生长、中测焊接组装和封装等设备。图 1-21 所示为芯片制造过程中的重要设备——晶圆光刻机。

图 1-21 晶圆光刻机

• 真空电子器件专用设备：显像管、电光源等设备；

• 电子元件专用设备：电阻、电位器、电容器、陶瓷元件、磁性材料及元件、敏感元件等片式（传统组容）生产设备；LED、LCD、DDP、VFD 等生产设备；

• 电子实验设备：力学实验、气候环境试验、可靠性试验等设备；

• 电子净化设备：空气净化、过滤设备；水纯化设备；净化检测等设备；

• 电子整机装联设备：自动插片机、自动贴片机、装配生产线、波峰焊接、再流焊接等设备；

• 电子通用设备：真空获得、超声波、精密焊接、干燥、空调、塑料加工、电加工、压力加工等设备。

(2) 电子工业模具及齿轮制造。指电子工业用金属、橡胶、塑料等材料模具的制造。包括各种材料的模具、模架及模具标准件；各种气动、电动、焊接等工具。

(3) 其他电子设备制造。包括电子计算机自动控制的工业机器人，如智能机器人等。

消防侦察机器人适用于爆炸性危险区域。移动载体在机械结构上首次使用关节链条轮式移动结构，减轻了系统重量，提高了系统的稳定性，使移动载体结构更紧凑、合理；控制系统采用高频无线数据传输、GPRS 公网通信、微波通信、嵌入式模块控制及计算机辅助决策等技术，实现多通道下各类数据的正确传输与处理，为灾害现场指挥提供了快速决策和处理的信息。

9. 电子元件工业行业

该行业包含 4 大门类。

(1) 电子元件及组件制造。包括：

• 电容器：纸介、薄膜、瓷介、双电层、云母、玻璃釉、铝电解、钽电解、铌电解等固定、可变、真空电容器；

• 电阻、电位器：固定、敏感、可变电阻器及电位器；

• 电连接元件：低频、射频、光纤光缆连接器及开关、管座（插入式）产品；

• 控制元件：继电器、斩波器等；

• 磁性材料及变压器：金属软磁元件、铁氧体软磁元件、铁氧体永磁元件、永磁合金、电感器、微波器件、电阻变压器、线圈等；

• 电声器件：通信电传声器、传声器、扬声器、扬声器单元音箱、音柱、耳机、拾音器、蜂鸣器、蜂鸣片等；

• 频率控制和选择用元件：压电陶瓷及超声元件、压电石英晶体元器件；

• 其他元件及零件：电子陶瓷零件、面板元件、减震器、硒堆、硒片、紧固件及电声器件零部件。

如图 1-22 所示为一个用废旧电子元器件制作的工艺品，是不是很酷？

(2) 电子印刷电路板制造。指在绝缘板上通过常规或非常规的印刷工艺，使导电元件、触点或电感器件、电阻器和电容器等其他印刷元件组成的电路及专用元件的制造。包括：单面、双面、多层、挠性、刚挠结合、碳膜等印刷电路板。

(3) 电子敏感元件及传感器。包括：力敏元器件、电压敏感电阻器、光敏元器件、温度敏元器件、磁敏感元器件、湿敏感元器件、气敏元器件、离子敏感元器件、声敏感器件、射线敏感器件、生物敏感器件、静电感器件等。

(4) 电子塑料零件制造。指为各种电子整机产品及电子元器件配套用塑料零件。

如图 1-23 所示为电子纸，这种高科技产品将来会全面流行，给我们的生活带来很大方便。

图 1-22 用废旧电子元器件制作的工艺品

图 1-23 电子纸

10. 电子器件工业行业

该行业包含 4 大门类。

(1) 电子真空器件制造。指电子热离子管、冷阴极管或光电阴极管及其他真空电子器件，以及电子管零件的制造。包括：

• 电子管：收讯放大管、锁式管、发射管、超高频管、稳定管等产品；

• 电子束管：黑白显像管、彩色显像管及其他电子束管、离子管、射线管、X 光管、真空开关管及配件等；

• 点光源：高压钠灯、卤素灯、汽车用灯、日光灯、节能灯等。

(2) 光电子器件及其他电子器件制造。指光电子器件、显示器件和组件，以及其他未列明的电子器件的制造。包括：

• 电子束光电子器件：光电倍增管、X 射线图像增强管、电子倍管、摄像管、光电图像器件等；

• 电真空光电子器件：显示器件、发光器件、光敏器件、光电耦合器件、红外器件等；

• 半导体光电器件：光电转换器、光电探测器等；

• 激光器件：气体激光器件、半导体激光器件、固体激光器件、静电感应器件等；

• 光通信电路及其他器件。

(3) 半导体分立器件制造。包括：半导体二极管、半导体三极管、特种器件、电力半导体器件等。

(4) 集成电路制造。指单片集成电路、混合式集成电路和组装好的模压组件、微型组件或类似组件的制造。包括：双极数字电路、MOS 数字电路、接口电路、线性电路、电源电路、专用电路、存储器、微波集成电路、其他电路及集成电路芯片。

如图 1-24 所示为半导体激光器。半导体激光器是指以半导体材料为工作物质的激光器，又称半导体激光二极管（LD），是 20 世纪 60 年代发展起来的一种激光器。半导体激光器的工作物质有几十种，例如砷化镓（GaAs）、硫化镉（CdS）等，激励方式主要有电注入式、光泵式和高能电子束激励式三种。半导体激光器从最初的低温（77 K）下运转发展到室温下连续工作；从同质结发展成单异质结、双异质结、量子阱（单、多量子阱）等多种形式。半导体激光器因其波长的扩展、高功率激光阵列的出现以及可兼容的光纤导光和激光能量参数微机控制的出现而迅速发展。半导体激光器的体积小、重量轻、成本低、波长可选择，其应用遍布临床、加工制造、军事，其中尤以大功率半导体激光器方面取得的进展最为突出。

图 1-24 半导体激光器

11. 电子信息机电产品工业行业

该行业包含 4 大门类。

(1) **电子微电机制造**。指自动化系统中一种主要用于传递和交换信号等方面的元件，即电子信息产品用控制微电机的制造。包括：

• 驱动微电机：异步电动机、同步电动机、直流电动机、直线电动机、冷却用小型电机、平面无刷电动机等。

• 控制微电机：自整角机、旋转变压器、感应移相器及同步器、伺服电动机、测速发电机、步进电机、力矩电机等。如图 1-25 所示为伺服电机及其控制器。

图 1-25 伺服电机及其控制器

• 专用微电机：传真机、电传机、唱机、激光视盘机、计算机、复印机、录像机、录音机等整机产品用电机及手机用微型振动马达。

• 电源电机：手摇发电机组、变频交流电机等。

• 其他电机：洗衣机、电风扇、压缩机等家电产品用电机。

(2) **电子电线电缆制造**。指在通信传送，声音、文字、图像等信息传播，以及其他弱电传送等方面使用的电子电线电缆的制造。包括：

• 安装线缆：安装线缆、电缆、带状电缆，电话机、计算机用弹簧绳，电源插头线等。

• 射频电缆：CATV 用同轴电缆、皱纹外导体射频电缆、通用射频电缆等。

• 综合电缆。

• 通信及电子网络用电缆：军用通信电缆、电话通信电缆、井下及隧道用监控、通信电缆，计算机网络用电缆。

• 电子元器件引线：裸铜线、铜包钢线、微细漆包线、纱包线和绕包线及其他电子线材。图 1-26 所示为无线通信用 50 欧姆皱纹铜管外导体射频同轴电缆。

图 1-26 无线通信用 50 欧姆皱纹铜管外导体射频同轴电缆

(3) 光导纤维电缆制造。 指将电的信号变成光的信号，进行声音、文字、图像等信息传输的光导纤维电缆的制造。包括：

• 光纤、光缆：单模光纤、多模光纤、特种光纤及光缆等。

• 光导纤维电缆附件：光纤光缆连接器、光纤光缆密头、光纤光缆终端分线盒等。

(4) 电池制造。 指以正极活性材料、负极活性材料、配合电介质、以密封式结构制成的，并具有一定公称电压和额定容量的化学电源的制造。包括一次性、不可充电和二次可充电，重复使用的干电池、蓄电池，以及利用氢与氧的合成转换成电能的装置，即燃料电池和利用太阳光转换成电能的太阳能电池的制造。包括：

• 碱性蓄电池：锌银、铁镍、圆柱形密封镉镍、扣式镉镍、非密封镉镍、镍氢及其他碱性蓄电池。

• 酸性蓄电池：密封、非密封铅酸电池。如图 1-27 所示为铅酸蓄电池。

• 锂蓄电池：液体、聚合物锂离子蓄电池及其他锂蓄电池等；

• 原电池：锌锰干电池、碱性锌锰电池、锌空电池、锌锰扣式电池、锌银扣式电池、锌汞电池等；

• 储备电池：银激活电池、热电池、铅激活电池、镁储备电池等；

• 物理电池：硅太阳能电池、其他太阳能、温差发电器等；

• 物理 -- 化学电池能电源系统；

• 蓄电池充电器；

图 1-27 铅酸蓄电池

• 电池专用配件。

如图 1-28 所示为燃料电池车。

12. 电子信息产品专用材料工业行业

该行业包含 4 大门类。

(1) 电子元件材料制造。 包括：纸绝缘板、纸基敷铜板、玻璃布基敷铜板、电子光学玻璃、专用钢丝、电解二氧化锰粉、电容器用铝箔材料。

(2) 电真空材料制造。 包括：钨制品、钼制品、镍基合金、复合金属电子材料、触头材料、电真空器件用玻璃、合金材料及其他电真空材料。

(3) 半导体材料制造。 包括：半导体单晶、压电材料、半导体外延片、光刻板、石英制品、液晶材料、金丝、硅铝丝、铜箔、塑封材料，稀有金属压延加工等。

(4) 信息化学产品材料制造。 包括：荧光粉、碳酸盐、消气剂、光刻胶等。

如图 1-29 所示为柔性 PCB 样品。

图 1-28 燃料电池车

图 1-29 柔性 PCB 样品

电子信息产业的发展得益于生产技术的提高和加工工艺的改进。特别是近几十年来，电子技术与计算机技术同步发展，相互促进。集成电路差不多每三年就更新一代；大规模集成电路和计算机的大量生产和使用，光纤通信、数字化通信、卫星通信技术的兴起，使电子信息产业成为一个迅速崛起的高技术产业。

（二）战略性新兴产业的七个领域

战略性新兴产业是指建立在重大前沿科技突破基础上，代表未来科技和产业发展新方向，体现当今世界知识经济、循环经济、低碳经济发展潮流，目前尚处于成长初期、未来发展潜力巨大，对经济社会具有全局带动和重大引领作用的产业。

根据战略性新兴产业的特征，立足我国国情和科技、产业基础，现阶段重点培育和发展节能环保、新一代信息技术、生物、高端装备制造、新能源、新材料、新能源汽车等产业。

如图 1-30 所示为战略性新兴产业发展重点框图。

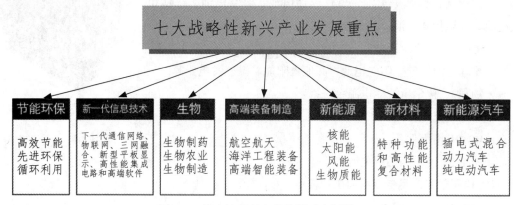

图 1-30 战略性新兴产业发展重点框图

1. 节能环保产业

重点开发推广高效节能技术装备及产品，实现重点领域关键技术突破，带动能效整体水平的提高。加快资源循环利用关键共性技术研发和产业化示范，提高资源综合利用水平和再制造产业化水平。示范推广先进环保技术装备及产品，提升污染防治水平。推进市场化节能环保服务体系建设。加快建立以先进技术为支撑的废旧商品回收利用体系，积极推进煤炭清洁利用、海水综合利用。

如图 1-31 所示为环保宣传画——爱护地球。

图 1-31 珍惜资源，珍爱地球

2. 新一代信息技术产业

加快建设宽带、泛在、融合、安全的信息网络基础设施，推动新一代移动通信、下一代互联网核心设备和智能终端的研发及产业化，加快推进三网融合，促进物联网、云计算的研发和示范应用。着力发展集成电路、新型显示、高端软件、高端服务器等核心基础产业。提升软件服务、网络增值服务等信息服务能力，加快重要基础设施智能化改造。大力发展数字虚拟等技术，促进文化创意产业发展。

如图 1-32 所示为云计算系统框架。

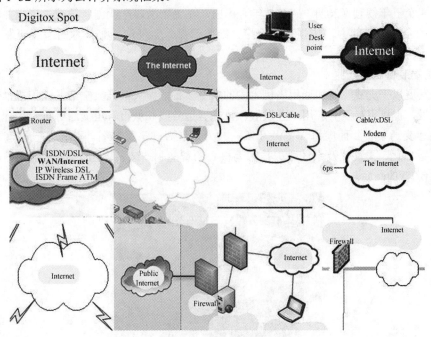

图 1-32 云计算系统框架

举例来说，云计算对影音行业带来发展机遇。在云计算的推动之下，影音产品的信号源端很有可能随之发生革命性变化。在会议室或者演讲厅里，那些原本孤立运行的影音系统成为基于云计算的影音系统，给投影机或者显示器嵌入一个类似于上网本的计算机，它无须太复杂的硬件和功能，只要具有网络连接能力，一旦联网，它就会成为一个网络浏览的媒体播放器，能够随时随地播放发送给它的任何内容，并且可以自己主动获取存放于云端的广袤的内容。不仅是会议室，影音产品应用的各个领域都将带来很大的便利。

如图 1-33 所示为云视听应用示意图。

3. 生物产业

大力发展用于重大疾病防治的生物技术药物、新型疫苗和诊断试剂、化学药物、现代中药等创新药物品种，提升生物医药产业水平。加快先进医疗设备、医用材料等生物医学工程产品的研发和产业化，促进规模化发展。着力培育生物育种产业，积极推广绿色农用生物产品，促进生物农业快速发展。推进生物制造关键技术开发、示范与应用。加快海洋生物技术及产品的研发和产业化。如图 1-34 所示为生物制药实验室。

图 1-33 云视听应用示意图　　　　　　　　　图 1-34 生物制药实验室

第十四个五年规划（2021－2025年）提出，在生物医药产业创新领域，形成并壮大从科研到成药的全产业链能力，加强基因治疗、细胞治疗、免疫治疗等技术的深度研发与通用化应用。

4. 高端装备制造产业

重点发展以干支线飞机和通用飞机为主的航空装备，做大做强航空产业。积极推进空间基础设施建设，促进卫星及其应用产业发展。依托客运专线和城市轨道交通等重点工程建设，大力发展轨道交通装备。面向海洋资源开发，大力发展海洋工程装备。强化基础配套能力，积极发展以数字化、柔性化及系统集成技术为核心的智能制造装备。图 1-35 所示为国产大飞机C919 开始运营的画面。

图 1-35 国产大飞机 C919 开始运营

根据中国大飞机研发生产企业——中国商飞的官网信息，C919 大型客机是中国按照国际民航规章自行研制、具有自主知识产权的大型喷气式民用飞机，座级 158~168 座，航程4075~5555 公里。

C919 飞机于 2008 年开始研制，2015 年 11 月 2 日完成总装下线，2017 年 5 月 5 日成功首飞，共有 6 架 C919 飞机进行取证试飞。

2020 年 11 月 27 日，在江西南昌召开的 C919 飞机型号检查核准书评审会上，中国民航上海航空器适航审定中心签发 C919 项目首个型号检查核准书（TIA）。这意味着 C919 飞机构型基本到位，飞机结构基本得到验证，各系统的需求确认和验证的成熟度能够确保审定试飞安全有效；同时也标志着 C919 飞机正式进入局方审定试飞阶段。

5. 新能源产业

新能源产业主要是源于新能源的发现和应用。新能源指刚开始开发利用或正在积极研究、有待推广的能源，如太阳能、地热能、风能、海洋能、生物质能和核聚变能等。因此开发新能源的单位和企业所从事的工作的一系列过程，叫新能源产业。

新能源产业是衡量一个国家和地区高新技术发展水平的重要依据，也是新一轮国际竞争的战略制高点，世界发达国家和地区都把发展新能源作为顺应科技潮流、推进产业结构调整的重要举措。加之，我国提出区域专业化、产业集聚化的方针，并大力规划、发展新能源产业，相继出台一系列扶持政策，使得新能源产业园区如雨后春笋般涌现。

新能源产业在我国的发展十分迅速。中商产业研究院发布的《中国新能源行业市场前景及投资机会研究报告》指出，"十三五"期间，氢能源来源广泛、低碳环保，符合我国碳减排的大战略，同时有利于解决我国能源安全上的问题。氢的能源地位不断提升，氢能产业发展也正在迎来爆发期。此外，太阳能具有储量大、永久性、清洁无污染、可再生、就地可取等特点，已成为目前可利用的最佳能源选择之一。同时伴随着全球可持续发展战略的实施，光伏产业在包括我国在内的全球范围内实现快速发展，已形成了一套完整的技术体系。

《中华人民共和国国民经济和社会发展第十四个五年规划和 2035 年远景目标纲要》中关于新能源的规划要点包括：发展战略性新兴产业、统筹推进基础设施建设、加快推动绿色低碳发展、加快 氢燃料电池车的推广等。

下面介绍几种典型的新能源方式。

一是风力发电，如图 1-36 所示。

图 1-36 风力发电

风能（wind energy）是地球表面大量空气流动所产生的动能。由于地面各处受太阳辐照后气温变化不同和空气中水蒸气的含量不同，因而引起各地气压的差异，在水平方向高压空气向低压地区流动，即形成风。

风能作为一种清洁的可再生能源，越来越受到世界各国的重视，全球的风能约为 2.74×10^9 MW，其中可利用的风能为 2×10^7 MW，比地球上可开发利用的水能总量还要大 10 倍。风很早就被人们利用——主要是通过风车来抽水、磨面等，而现在，人们感兴趣的是如何利用风来发电。把风的动能转变成机械动能，再把机械能转化为电力动能，这就是风力发电。风力发电原理示意图如图 1-37 所示。风力发电的原理，是利用风力带动风车叶片旋转，再透过增速机将旋转的速度提升，来促使发电机发电。

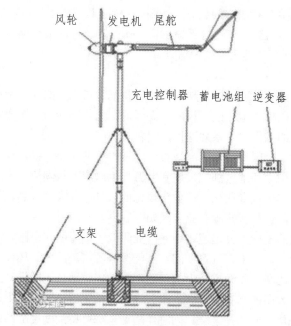

图 1-37 风力发电原理示意图

二是潮汐发电，如图 1-38 所示。

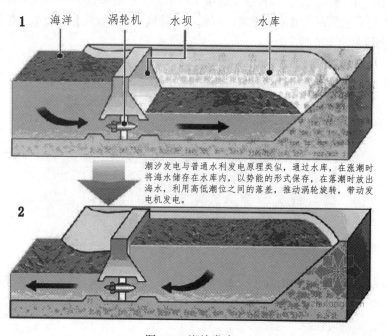

潮汐发电与普通水利发电原理类似，通过水库，在涨潮时将海水储存在水库内，以势能的形式保存，在落潮时放出海水，利用高低潮位之间的落差，推动涡轮旋转，带动发电机发电。

图 1-38 潮汐发电

潮汐能是水力发电的一种形式，它将海水潮涨和潮退形成的势能转化为电能或者其他能量形式。海洋的潮汐变化，是由月球和太阳对海水牵引所造成的。潮汐能发电厂所产生的能量会因时间和地点而有所不同，不过，潮汐能的产量和产生时间通常都极容易预计。

潮汐能是现在和不远的将来最有保证的海洋能源。潮汐能发电厂从潮汐中获得能量。人们会在潮水进入的地方筑起堤堰或水坝。在潮涨时，海水会经单向水闸流进被围起的盆地，当海水由堤堰外退却，堤堰内外便会产生水位差。当海另一边的水位进一步下降，只要经过大型的涡轮机将盆地内所储存的水放掉，便能产生电力。

6. 新材料产业

大力发展稀土功能材料、高性能膜材料、特种玻璃、功能陶瓷、半导体照明材料等新型功能材料。积极发展高品质特殊钢、新型合金材料、工程塑料等先进结构材料，提升碳纤维、芳纶、超高分子量聚乙烯纤维等高性能纤维及其复合材料发展水平，开展纳米、超导、智能等共性基础材料研究。

电影《阿凡达》不仅仅给我们带来了 3D 的震撼视觉享受，也为我们构想出了一个奇幻美丽的潘多拉世界。其中最令人难忘的场景之一是一座座悬浮在云端的哈利路亚山，如图 1-39 所示。这些山爬满粗壮的藤蔓、壁挂飞天的瀑布、容纳神秘的大鸟，并且时常在空中移动，是何等的神奇！这其实是一种超导磁悬浮现象，电影中给出了这样的解释：这些山体含有大量的超导矿石，在神秘母树区域的强大磁场作用下，这些超导矿山得以悬浮在空中。神秘的超导磁悬浮与超声生物悬浮现象如图 1-40 所示。设想中的中国超导磁悬浮列车如图 1-41 所示。

图 1-39 电影《阿凡达》中潘多拉世界的哈利路亚悬浮山

图 1-40 超导磁悬浮与超声生物悬浮

图 1-41 设想中的中国超导磁悬浮列车

7. 新能源汽车产业

着力突破动力电池、驱动电机和电子控制领域关键核心技术，推进插电式混合动力汽车、纯电动汽车的推广应用和产业化。同时，开展燃料电池汽车相关前沿技术研发，大力推进高能效、低排放节能汽车发展。图 1-42 所示为新能源汽车，采用蓄电池供电。

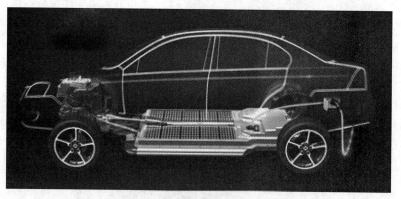

图 1-42 新能源汽车

模块二 电子企业架构与就业岗位分析

一、电子信息制造产业结构

20 世纪 90 年代以来，电子产业在中国迅速蓬勃发展起来。目前，中国电子信息技术产品在全球电子产品市场上占有相当大的比重，中国已经成为全球电子信息技术产品市场的最主要的供应基地。图 1-43 所示为目前我国电子信息产业各行业大致比重图。

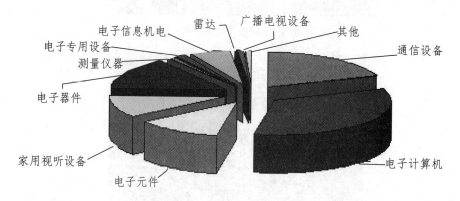

图 1-43 我国电子信息产业各行业大致比重图

根据国家统计局数据，2017—2020 年我国规模以上电子信息制造业增加值增速减缓，

2020年，我国规模以上电子信息制造业增加值同比增长7.7%，增速比上年回落1.6个百分点。实现营业收入12.1万亿元，同比增长8.3%，占工业营业收入比例达11.4%，产业地位不断凸显。2021年上半年，规模以上电子信息制造业增加值同比增长19.8%，增速比上年同期提高14.1个百分点，近两年复合增长率为12.5%。

下面对2020年各行业情况进行简要概述。

在通信设备制造业方面，2020年12月，通信设备制造业出口交货值同比增长13.7%。主要产品中，手机产量同比下降2.6%，其中智能手机产量同比增长6.2%。2020年，通信设备制造业营业收入同比增长4.7%，利润同比增长1.0%。

在电子元件及电子专用材料制造业方面，2020年12月，电子元件及电子专用材料制造业出口交货值同比增长22.8%。主要产品中，电子元件产量同比增长37.1%。2020年，电子元件及电子专用材料制造业营业收入同比增长11.3%，利润同比增长5.9%。

在电子器件制造业方面，2020年12月，电子器件制造业出口交货值同比增长14.1%。我国集成电路产量稳步提升。2020年我国集成电路产量达2612.6亿块，同比增长16.2%。2021年上半年，我国集成电路产量达1712亿块，同比增长48.1%。2020年，电子器件制造业营业收入同比增长8.9%，利润同比增长63.5%。

在计算机制造业方面，2020年12月，计算机制造业出口交货值同比增长18.1%。主要产品中，微型计算机设备产量同比增长42.3%。其中，笔记本电脑产量同比增长68.6%。2020年，计算机制造业营业收入同比增长10.1%，利润同比增长22.0%。

在2020年10月23日国新办发布会上，工业和信息化部副部长王志军表示，我国已经连续10年保持世界第一制造大国地位。目前，我国是全世界唯一在联合国产业分类中拥有全部41个工业大类、207个工业中类、666个工业小类的国家。

"十三五"时期我国制造业在综合实力、创新能力、产业结构优化、企业竞争力和开放水平等维度取得显著成绩。

2020年前三季度规模以上工业增加值增速1.2%，第三季度达到5.8%，9月更是达到了6.9%，工业经济整体呈现出"生产增速逐级加快、产销衔接不断改善、市场主体信心明显增强"的持续稳定恢复性态势。中国制造不仅满足了国内抗疫的需求，还驰援了全球抗疫和经济恢复。

"十四五"规划的发布，为我国电子信息产业发展提供了遵循原则。规划中提到，要集中资源持续投入，发挥新型举国体制优势，加快实现关键技术创新突破，坚定走以自主创新推动我国电子信息产业高质量发展之路。做好新兴技术和产品超前布局，发挥大国大市场优势，引领全球电子信息产业竞争新技术、新产品、新业态、新模式。未来，在"十四五"规划的带动下，电子信息行业加速发展，市场规模进一步扩大。

随着产业集中度的提升，产业区域聚集效应日益凸显。目前，我国已形成了以9个国家级信息产业基地、40个国家电子信息产业园为主体的区域产业集群。特别是长江三角洲、珠江三角洲和环渤海三大区域，劳动力、销售收入、工业增加值和利润占全行业比重均已超过80%，产业集聚效应及基地优势地位日益明显，在全球产业布局中的影响力不断增强。

经过多年发展，我国的科研实力也在不断增强，关键技术领域取得突破，企业逐步成为创新主体。在集成电路方面，通用CPU等一批中、高端芯片研发成功并投入生产，集成电路设计水平突破65 nm，集成度超过5000万门，与国际先进水平差距明显缩小。在软件方面，具有自主知识产权的中文 Linux、国产中间件、财务及企业管理软件、杀毒软件相继开发成功，广泛应用于经济和社会各领域。在移动通信方面，第三代移动通信、数字集群通信、光通信技术跨入世界先进行列，自主知识产权的 TD-SCDMA 标准成为三大国际主流标准之一，并已开始商用。在新型元器件方面，光电子等领域的核心技术开发与国际先进水平的差距逐步缩小，已可生产光纤预制棒、液晶面板、有机发光二极管、太阳能多晶硅等较高附加值产品。在数字视听方面，AVS、DRA 等自主音视频标准已成为国家标准，并实现相关应用；一批数字电视相关产品、标准进入商用化阶段，专用芯片配套能力增强。在计算机方面，"银河"、"曙光"的计算能力已步入世界前列，深腾等高性能服务器打破了国外封锁，路由器交换机已达到国际先进水平，下一代互联网核心设备研发取得明显进展。图 1-44 所示为天河二号超级计算机系统，它可以达到每秒 33.86 千万亿次的运算能力。

图 1-44 天河二号超级计算机系统

我国电子信息产业攻破一批核心技术，支撑装备核心电子器件自主保障率提升到 85% 以上，已应用在党政办公、电力、民航等领域。2021 年上半年，先进显示、5G、人工智能等领域的技术创新不断涌现，一系列高新技术研究取得突破。

全球范围内，新冠肺炎疫情带来的不确定性持续拉动居家办公、远程教育对于计算机、手机等智能设备的需求，我国电子消费类产品出口成绩单非常"亮眼"：据海关统计，2021 年上半年，我国出口笔记本电脑 1.1 亿台，同比增长 48.2%；出口手机 4.6 亿台，同比增长 17.8%。

我国电子制造业的缺陷主要反映在国际分工体系上的低层次。目前，电子产业的国际分工体系大致可划分为以下几个层次：第一层次以美国、日本、欧洲为主的跨国企业，支配着核心零部件的研制、开发、装配以及产品的产量，其中包括硬盘驱动器、IC（半导体）等；第二层次主要以韩国、新加坡、中国台湾的品牌制造商为主，部分产品的技术水平达到了世界先进水平，如芯片生产工艺已经与美国和日本同步，在全球 LCD 产业发展上，韩国和中国台湾均具有较强的竞争优势；第三层次以中国大陆地区为主。主要从事电子装配的合资企业以及为区域内提供零配件和辅助服务的中小型企业。从中国电子产业链的发展看，表明中国电子产业对外资的依赖程度很高（无论是技术的依赖，还是产品出口市场的依赖），这种状况在相当长一段时期内难以改变。我国要实现从制造业大国到制造业强国的转变，仍然有非常漫长的路要走。

我国"十四五"规划明确提出要补齐短板、锻造长板，分行业做好供应链战略设计和精准施策，形成具有更强创新力、更高附加值、更安全可靠的产业链、供应链。电子信息产业受全球范围内诸多不确定性因素影响，在接下来的发展过程中势必会面对更多挑战。

努力形成基础材料、基础零部件产品和技术协同攻关突破机制，构筑有利于产业基础能力提升的产业生态体系；同时，也要在重点领域继续布局国家制造业创新中心，加快解决电子信息产业基础平台跨行业、跨领域关键核心技术难题，推动科技成果转化，完善创新产品应用生态。

二、电子信息行业企业架构

企业的组织架构就是一种决策权的划分体系以及各部门的分工协作体系。通过企业构架，可以看出企业所对应的岗位，使得求职者可以根据自己的特长加以选择。组织架构需要根据企业总目标，把企业管理要素配置在一定的方位上，确定其活动条件，规定其活动范围，形成相对稳定的科学的管理体系。没有组织架构的企业将是一盘散沙，组织架构不合理会严重阻碍企业的正常运作，甚至导致企业经营的彻底失败。相反，适宜、高效的组织架构能够最大限度地释放企业的能量，使组织更好发挥协同效应，达到"1+1>2"的合理运营状态。因为企业特性、规模以及企业文化的不同，可以采用不同模式的组织架构，下面简要阐述典型的企业架构。

（一）生产企业组织结构

生产企业选择哪一种组织结构形式，或具体按哪一种方式来组织生产经营，一定要结合本企业的实际情况，例如企业规模大小、人员素质高低、生产工艺复杂程度、所处环境等。总之，要以最有效地完成企业目标为依据来选择具体的生产组织形式，并设置相应的生产管理机构。图 1-45 和图 1-46 分别给出了两家生产企业的组织结构范本。

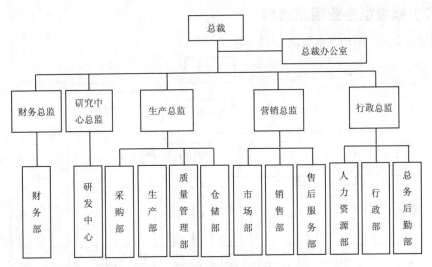

图 1-45 某生产企业组织结构（一）

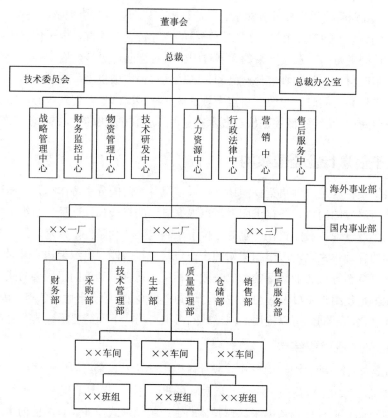

图 1-46 某生产企业组织结构（二）

（二）销售型企业组织结构

某销售企业组织结构范本如图 1-47 所示。

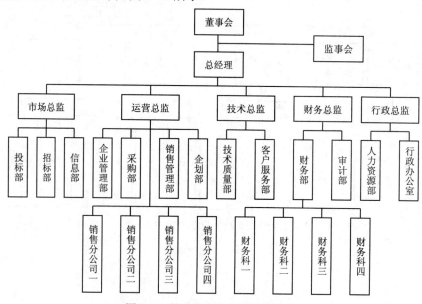

图 1-47 某销售企业组织结构范本

（三）产品研发型企业组织结构

某科技公司组织结构范本如图 1-48 所示。

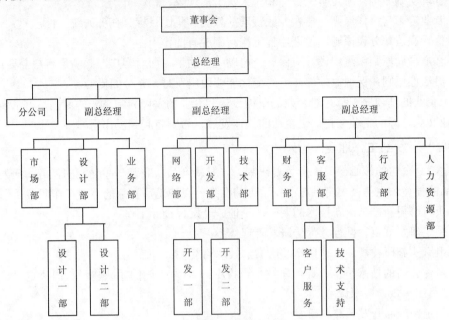

图 1-48　某科技公司组织结构范本

实际的企业组织架构都会有所调整，企业组织的架构方式也各有不同，图 1-49 所示的是某小型电子制造企业实际的组织架构图。

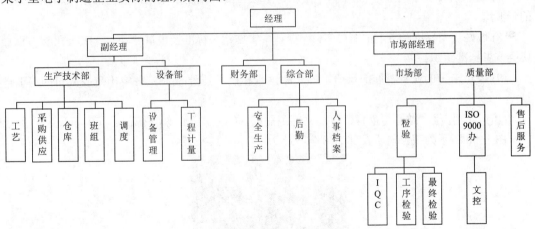

图 1-49　某小型电子企业组织架构图

了解企业架构，有助于我们认识企业环境与企业文化，了解企业管理更深层次的问题；也有助于学生和企业人员确立合适的人生职业生涯规划，把自己提升为精通多个部门业务的跨部门、多元化、复合型人才，同样也有助于部分有愿望自主创业的企业从业人员自主创业成功。

因企业文化与企业实际产品的特点等因素的不同，各企业的组织架构稍有差异。但无论如何，企业组织职能结构是为企业管理服务的，合理的企业架构需要服从于以下几大原则：

(1) 精干高效原则：机构简练，人员精干，管理效率高；

(2) 权责利对等原则：公司每一管理层次、部门、岗位的责任、权力和激励都要对应；

(3) 有效管理幅度原则：管理人员直接管理的下属人数应在合理的范围内；

(4) 管理明确原则：避免多头指挥和无人负责的现象；

(5) 专业分工与协作原则：兼顾专业管理的效率和集团目标、任务的统一性；

(6) 执行和监督分设原则：保证监督机构起到应有的作用；

(7) 客户导向原则：组织设计应保证公司以统一的形象面对客户，并满足客户需要；

(8) 灵活性原则：保证对外部环境的变化能够做出及时、充分的反应。

以上企业的几项原则都是对企业的结构设计和企业的发展异常重要的原则，好的制度孕育好的企业文化，好的企业文化促进企业的快速发展，否则将起到反作用。

（四）研发部工作职责

研发部是公司的核心部门，肩负着研制、开发新产品，完善产品功能的任务。研发部是公司新产品的摇篮，也是公司产品核心竞争力的源泉，以下是研发部的主要工作职责：

(1) 负责公司新产品，新技术的调研、论证、开发、设计工作；

(2) 制定研发规范、推行并优化研发管理体系；

(3) 组织实施研发规划；评估产品研发的技术可行性；

(4) 组建公司的技术平台、评估研发平台投资；研发部门的团队建设、岗位定义、岗位职责要求、员工考核、资源调度；

(5) 制定新产品开发预算和研发计划，并组织实施；

(6) 监控每个研发项目的执行过程；规划组织现有产品的改进；分析总结研发过程的经验和教训，提高研发质量；

(7) 组织研发成果的鉴定和评审；汇总每个项目的可重用成果，形成内部技术和知识方面的资源库；

(8) 做好公司标准和专利（知识产权）规划，实施相关标准及申请专利，代表公司参与标准协会或者标准组织；

(9) 公司未来的业务发展的预研，如产品预研和技术预研；制定并实施研发人员的培训计划；

(10) 按工作程序做好与销售部等相关部门的横向沟通，及时解决部门之间的争议。

图1-50所示为某公司研发部的工作场景。

图1-50 某公司研发部

（五）制造部工作职责

与电子产品制造密切相关的是制造部，制造部的主要工作职责如下：

(1) 保质保量完成公司布置的生产制造任务，结合公司供货目标和生产实际，为生产经理或决策层提供生产规划方面的建议、方案；

(2) 对车间的生产环节进行计划、组织、控制；

(3) 职员的培训、考核、指导；

(4) 处理协调好与决策层或其他部门的关系；

(5) 计算核定公司生产能力，确定生产任务，妥善安排合同的生产进度计划，从时间上保证生产指标的实现，保证公司的生产秩序和工作秩序的稳定。根据组员的各部门生产分析进行综合平衡。

① 生产任务与生产能力的平衡：测算公司设备、生产场地、生产面积对生产任务的保证程度；

② 生产任务与劳动力的平衡：测算劳动力的工种、等级、数量、劳动生产率水平与生产任务的适应程度；

③ 生产任务与物料供应的平衡：原料、外发、工具等的供应数量、质量、供应时间对车间生产任务的保证程度，以及生产任务同材料消耗水平的适应程度；

④ 生产任务与生产技术准备的平衡：测算设计、工艺、工艺装备、设备维修、技术措施等与生产任务的适应程度。

图 1-51 所示为某公司电子生产车间。

图 1-51 某公司电子生产车间

三、产品研发制造与就业岗位分析

（一）电子新产品研发过程分析

新产品开发由抽象意念到具体产品，大致可分为创意产生、产品概念、产品雏形、最终产品、营销计划等五个过程阶段。以下对这五个阶段的作业内涵，略做说明如下。

1. 产品创意（Idea，或称产品观念）

产品创意是新产品开发的源头，若能有效管理产品创意的来源，对于新产品开发绩效会有很大的帮助。新产品创意主要来源于与产品开发利益相关的企业关系人，包括顾客、制造商、供货商、竞争对手、组织成员等。据了解，在科学仪器产品创新行为中，有 77% 的创意来自于客户的意见，而产品创意来源，则有 94% 为制造商所提供的。获得大量新产品创意后，必须进行筛选评估，只有少数的创意可能具体发展成为产品概念，评估的一项主要因素是未来市场潜力的大小。

在这个阶段，从公司运作管理的角度，需要依据用户及市场信息，进行市场调研，进行技术经济指标分析及研发能力、生产、检测等能力做出技术可行性评价，编制技术调研报告；制定新产品开发目标书。

2. 产品概念（Concept）

产品概念是综合各组织成员与企业关系人需求与意见而成，对于新产品的各项特征给予具体的说明，作为未来开发产品的具体指引与沟通基础。产品概念也需要经过较详细的市场机会分析与销售预测的考验，以确保产品开发成功的机会。

从公司运作的角度，新产品概念开发需要经历以下几个子程序：

(1) 可行性分析及评审

对上述市场调研报告等进一步进行可行性分析和论证。主要内容有：新产品开发的必要性和市场需求量；论述产品总体方案设想的正确性、继承性和实现的可能性；产品性能精度、主要技术参数，论述是否符合产品标准或法规的要求；技术可行性分析；分析产品设计周期和生产周期；企业生产能力和质量保证能力分析；投资经济效果分析（产品成本预测和利润预测等）。通过分析和评审，提出《新产品可行性分析报告》，并进行评审通过。

(2) 立项审批

经可行性分析、与产品有关的要求的评审所形成的文件报公司领导决策。由总经理召集公司领导成员及各部门代表对上报会议的《新产品开发目标书》进行评价分析，最后经公司办公会议审定，总经理批准签署《新产品立项报告》，列入年度开发计划，下达技术质量部实施。

(3) 成立项目组和评审小组

技术质量部根据立项会议的精神，召开成立项目组成立会议，讨论项目的合适人选。会议由技术质量部主持。确定项目负责人和项目组成员，同时根据业务、专业和职务、职称提名成立新产品设计评审小组，提交总经理批准。

(4) 设计方案及效果图评审

根据市场调研信息及新产品开发目标书中描述的要求，做出外壳的正侧效果图。

应结合公司实际的开发能力和生产能力设计方案，效果图评审应组织公司销售部及各部门人员参加，对选中通过的方案，报总经理批准后方可实施。

(5) 制定新产品开发任务书、产品开发总体质量计划书

新产品开发任务书应包括的基本内容：综合分析，包括：产品总体描述、产品总体构成及特点分析、市场与竞争力分析、主要工作内容和工作计划等；基本技术参数和性能指标。

总体质量计划书的内容包括：明确整个流程，明确产品所要进行的试验和检验活动及各阶段的评审、确认责任人、完成时间、部门等；新产品开发任务书和新产品开发总体质量计划书，组织公司各部门进行会议讨论，经总经理批准后通过。

3. 产品雏形（做样）

产品雏形是产品概念具体化的结果，主要由研发人员、制造工程人员与营销人员共同参与发展，主要作为新产品试产与试销的工具。

(1) 样品设计

装配若干台样品，并对样品进行评审，通过评审后填写评审报告，进入下一阶段设计。

(2) 专用件开发试制

若需要专用模具、专用外壳、有时是专用元器件，则在快速成型样件通过评审后，进行专用件的开发试制，制定专用件试制计划，经批准后实施。

(3) 产品图纸设计及工艺技术文件编制

样品通过评审后，整理产品原理图、PCB 图纸、整体、机构零部件图纸。要求产品图样完整，符合制图规范和国家标准；同时编写汇总表：包括产品元器件目录（BOM）、专用件清单，

元器件检验标准书、产品性能试验大纲、产品企业标准等技术文件和装配工艺、检验作业指导书等文件。图纸及资料完成后，需要对图样、文件进行审核、标准化等。

(4) 样品工艺验证，对试装验证记录进行分析总结，指出存在的问题和不足之处，提出改进意见，分析、检查工艺是否还存在问题，达到项目质量检验标准，并做出样品工艺验证报告。对验证中所出现的问题逐一整改、落实。

4. 最终产品

新产品经反复修正后，终于完成最终产品，展开大规模的量产。

在量产过程中，依据生产实际情况与问题、故障反馈，及时调整功能设计与工艺设计，不断提升生产效率，提高良品率，降低生产成本。

5. 营销计划

营销计划的内容包括：定价、通路规划、促销手段、产品定位、人员训练、后勤服务支持规划等，虽然营销计划早在产品概念阶段即已着手进行，但必须在产品实际完成后，才能具体定案执行。

目前我国有很多企业缺乏创新与品牌运营能力，它们属于 OEM 企业，OEM 企业订单的典型流程如图 1-52 所示。

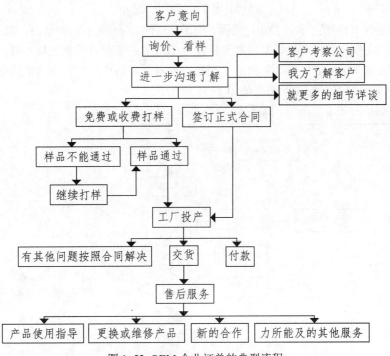

图 1-52 OEM 企业订单的典型流程

（二）电子产品整机制造过程分析

1. 电子产品的组成结构与形成过程

和其他产品一样，电子产品的形成也必须经历新产品研制、试制试产、测试验证和大批量生产、测试检验包装几个阶段，才能进入市场，到达用户手中。在试制试产阶段，工艺技术人员参加新产品样机的工艺性评审，对新产品的元器件选用、电路设计的合理性、结构的合理性、产品批量生产的可行性、性能功能的可靠性和生产手段的适用性提出评审意见和改进要求，并在产品定型时，确定批量生产的工艺方案；产品在批量投产前，工艺技术人员要做好各项工艺技术的准备工作，根据产品设计文件编制好生产工艺流程，岗位操作的作业指导书，设计和制作必要的检测工装，编制调试 ICT、AOI 等检测设备的程序，对元器件、原材料进行确认，培训操作员工。生产过程中要注意搜集各种信息，分析原因，控制和改进产品质量，提高生产效率等等。

有些电子产品比较简单，有些就很复杂，一般说来，电子产品的组成结构如图 1-53 所示。

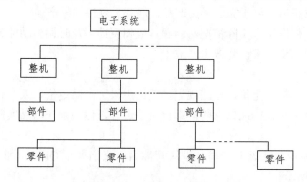

图 1-53 电子产品的组成结构

例如，例如一台智能手机，是由电路板、电子元器件（显示触摸屏、话筒、振动器……）、外壳等组成，这些分别是整机、部件和零件。电子产品的装配过程是先将零件、元器件组装成部件，再将部件组装成整机，其核心工作是将元器件组装成具有一定功能的电路板部件或组件（PCBA）。某产品的生产流程如图 1-54 所示。

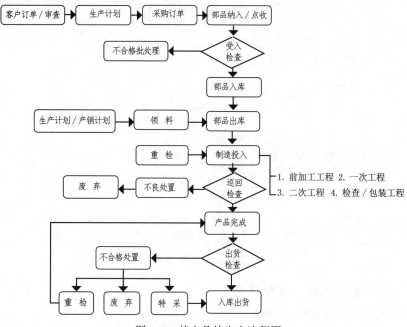

图 1-54 某产品的生产流程图

2. 电子产品制造过程的五个要素

电子产品制造过程中，人（Man），机（Machine），料（Material），法（Method），环（Environment）即（4M1E），五大要素起着决定性的作用，是现场管理和质量管理的主要内容，如图 1-55 所示。五大质量因素同时对产品的质量起作用，贯穿于电子产品生产的全过程。现代电子产品的制造过程系统中，管理起到了至关重要的作用，电子产品的生产工艺贯穿于此过程中，最终表现为产品的质量。

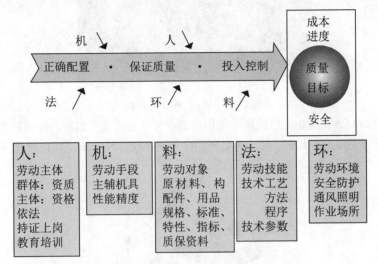

图 1-55 4M1E 结构图

(1) 人（人力 Man）指所有对产品质量有影响的人员，包括生产线上的操作工、设备维修人员、生产主管、检验人员、采购人员……操作工自身的素养，是获得高可靠性产品的基本保证。操作人员能遵守企业的规章制度、具备熟练的操作技能，具备互相尊重，团结合作的意识，具有努力勤奋工作的敬业精神。图 1-56 所示为生产线上的员工。

图 1-56 生产线上的员工

(2) 机（设备 Machine）指所有对产品质量有影响的设备，包括制造设备、制造工具、用于加工制造工具的设备、生产辅助设施、检验设备等。企业的设备，符合现代化企业要求，能进行生产的设备，且有专门人员进行定期检查维护。图 1-57 所示为西门子 HF3 贴片机。

图 1-57 西门子 HF3 贴片机

(3)料（原材料 Material）指生产过程中使用的所有对产品质量有影响的原材料和辅助材料等。原材料必须经过质量认证、测试、筛选等必要的环节来实现管理工作。图 1-58 所示为贴片电阻。

图 1-58 贴片电阻

(4)法（方法 Method）指从产品的设计开始、试制、生产、销售到成为合格的产品结束全过程的生产操作方法、生产管理方法和生产质量控制方法以及对产品质量有影响的生产工艺方法、部门之间的合作程序（例如：新产品开发程序）、检验产品的方法等。图 1-59 所示为精益生产系统示意图。精益生产的内容，将在以后的电子产品生产工艺或者现场管理类课程中深入地表述。

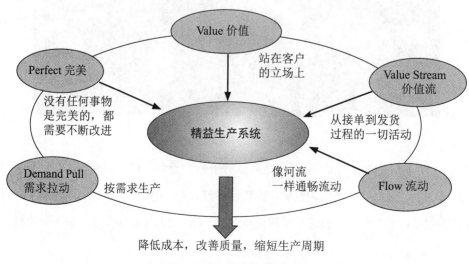

图 1-59 精益生产系统示意图

(5) 环（环境 Environment）指企业的生产环境，包括所有对产品质量有影响的环境因素，如整洁度、温度、湿度、粉尘度、光照度、振动……设备摆放合理、物料摆放整齐，标识正确、人员操作有序，生产管理方法得当，生产环境整洁、温湿度适宜，防静电系统符合设计规范标准。

电子产品的质量包括产品的性能、寿命、可靠性、安全性和经济性，4M1E 管理的理论认为，电子产品的质量并非是用肉眼检测到的，往往需要通过检测仪器才能发现问题。即电子产品的质量是制造出来的，不是检验出来、更不是修补出来的。在质量管理上，电子产品是精密的，在制作过程中一定要仔细，要求制作人员必须有责任心，有一定技术。现在很多精密的电子产品都是电脑控制机器手完成，这就需要保障机器的良好性能。有了好机器还需要有人员操作、维护，才能保证机器性能的良好发挥，有稳定的产品质量。图 1-60 所示为 4M1E 与顾客满意度的关系。

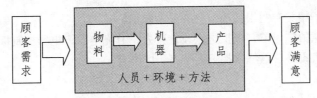

图 1-60 4M1E 与顾客满意度的关系

（三）电子行业就业岗位分析

电子行业就业岗位众多，根据工作内容的性质，主要分为三大类岗位群：电子产品开发、电子产品制造和电子产品采购与营销。除此之外还有一些衍生职位，如人力资源管理、ERP 系统维护等。

下面就主要岗位群做简要分析。

1. 电子产品开发相关岗位

(1) 电子开发工程师岗位职责如下：

①新产品的方案论证工作，进行产品可行性分析。

②新产品的设计方案规划，并执行。

③样机试制阶段所有工作，包括样机物料采购，制作，实验测试，样机评审等工作。

④小批试产前的技术资料准备工作，包括产品电路原理图，BOM，PCB 板图，关键元器件检验方法，生产工艺指导（测试）等。

⑤产品 ERP 系统 BOM 表的建立和维护。

⑥车间小批试产总体的技术指导工作。

⑦车间生产中的产品及售后产品质量问题的分析。

⑧与整机产品工程师沟通，配合分析解决整机产品的各种质量问题。

⑨对车间生产维修员工进行维修指导并培训。

图 1-61 所示为研发工程师的工作场景。

图 1-61 研发工程师的工作场景

(2) 对研发工程师的能力要求，不同的企业因为产品的科技含量不同而有所不同，下面是国内某充电产品生产企业开发工程师的招聘需求。

所需知识：

学科知识：电子相关专业相关基础物理化学知识。

专业知识：精通数字电路、模拟电路设计开发，有充电器、电器控制板等电子产品设计开发能力，精通单片机设计，熟练掌握汇编语言、C 语言。

所需能力：

外语：英语 4 级以上。

计算机：熟练使用 PROTEL、电路图仿真等软件，会办公常用软件及 CAD 软件。

(3) 薪酬结构

研发人员的薪酬在公司处于高位，不同的公司有不同的计算方法，图 1-62 所示是一种典型的研发人员的薪酬结构。

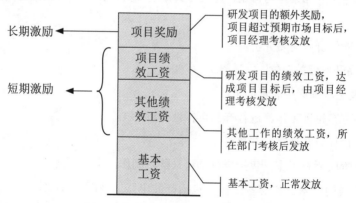

图 1-62 典型的研发人员的薪酬结构

2. 电子产品制造相关岗位

电子产品制造部门的主要职责是根据客户要求的产品交货期，安排生产，安排测试，安排包装，按时按质完成产品生产，对研发产品测试样机生产支持，管理生产车间，5S，精益生产，生产物料、半成品和成品管理，生产质量管理，生产人员管理，操作工技能培训，制定生产各部门的制度和流程，对销售的产品质量进行跟踪和管理，处理客户产品投诉，提高产品质量整改意见，组织和提高产品认证（3C，CCEE，CCIB，CE）、质量认证（ISO9000-ISO9004）、环境认证（ISO14000），制定和完善全面质量管理（TQM）等。

与制造相关的岗位非常多，主要有：

生产经理，运营经理，工艺工程师，工业工程工程师、测试工程师，品质工程师〔分为来料检验（IQC），生产质量控制（IPQC），出货检验（OQC）〕，设备工程师，产品工程师，生产线领班，发料员，仓库物料管理员，分装—总装—测试—包装操作工，生产设备专员（水，电，气，机器和工具）等。下面就其中主要的一两个做简要介绍。

（1）工艺工程师主要职责

① 根据产品规格、质量要求、生产方式、生产流程，编制产品工艺文件。

② 根据产品的生产方式、生产流程，测定原材料的消耗定额。

③ 根据产品的生产流程、人员的操作熟练程度，测定各工序的标准生产工时，换算或测定基础工时（不熟练操作工时）和最佳工时（熟练操作工时）。

④ 根据生产工艺流程的需要，设计有效的工艺设备，安装并调试正常。

⑤ 对生产员工进行工艺流程、工艺操作的培训，生产过程中遇到的工艺问题，由工艺工程师负责解决并指导工人进行操作。

⑥ 工艺工程师负责主导车间的工艺设备验证，维持工艺设备的正常运转，并根据生产过程中的具体情况，改进工艺设备，提升生产效率。

⑦ 根据公司的要求，结合生产的工序流转、物料流转，合理设计公司、车间的工艺平面布置图，合理优化生产布局，并负责对生产线进行排布。

⑧ 新产品试制的跟踪、工艺工装的设计，跟踪新产品从试生产转批量试生产、车间正常生产的整个过程。对产品批量生产的可行性进行把控，完善试制报告和相关的工艺资料。

⑨ 对车间所有产品的制成数据、标准工时数据进行 ERP 系统输入、数据更改等。

⑩ 工艺工程师参与车间项目或者公司项目的建设与实施，协助项目负责人完成项目。

（2）工业工程工程师主要职责

规划生产线，提供精益生产方法和流程，制定产品生产工艺工序，产品生产操作手册，生产车间布局管理，优化生产工艺工序，提高工作效率，规划安全生产环境，产品技术变更管理，零部件版本升级管理，工程变更管理，将新研发的产品工业化，新产品生产线规划，操作工 WI 培训。

3. 采购、营销、管理相关岗位

相对而言，采购、营销与管理三类岗位，与电子专业知识的联系相对宽松一些，因而将这三者放在一起说明。

（1）采购部与采购人员

采购员岗位职责：

① 认真执行总公司采购管理规定和实施细则，严格按采购计划采购，做到及时、适用，合理降低物资积压和采购成本。对购进物品做到票证齐全、票物相符，报账及时。

② 熟悉和掌握市场行情，按"质优、价廉"的原则货比三家，择优采购。注重收集市场信息，及时向部门领导反馈市场价格和有关信息。合理安排采购顺序，对紧缺物资和需要长途采购的原料应提前安排采购计划及时购进。

③ 严把采购质量关，物资选择样品供使用部门审核定样，购进大宗物资均须附有质保书和售后服务合同。积极协助有关部门妥善解决使用过程中会出现的问题。

④ 加强与验收、保管人员的协作，有责任提供有效的物品保管方法，防止物品保管不妥而受损失。

（2）销售部与销售人员

销售部负责产品的营销与营销策划，与公司的利润息息相关，也是企业的要害部门之一。某大型公司营销总监岗位职责如表 1-1 所示。

表 1-1 　　　　　　　　　　　　营销总监岗位职责

本职：负责组织建立与完善营销网络与供应渠道，领导实现公司营销目标、供应目标、质量目标，建立公司品牌形象		
职责与工作任务：		
职责一	职责表述：协助总经理，参与公司经营管理与决策	
	工作任务	协助总经理制定公司发展战略
		负责组织制定和实施营销发展战略规划，及时了解和监督营销发展战略规划的执行情况，提出修订方案
		参与制定公司年度经营计划和预算方案
		参与公司重大财务、人事、业务问题的决策
		掌握和了解公司内外动态，及时向总经理反映，并提出建议
职责二	职责表述：领导分管部门制定年度工作计划，完成年度任务目标	
	工作任务	领导制定各销售部、运作支持部、供应部、成套部年度工作计划，并组织实施
		领导制定分管部门重要任务阶段工作计划，并监督、协助实施
职责三	职责表述：领导公司产品的市场推广工作，建立公司市场信息系统，制定产品营销组合	
	工作任务	领导建立市场信息系统
		组织制定市场调研及分析的规程，并监督、协助实施
		领导制定产品，价格、渠道网络、市场推广等规划，并监督实施
职责四	职责表述：领导销售业务工作，完成销售任务	
	工作任务	领导建立公司营销网络，参与选择确定各市场区域的代理商
		领导制定各区域销售目标与计划，并督促实施，完成销售目标，确保货款回收
		领导制定公司销售政策，并监督实施
		定期与重要代理商保持良好沟通，维护客户关系
职责五	职责表述：组织领导业务合同履行和售后服务工作	
	工作任务	领导进出口业务所涉及的储运、单证、出运的整体运作，参与监督、协调全过程
		领导公司业务信息统计工作，确保按时上报相关部门
		领导代理商、用户售后服务工作，协调售后服务事项
		参与协调质量事故解决
		组织协调公司配额管理，监督配额的申领、投标、调剂出证的工作

续表

职责六	职责表述：领导建立公司产品的供应体系	
	工作任务	领导制定供应战略，制定公司的年度供应计划并监督实施
		领导重点供应商考察与选择确定供应商
		领导制定供应商政策，监督产品供应质量、价格等政策的执行情况
		领导建立供应数据库建设规划，并督促实施
		领导监督供应商库存管理的执行情况，进行预付账款的管理
职责七	职责表述：领导公司成套业务开展，完成成套业务目标	
	工作任务	领导建立成套业务代理渠道网络，及时了解和监督业务情况
		领导组织对外投标的工作，及时跟踪项目的进展情况
		领导监督供应商的合同谈判工作，参与项目合作伙伴的选择和项目的分包
		及时了解和监督项目运作管理和售后服务工作
职责八	职责表述：组织和促进新产品立项和可行性分析，参与新产品开发	
	工作任务	根据市场情况提出新产品立项建议，并组织项目可行性研究
		协助新产品开发过程的试制与小批量生产
		参与新产品开发项目小组，进行新产品开发评审
		组织推进研发成果的产品化和市场化
职责九	职责表述：参与公司质量管理体系的建立，保证公司产品和服务的质量要求	
	工作任务	协助公司质量管理体系的建立
		参与制定公司有关营销、供应、运作质量管理及服务标准，并监督检查实施情况
		组织及时反馈产品质量信息，协助解决重大质量事故
职责十	职责表述：内部组织的建设和管理	
	工作任务	负责分管部门的员工队伍建设，提出和审核对下属各部门的人员调配、培训、考核意见
		主持销售、市场、运作、供应管理制度的制定，监督检查执行情况
		负责协调分管部门内部、分管部门之间、分管部门与公司其他部门间的关系，解决争议
		监督分管部门的工作目标和经费预算的执行情况，及时给予指导
职责十一	职责表述：完成总经理交办的其他工作任务	

从职责表可以看出，营销总监肩负着重任，需要有非常强的组织策划创新与管理能力。

（3）管理类岗位

总经理职位是管理类岗位的代表。成为总经理是很多人的梦想，在一般的中小企业，总经理通常就是整个组织里职务最高的管理者与负责人。而若是在规模较大的组织里（如跨国企业），总经理所扮演的角色，通常是旗下某个事业体或分支机构的最高负责人。股份公司的总经理是董事会聘任的，对董事会负责，在董事会的授权下，执行董事会的战略决策，实现董事会制定的企业经营目标。并通过组建必要的职能部门，组聘管理人员，形成一个以总经理为中心的组织、管理、领导体系，实施对公司的有效管理。

总经理工作内容：

①根据董事会提出的战略目标，组织制定公司中长期发展战略与经营方案，并推动实施。

②拟定公司内部管理机构设置方案和签发公司高层人事任命书。

③审定公司工资奖金分配方案和经济责任挂钩办法并组织实施。

④审核签发以公司名义（盖公章）发出的文件。

⑤主持公司的全面经营管理工作，组织常务副总、销售副总分解实施董事会决议。

⑥向董事会提出企业的更新改造发展规划方案、预算外开支计划。

⑦处理公司重大突发事件和重大对外关系问题。

⑧推进公司企业文化的建设工作，树立良好的企业形象。

⑨从事经营管理的全局开创性工作，为公司发展做出艰巨的探索和尝试。

⑩召集、主持总经理办公会议、专题会议等，总结工作、听取汇报，检查工作、督促进度和协调矛盾。

（四）电子行业培训证书（工信部）

工业与信息化部电子行业职业技能鉴定指导中心对电子行业的职业技能鉴定进行了规范，涉及的鉴定工种如下：

（1）网络设备调试员、电子计算机（微机）装配调试员、计算机软件产品检验员、计算机检验员；

（2）电子设备装接工、无线电调试工、无线电设备机械装校工、电源调试工；

（3）激光头制造工、磁头制造工、激光机装调工、接插件制造工；

（4）电容器制造工、电极丝制造工、压电石英晶片加工工、石英晶体元器件制造工、电子元器件检验员、液晶显示器件制造工；

（5）音、视频设备检验工，通信设备检验员；

（6）真空电子器件化学零件制造、真空电子器件金属零件制造工、真空电子器件装调工、真空电子器件装配工；

（7）半导体分立元器件、集成电路装调工，半导体芯片制造工、温差电制冷组件制造工；

（8）原电池制造工、铅酸电池制造工、锂离子蓄电池制造工、金属氢化物镍、铁镍蓄电池制造工、热电池制造工、锌银电池制造工；

（9）电子产品制版工、印制电路制作工、印制电路检验工；

（10）雷达装配工、雷达调试工、电子用水制备工。

这些工种考核的具体内容，在工业与信息化部电子行业职业技能鉴定指导中心的网站上有更为详细的介绍，电子行业涉及的工种非常多，各地区学校因为地方产业特色、学校的性质以及学校教学定位的不同，可以灵活选择与自己办学目标和人才培养目标相适应的工种进行考核。教育部提倡毕业生双证毕业，即职业资格证与毕业证双证，特别是高等职业教育的学生，更需要双证。

模块三 电子信息行业特点、方向与 职业生涯发展通道

一、电子信息行业发展特点

1. 技术和资金密集，创新和风险并存

在电子信息产业中，无论是计算机业，还是通信设备制造业和网络建设业，都具有较高的技术含量，与高新技术的发展、创新密切相关。

电子信息产业的创新速度快，技术水平每 3 年提高一倍，专利每年新增超过 30 万项，科研资料的有效寿命平均只有 5 年，以科技研发为先导、具有高创新性和高更新频率已经成为世界电子信息产业发展的重要特征。

电子信息产业的外延广泛，不但涉及制造业，而且衍生到服务业，其产品的形式也日趋多样化，技术创新的空间大大扩展。电子信息技术与第三产业结合，产生了许多前所未有的经营模式，如电子货币、电子银行和虚拟商店等。电子货币本来是没有实物形象的，大家更熟悉的 Q 币也是电子货币的一种，图 1-63 所示是 Q 币的卡通形象。

图 1-63 Q 币的卡通形象

电子信息产业的高度创新性不仅为经济发展带来了活力，为企业创造了效益，为就业提供了大量机会，而且极大地改变了人们的生活，对教育、医疗保健、旅游及文化娱乐等都产生了深刻影响。同时，由于电子信息技术产业化过程投入大、成功率不高，也使电子信息产业呈现相对较高的风险。

2. 固定成本高，可变成本低

大多数信息产业企业都具有高固定成本、低边际成本的特点。以计算机硬件制造业为例，建设一家生产计算机芯片的工厂，总投资需 20 亿美元以上，而在建成后的生产过程中，可变成本却不到总成本的 30%，即计算机芯片生产中 70% 以上是固定成本。

电子信息产品的扩大化生产可以使单位产品的固定成本不断摊薄。因此，成熟的电子信息产品在经历了生产初期的垄断利润空间后，其价格有着急速下降趋势，利润空间反而随着生产扩大逐渐缩小。电子信息产品的这种显著特征迫使电子信息产业必须不断进行新产品开发，以追求超额垄断利润。

另外，信息产品的低边际成本给予厂商的营销战略更大的灵活性。由于多生产一份软件拷贝的成本接近于零，因此，可以向用户免费发送试用版本；以低价向支付意愿低的群体出售功能有限的版本；以中等价格向一般消费者出售普通版本；以高价向企业用户出售专业版本。这种价格歧视实际上也是信息产业企业常用的销售策略。在理论上，它可以使生产者剩余最大，企业利润最大。

3. 研制开发投资高，生产制造成本相对低

信息技术产业是研究开发密集型、知识密集型产业。电子信息产品的研制与开发往往属于跨学科、跨行业的系统工程，与传统产业相比，大多数电子信息产品在研制开发阶段投资都很高，而真正到生产制造阶段时投资则相对较低。随着全球信息产业竞争的加剧，信息技术企业研发投资规模迅速扩大，研究开发投资占销售额比重明显提高。

4. 需求驱动，规模经济效应突出

一件电子信息产品一旦被较多的用户所接受，就会吸引更多的需求者，生产者的平均成本也随之降低，收益上升。一项新的电子信息技术或产品能否生存还取决于需求方是否具备规模经济效应，这是信息产业发展的独有特性。

5. 用户成本锁定

电子信息产品大多数处于一个系统中，单件产品难以发挥作用，只有与其他配套的产品相互配合，才能产生效用。所以，因为新旧产品兼容等问题，用户一旦选定某种系统中的一件产品，就不得不采用与之相适应的一系列配套硬件和软件。一旦用户使用上该产品，用户就会"越陷越深"，直至被牢牢锁定。锁定程度的大小与转移成本相关，成本越大，锁定程度越高。这种现象使不兼容的新产品即使性能优良、价格便宜也难以得到推广和使用，使有效的市场机制在电子信息产品市场出现用户被锁定时失去竞争性，有利于供应商获得长期的高额利润。

6. 对标准的高度依赖

随着电子信息技术及其产业的发展，对标准的依赖性越来越高，一定意义上讲，谁控制了标准，谁就会在激烈的市场竞争中取得主动。如果一个国家或一家企业能够有效控制标准、技术，并且有足够的生产实力，就具备了其他国家或企业难以超越的竞争优势，不仅能够将产品线延伸至多种电子信息产品，进行"纵向竞争"，还可以利用手中的专利和专有技术来限制竞争者生产兼容产品，或者阻挠竞争者建立联盟，进行"横向竞争"，以确保自己在市场中的份额。

7. 高渗透性

电子信息产业对其他产业具有很高的渗透性。当前，各行各业的进一步发展都离不开电子信息技术和电子信息产品的应用。

一方面，电子信息产业通过产品与服务广泛渗透到其他产业和部门的产品与服务中。另一方面，电子信息产业直接向其他产业提供有偿信息服务，直接影响其他产业的发展。如公路、铁路、航运、水运、航天、管道等运输方式因为采用了先进的计算机和通信工具而发生了质的飞跃。

二、电子行业的未来方向

去超市买东西，手拿一部集成嵌入式芯片的手机、借助无线通信功能，手机可以和商品上的 RFID 芯片进行数据通信，由此借助无线射频技术，我们可以清晰的通过手机屏幕读出商品的生产产地、生产日期、产品成分、商品价格、物流途径等等所有我们需要了解的信息，并且通过银行转账系统进行商品的结算，这时手机就类似于商场结算的 POS 机。同时商场通过会员识别传感器，和会员身上集成嵌入式芯片的电子设备进行通信，可以清晰、完整地收集到会员购物时间、产品喜好、商品价位、意见反馈等等。如此智能的方式，或许你觉得很神奇，难道真有现实版的《阿凡达》，借助触角就可以感知一切，答案是肯定的，而且早已不是实验室的模拟概念，这就是物联网发展给零售业带来的变化。

电子信息技术的发展，将为我们创造一个崭新的世界，便利、节能、自动化与智能化共存。新技术给社会带来深刻的变革，将创造数以千计的商业机遇、提供数百万的可持续发展的工作职位，同时，也将使数以千万计的传统产业工人失业。

以信息技术产业为原动力的"第三次工业革命"对于我们来说是不可多得的历史机遇。数以百万计的新职业，来源于对新技术的充分理解和充分掌握，它为我们带来了新的产业机遇。以物联网为例，IPv6、三网合一、传感器、嵌入式操作系统、云计算等技术的长足发展，为物联网技术的成熟提供了重要的保障。物联网技术从概念阶段发展到应用验证阶段，创造了大量研发类工作岗位。未来各种各样的物品将嵌入一种智能的传感器，人类的信息获取、信息分析、通信方式将获得一个全新的沟通维度，信息将以前所未有的方式渗透到企业经营、科研开发、政府办公、人类生活等领域，这将是一个潜在的非常巨大的市场。

电子信息产业的新领域，也同时提出了严峻的挑战。首先是普通产业工人的失业风险。信息技术与制造技术相互促进，将大量劳动力从传统的简单重复劳动中解放出来，如果他们不能加强学习，迅速在新产业体系中找到新的岗位，将面临失业的危险。另外，机器的生产效率比手工劳作要高出很多，电子信息产业将从劳动力密集向技术资金密集转换，就业岗位将大大减少，增加了失业风险。图 1-64 所示的是智慧制造技术。

图 1-64 用机器生产机器——智慧制造技术

其实，电子信息产业新技术的发展，加剧了世界各国的技术竞争。技术进步推动产业升级，中国若不能取得先导性技术突破并将其产业化，不仅无法占据此次超级产业革命制高点，更有可能在全球新一轮的产业分工与财富版图切割中被边缘化。中国的崛起，将面临被"第三次工业革命"终结的风险。

人类的进步没有界限，E 时代即将来临，如图 1-65 所示，人类的完美也没有尽头……不难想象，未来的电子信息领域，将一步步地将我们的梦想趋进现实。

图 1-65 E 时代来临

三、电子行业学生的职业岗位迁移

在本章的最后，写一些大家关心的、关于沉重的未来的话题——如何在电子行业中选择合适的就业岗位与渠道，找到自己的坐标。

（一）如何选择企业

"每个求职者都是一个鸡蛋，最适合他的篮子只有一个；要想找到那只最合适的篮子，必须先弄明白，那是什么样的篮子。"——《鸡蛋宝典》

大学生经常对自己应该选择什么企业就业感到迷茫。应届毕业生在投入社会工作之际，一定会为自己踏出的第一步是否正确而感到烦恼。在待遇相同的情况下，应该选择大企业还是中小企业？一般来说，应该注意下面的几点：

(1)先考虑自己能发挥专长的行业——选择自己能发挥专长的行业更重于企业大小的选择。

一般而言，大企业的优势在于：职务分工清楚，能获得公司系统化的教育训练，在公司强调团队合作的氛围里，能学习沟通与协调等组织运作能力；缺点是工作范围较狭隘。

中小企业的优点是员工需要身兼数职，强调独立作业的能力，可以获得较多的实战经验；缺点是公司风险较高、职务变动频繁，教育培训较薄弱，从同事那学到的经验和技术也有限。

(2)综合考虑多方面的因素——产业前景，个性，成长空间等。

经过多方面分析后才决定最适合自己的企业，例如根据自己的个性、社会经济形势、产业前景等因素来考虑。就个性而言，个性积极富有冒险精神的人，可以考虑小公司或高风险高机会的企业；反之，个性稳健型的人以大公司为优先。就社会经济形势而言，经济不景气时，大企业能较为沉稳地应对不景气的冲击，小企业由于较敏感，所以人力与福利容易紧缩；但经济景气时，小企业比大企业更有弹性和机会获得成功。就产业前景而言，如果这个产业已经在走下坡路，则只是一份稳定的工作，想要开创新局面将事倍功半。晋升机会，薪资或职务等有形的福利，也要列入考虑，但绝不是选择企业最重要的因素，最重要的还是自己能否在这家企业获得成长。

在做以上各项因素的分析时，应该寻求师长与学长、不同领域的长辈或公开信息（如公司的财务状况）来帮助自己做判断。

(3)不一定终身受雇，但要终身学习。

初入职场，不论在大型或小型企业都不一定终身受雇，必须要有终身学习的态度保持自己的竞争力。所以不用太在意职称与薪资的诱惑。大企业的职称通常比较低，许多小企业不吝惜给新人响亮的职称职位，但往往不具实质意义。建议优先选择质优而且形象良好的大企业。至少在大企业服务 3 ～ 5 年，通过公司系统化的训练，多了解大公司组织运作，等到自己职场的战斗力大幅提升后，才考虑转到具有潜力的中小企业发展。

如果没有机会进入大企业，也不要放弃次要的工作机会。只要确保自己能在工作中获得成长，就算企业内部没有提供教育训练，自己也可以主动到外界进修。进入公司以后，要多看、多听、多做、少抱怨，这样才算是真正踏出成功的第一步。

凡事预则立，不预则废。一个人的成功除了机会的垂青外，更需要周密的准备。选择适合自己的企业对所有毕业生的未来职业发展很关键，所以每一个即将踏入职场的人都应未雨绸缪。

企业选择四步法如下：

(1) 你是哪种人？

进企业的人有两种：一是，靠工薪吃饭；二是，将来自己创业。在选择企业前，你首先要知道自己的长远规划是什么。做技术专家，高级管理人员，还是为了将来自己创业进入你心中那个公司所属的行业中相似的企业？

(2) 你的兴趣是什么？

每一个求职者都应该明确自己的兴趣是什么：研发？技术？测试？（硬件、软件）市场？销售？投资？人事？财务？这个因素将决定求职者最初的岗位。兴趣是职业发展的持续推动力。干任何工作，如果你对它失去了激情，那么，要么是你在被迫受到煎熬，要么是你在虐待自己，但最终的结果都导致员工和企业双方利益受损。

这里所说的兴趣涉及两个方面的内容：一是，由于自身性格特点所形成的兴趣；二是，在学习过程中形成的关于专业知识方面的兴趣。根据调查，职业的发展受这两方面综合影响，相对而言，前者影响可能更大一些。

(3) 行业发展前景及行业回报率

良好的行业发展前景是公司光明前途的基础；较高的行业回报率是企业利润的保障。判断行业发展前景及行业回报率应该不是太难的事，可以在网上查阅相关资料，然后请教相关领域的专家或熟人。

(4) 企业的地域、性质、规模及前景

求职者去比较适合自己的区域，就能够得到好的配套资源，比如比较好的平台、比较好的培训、更宽广的视野。大城市的机会更多，而且激烈的竞争更能够激发个人潜能，更容易达到较高的职业高度等等；否则缺了某个环节，比如得不到培训、事业狭窄等等你就很难得到发展。

（二）企业喜欢的学生

随着市场经济的发展，人才市场化的运行规则日益完善，企业和大学生都具有了自由的选择权。在这种背景下，大学生择业时也要关注到企业的用工心态。从企业看来，优秀大学生所具备的素质有哪些呢？

(1) 具有良好的就业观、良好的职业心理、乐观豁达的人生观、严密科学的世界观是一个人的思想基础和行为指南，是人的精神体现。

(2) 具有良好的专业素质，即专业理论素质、专业技能素质是一个人职业化发展的基础条件。

(3) 具备综合的能力素质，创新能力、承受能力、沟通协调能力是一个人不断成长的必备条件。

因此，企业欣赏和欢迎那些正直、开朗、事业心强、自我调整、自我开发、综合素质好的学生前来工作。

（三）电子行业大学生自主创业

大学生通过自主创业，将自己兴趣和梦想结合在一起，实现人生价值最大化。大学生每个人性格不相同工作兴趣也不同，自主创业可以做适合自己性格，适合自己兴趣的事情，并寻找出一条成功的道路，实现自己的梦想。

1. 创业意愿

多数大学生有较强的创业意愿。如图 1-66 所示，调查表明，"一定要创业"的占全部人数的 14.37％，目前真正将创业作为未来人生选择的大学生还不是很多，创业仍受到各种条件的限制，大学生在创业的选择上十分谨慎。60.85％的人选择"有机会就创业"，说明虽有创业需求，但由于自身准备不足，只能寄希望于未来的创业机遇。

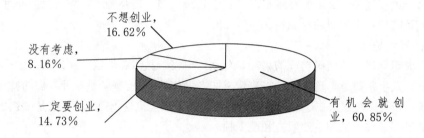

图 1-66 大学生创业意愿调查

2. 创业风险

(1)经验缺乏，资源不足。由于大学生的年龄、阅历、心理等与有社会经验的人相比处于劣势。创业本身是一个复杂的系统工程，市场不会因为创业者是学生就网开一面，在单纯的校园环境中成长起来的大学生，在面对社会和市场时，比有社会经验的人更容易迷失和迷茫。

(2)纸上谈兵，缺乏对市场的了解。缺乏对市场的了解是目前大学生创业中普遍存在的问题，不少大学生创业者没有对其产品或项目做市场调查的意识，而只是进行理想化的推断。

(3)盲目扩张。诸如企业规模扩张、经营领域扩张、项目扩张等方面。当创业者初尝甜头后，往往急于求成，想更快地收回成本创造盈利，从而盲目扩张，造成企业不能与自身能力、市场需求相协调，这样是极其危险的。

(4)承受挫折的能力不足。很多创业学生的经历是一帆风顺的，没有经历过挫折与失败，所以抗挫折能力较差，没有做好迎接困难、面对挑战的心理准备，当遇到问题时，很容易心灰意冷，停滞不前。

(5)管理风险。企业管理应该是一个合伙企业存活的关键。大学生创业初期的合作伙伴往往是亲朋挚友，由于初涉商场，知识单一，又缺乏实践经验，往往出现决策随意、信息不通、理念不清、患得患失、用人不当、忽视创新、急功近利、盲目跟风、意志薄弱等现象。

创业的风险如图 1-67 中所示的小木偶。

图 1-67 创业的风险

3. 创业准备

在创业的准备阶段，要做好以下事情：

评测：自己是否适合创业，自己创业中有哪些特长与不足，经评测做到心中有数；

政策：创业得符合时代发展与政策的要求；

点子：对于自己的创业，有什么好的点子，也可参考其他创业者有哪些好的点子；电子行业的学生，特别容易陷入产品导向误区，以为凭借一个创新的产品设计就可以开创辉煌的事业，其实企业的运营不仅仅是产品的技术含量与创意，还在于可制造性设计、制造工艺与流程管理、产品认证以及营销等众多问题。以当年 USB 盘进入市场为例，其性能明显比软盘优越，但是在市场上全面取代软盘也经历了一个相对比较长的过程，在初期阶段也不是赢利的。

资金：创业中必需资金，是自有资金，还是需要找到其他的资金来支持。

常识：决定创业前，需对一些常识性的知识有一定了解，不盲目地处理一些事情。

防骗：创业是一个复杂的过程，如何提高工作效率，防骗于未然是一种智慧。

4. 创业过程

创业过程是艰难的，要注意以下要素：

管理艺术：创业过程中，在有限的资金资源与人力资源下，如何有效提高管理能力是创业走向成功的必须能力；

市场营销：无论对于创业的行为与方式，市场营销是取得成功必不可少的功课，特别是 SEO 与 SEM 等网络营销的贡献；

战略发展：战略决定战术，创业的成功与失败与否，在一定程度上是与战略息息相关的；

组织运营：人才与组织运营是创业成功的核心因素；

企业胜经：创业途中如何取得胜算，触类旁通，成功企业是如何做到的；

商务指南：在创业途中，常见的商务规则有哪些，需要注意的事项可以查找商务指南；

大学生创业，并不是说让大家都去做"高精尖"的项目，有志气的大学生，在每一个行业都能找到实现创业梦想的途径。最重要的是要勇敢走出创业的第一步！

（四）职业发展通道

1. 专业序列与管理序列发展通道

电子行业员工可以选择专业序列或者管理序列的职业发展通道。如图 1-68 所示。

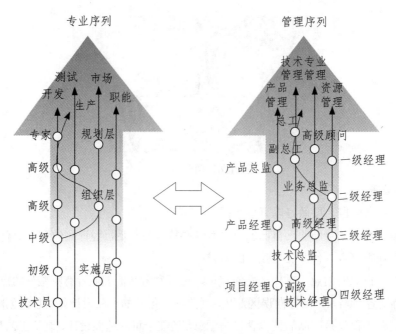

图 1-68 专业序列和管理序列的职业发展通道

公司通过制度和各项措施保证了员工与企业共同发展。设置两大职位发展路线——专业和管理。通过岗位评估、能力认定、培训考核、岗位轮换、职位转换、经理人选拔等措施，为员工制定出个性化的发展路径。

例：工业工程类职位的典型职业发展通道如表 1-2 所示。

表 1-2　　　　　　　　　　　　工业工程类职位的典型职业发展通道

工业工程技术员	岗位说明	能够在他人帮助下的前提下，从事基本的工业工程工作，包括工时核定，工作分解研究，单独步骤的产能核定，以及子流程研究
	教育背景	机械加工、电子电路、自动化等相关专业，中专以上
	培训认证	基本工业工程理论与实践知识；质量控制管理基本知识（IPC）
	职业时间	中专毕业需要三年以上工作经验；大专毕业需要一年以上工作经验
	职业英语	基本
助理工业工程师	岗位说明	能够在他人的协助下，独立从事专业的工业工程工作，包括设计、执行并维护制造工艺流程，以及零件组装、半成品制造，成品测试、组装、包装的完整制造流程
	教育背景	工业工程、机械加工、电气自动化等相关专业，大专以上
	培训认证	工业工程理论与实践知识；CAD 制图读图能力；质量控制管理基本知识（IPC）；基本文件管理与控制的知识；ISO9001 内审员资质
	职业时间	大专毕业需要两年以上工作经验；本科毕业需要一年以上工作经验
	职业英语	CET2

续表

工业工程师	岗位说明	能够独立从事专业的工业工程工作，包括设计、执行并维护制造工艺流程，零件组装、半成品制造，成品测试、组装、包装的完整制造流程	
	教育背景	工业工程、工业管理、自动化、机械电子类，大专以上	
	培训认证	工业工程理论与实践知识；CAD 制图读图能力；质量控制管理知识（IPC）；文件管理与控制的知识；项目管理的基本知识；技术文件书写与汇报的能力；ISO 9001 内审员资质	
	职业时间	大专毕业需要五年以上工作经验；本科毕业需要四年以上工作经验	
	职业英语	CET4	
高级工业工程师	岗位说明	能够独立从事专业的工业工程工作，包括设计、执行并维护制造工艺流程，零件组装、半成品制造，成品测试、组装、包装的完整制造流程；能够独立发起并管理流程持续改善项目；能够独立承担新产品导入的项目管理工作	
	培训认证	工业工程理论与实践知识；CAD 制图读图能力；质量控制管理知识（IPC）；文件管理与控制的知识；项目管理的基本知识；技术文件书写与汇报的能力；ISO 9001 外审员资质；项目管理 PMI 资质	
	职业时间	本科毕业需要十年以上工作经验，担任中级职称五年以上	
	职业英语	CET6	

2. 大学生如何适应企业

企业与学校不同，与社会也不同。到企业就业的大学生如何认识、看待企业至关重要。大学生要很好地适应企业环境，应从以下几个方面考虑：

(1) 从思想上完成一个转变。大学生毕业到企业工作，是从一个以学为主的学生转变成一个以工作为主的职员。这个转变过程需要从学习、心理、环境、人际关系等方面尽可能快地适应，并不断地完善自己，发展自己。这种思想上的转变速度直接影响到大学毕业生的工作业绩。

(2) 认清择业与发展的关系。认清进入企业后的个人发展的阶段性，不可急功近利，需要踏踏实实地从基础做起的吃苦耐劳的精神。只有那些具有远见卓识的学生才能做到这点，而且这些学生一旦有机会便得以迅速发展。

(3) 建立良好的人际关系。人际关系的处理水平是标志一个人适应环境能力，也是一个青年成熟度的反映。一个应届毕业生新到一个环境必然会始料不及地遇到形形色色的新问题、新情况；心理差异、文化差异、习惯差异、经验不足等等带来的"排异反应"。这些问题对每个人都是一个严峻考验。"尊重"是解决困难的前提，即尊敬对方，只有尊重对方才能认清对方，才能发现问题根本所在，才能想出办法解决问题。其次是努力缩小差距，使自己尽快具备整个团队具有的整体特征。第三、努力学习和工作，使自己综合能力在这个新团体中不断地提升，逐步体现自己具备整体团队特征，同时突出个性特征。增强影响力，使自己对整体的积极影响不断扩大。

总之，电子信息行业的快速发展，为大家提供了广阔的发展前景，本单元是对电子行业的一个简单表述。"纸上得来终觉浅，绝知此事要躬行。"随着大家对电子行业学习的深入，对电子行业的理解也将逐步加深。

思考题

1. 你为什么选择学习相关电子信息类专业，你的职业理想是什么？

2. 尝试用罗列的方式，整理一下智能手机的功能，并预测一下将来还会有什么应用？你会被它影响到什么程度？

3．第一、第二、第三产业分别指什么，电子行业属于第几产业，目前归哪个部门管理？

4．电子信息产业包括哪 12 个行业？

5．战略新兴产业包括哪 7 大领域，其中与电子行业有关的是哪些？

6．我国电子信息产业的主要弱点是什么？

7．电子新产品的开发需要经历哪 5 个阶段？各阶段的主要内容是什么？

8．简述电子产品制造过程的五个要素。

9．设想一下自己将来的职业成长通道。

知识拓展

电子行业有影响力的主要网站：

1．www.21ic.com，21IC 电子网；

2．www.gongkong.com，中国工控网；

3．www.dianyuan.com，电源网。

单元二

LED 技术

模块一 LED 的发展及产业分布

一、LED 发展史

LED 的发展经历了曲折的过程。1907 年英国人亨利·约瑟夫·让德（Henry Joseph Round）首先在一块碳化硅（SiC）里观察到电致发光现象。由于它发出的黄光太暗，不适合实际应用；而且碳化硅与电致发光不能很好地适应，该研究被摒弃了。20 世纪 20 年代晚期 Bernhard Gudden 和 Robert Wichard 在德国使用从锌硫化物（ZnS）与铜中提炼的黄磷发光，1936 年，George Destiau 出版了一个关于硫化锌粉末发射光的报告。因发光暗淡这项研究再一次被中断。

随着电的应用和广泛的认识，最终出现了"电致发光"这个术语。20 世纪 50 年代，英国科学家在电致发光的实验中使用半导体砷化镓（GaAs）发明了第一个具有现代意义的 LED，并于 60 年代面世。在早期的试验中，LED 需要放置在液化氮里，更需要进一步的操作与突破以便能高效率地在室温下工作。第一个商用 LED 虽然只能发出不可视的红外光，却迅速地应用于感应与光电领域。60 年代末，在砷化镓基体上使用磷物，从而发明了第一个可见的红光 LED。改变磷化镓使得 LED 更高效、发出的红光更亮，甚至可以产生出橙色的光。

到 70 年代中期，使用磷化镓作为发光光源，随后就发出灰白绿光。LED 采用双层磷化镓芯片（一个是红色，另一个是绿色）能够发出黄色光。与此同时，科学家利用金刚砂制造出发出黄光的 LED。尽管它不如欧洲的 LED 高效，但在 70 年代末，它能发出纯绿色的光。

80 年代早期到中期由于使用砷化镓磷化铝导致第一代高亮度的 LED 的诞生，先是红色（λ_p=650 nm），接着就是黄色（λ_p=590 nm），最后为绿色（λ_p=555 nm）。到 20 世纪 90 年代早期，采用铟铝磷化镓生产出了橘红、橙、黄和绿光的 LED。90 年代早期再一次利用金刚砂制造出第一个有历史意义的蓝光 LED。依当今的技术标准去衡量，它与俄国以前的黄光 LED 一样光源暗淡。

90 年代中期，出现了超亮度的氮化镓 LED，随即又制造出能产生高强度的绿光和蓝光铟氮镓 LED。超亮度蓝光芯片是白光 LED 的核心，在这个发光芯片上抹上荧光磷，荧光磷通过吸收来自芯片上的蓝色光源再转化为白光。利用这种技术可以制造出任何可见颜色的光。如今在 LED 市场上能看到生产出来的各种新奇颜色，如浅绿色和粉红色。

我国在 2003 年底紧急启动了"十五"国家科技攻关计划"半导体照明产业化技术开发"重大项目（简称国家半导体照明工程），使我国半导体照明工程进入实质性推进阶段。2004 年 10 月成立国家半导体照明工程研发及产业联盟（CSA），由国内 43 家从事半导体照明行业的骨干企业和科研院所按照"自愿、平等、合作"的原则发起成立。随着联盟的行业凝聚力和影响力的扩大，联盟成员单位已发展至包括来自香港和内地的 212 家企业和科研院所。2006 年中国科技部启动了"十一五"半导体照明工程"863"项目。2012 年 5 月，科技部在北京组织召开了"十一五"国家 863 计划"半导体照明工程"重大项目验收会。通过该项目实施，我国在 LED 外延材料、芯片制造、器件封装、关键原材料和应用集成等方面攻克了一批产业共性关键技术，初步形成了从上游材料芯片制备、中游器件封装及下游集成应用比较完整的研发与产业体系，其中白光 LED 器件实验室光效超过 130 lm/W（lm 指流明，后面有介绍），产业化光效超过 100 lm/W，Si 衬底 LED 光效达到 90 lm/W，芯片国产化率达到 60%。37 个 "十城万盏"
试点城市实施的示范工程超过 2000 项，应用的 LED 灯具超过 420 万盏，年节电超过 4 亿度。

2016 年 6 月，由中国农业科学院农业环境与可持续发展研究所 "设施植物环境工程团队"
自主研发的智能 LED 植物工厂，亮相于正在举办的国家 "十二五" 科技创新成就展，受到社
会各界的高度关注。智能 LED 植物工厂被国际普遍认为是土地利用和农作方式的颠覆性技术，
可大幅提高作物产能，是 21 世纪解决人口、资源、环境问题的重要途径。

2021 年 10 月，在 "十三五" 科技创新展上，展示了从 2017 年 7 月启动 "超高密度小间
距 LED 显示关键技术开发与应用示范" 项目。该项目研究以来，希达电子先后突破了发光芯片、
封装材料、驱动器件等重大共性关键技术、产品应用及支撑技术，成功打破国际技术垄断与封
锁，填补超高清大尺寸显示市场空白，使我国在大尺寸、超大尺寸领域占据绝对的竞争优势，
真正实现技术全部国产，自主可控。

科技兴则民族兴，科技强则国家强，当前新一轮科技革命和产业变革正在重构全球创新版
图，制造业是立国之本，强国之基，未来，希达电子将继续以国家 "建设科技强国目标" 为引
领，面向世界技术前沿进行技术创新与产品研发，推动我国新型显示技术发展，为 "十四五"LED
显示高质量发展以及我国向显示强国方向迈进积极作贡献。

2021 年是 "十四五" 开局之年、全面建设社会主义现代化国家新征程开启之年。两会的
召开和十四五规划给 LED 企业迎来了新的发展机遇。智慧城市、数字文旅、LED 电影屏都是
一个巨大的蓝海市场，在信息和文化显示高端化、科技化、便捷化的时代，LED 显示屏无疑
扮演着重要的角色。

二、LED 的产业链分布及市场情况简介

（一）LED 产业链

LED 产业链大致可分为四部分：LED 上游产业；LED 中游产业；LED 下游产业和配套
产业。图 2-1 所示为 LED 产业链及代表公司。

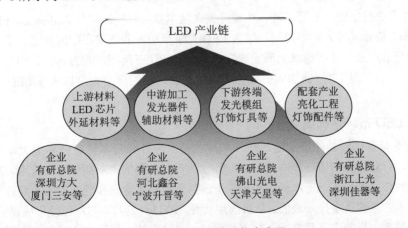

图 2-1 LED 产业链及代表公司

LED 上游产业主要是指 LED 发光材料外延制造和芯片制造。由于外延工艺的高度发展，
器件的主要结构如发光层、限制层、缓冲层、反射层等均已在外延工序中完成，芯片制造主要

是做正、负电极和完成分割检测。

LED 中游产业是指 LED 器件封装产业。在半导体产业中，LED 封装产业与其他半导体器件封装产业不同，它可以根据用于现实、照明、通信等不同场合，封装出不同颜色、不同形状的品种繁多的 LED 发光器件。

LED 下游产业是指应用 LED 显示或照明器件后形成的产业。其中主要的应用产业有 LED 显示屏、LED 交通信号灯、太阳能电池、LED 航标灯、液晶背光源、LED 车灯、LED 景观灯饰、LED 特殊照明等。就 LED 应用范围来讲，覆盖面应该更广，还应包括那些在家电、仪表、轻工业产品中的信息显示。

图 2-2 简要表示了 LED 产业链中上游、中游和下游产品制作过程和成品。

上游	晶片：单晶棒（GaAs、GaP）→ 单晶片衬底 → 在衬底上生长外延层 → 外延片成品 成品：单晶片、磊晶片

中游	制程：金属蒸镀 → 光刻 → 热处理 → 电极制作 → 切割 → 测试分选 成品：芯片

下游	封装：固晶 → 焊接引线 → 注塑封装 → 剪脚 → 测试 成品：LED 灯和应用产品

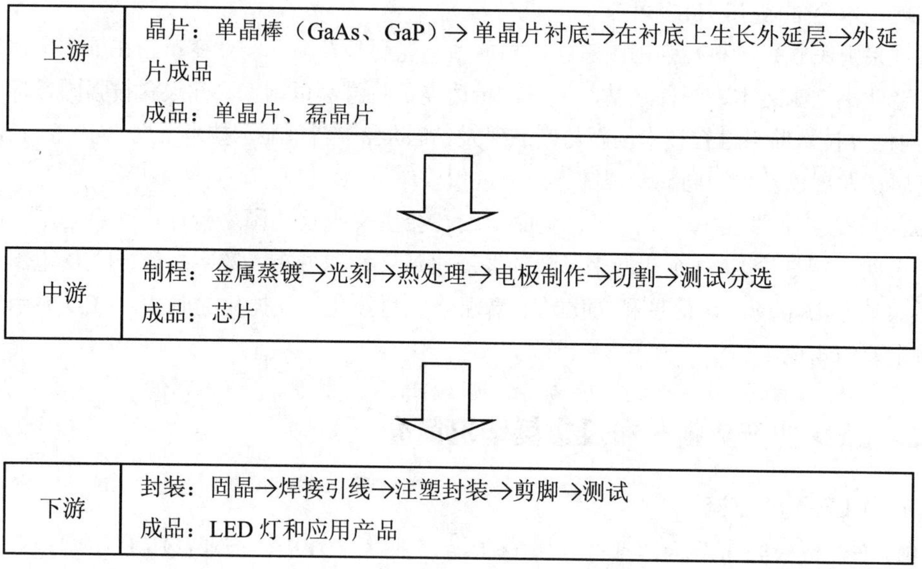

图 2-2 LED 产业链上游、中游和下游产品制作过程和成品

在 LED 产业链条中，上游芯片、外延等关键技术被国际厂商（如 Philips Lumileds、CK、Cree、Nichia、Osram 等）牢牢控制。国内 LED 竞争市场主要集中在中游加工、下游终端及部分低价值的配套产业，并在地域上形成珠江三角洲、长江三角洲、北方地区、闽三角地区四大产业链区域。有待于国内厂商加大研究相关自主知识产权的产品力度以确保 LED 行业的良性发展。

（二）LED 市场情况简介

LED 行业具有比较长的产业链，每一领域的技术特征和资本特征差异很大，从上游到中游再到下游，行业进入门槛逐步降低。上游外延片具有典型的"双高"（高技术、高资本）特点，中游芯片技术含量高、资本相对密集。下游封装在技术含量和资本投入上要低一些，而应用产品的技术含量和资本投入最低。从目前现状看，LED 外延片、芯片已经形成以美国、亚洲、欧洲三大区域为主导的三足鼎立的全球市场布局。以美、德、日为产业代表，中国台湾地区、韩国紧随其后，中国大陆、马来西亚等积极跟进的梯队分布状况。下面简要介绍 LED 各国主要企业情况。

德国主要企业：Osram 为欧洲最大的高亮度 LED 厂商，具有独有的芯片平面设计技术，市场销售以欧洲的汽车业为主。

美国主要企业：Gelcore、Philips Lumileds、Cree 等企业，主要的产业优势为 SiC 衬底生长的 GaN 外延片和芯片产量最大，在紫光外延片和芯片技术国际领先。

日本主要企业：Nichia、Toyoda Gosei 等企业，主要产业优势为：高端蓝、绿光 LED 占市场主导地位，也是 LED 封装全球第一大生产厂家。

中国台湾地区：外延片及芯片产量全球最大，LED 封装方面全球产值居第二位。主要企业有：晶元光电、广镓光电、光宝电子、亿光电子等。

中国大陆：已形成 GaN 基外延片生产、LED 芯片制备、LED 封装和应用完整的工业体系。

表 2-1 为中国主要的 LED 照明产业上市公司汇总。表 2-1 资料参考了前瞻产业研究院发布的《中国 LED 照明产业市场前瞻与投资战略规划分析报告》。

表 2-1   中国主要的 LED 照明产业上市公司

公司简称	股票代码	产业链环节	企业要点
三安光电	600703	外延片和 LED 芯片	能够提供全波长范围的 LED 芯片的研发、生产与销售，产品可覆盖全部可见光和不可见光谱，性能稳定，品质优异。它是"国家高科技产业化示范工程企业"和"国家技术创新示范企业"
中芯国际	688981	外延片和 LED 芯片	世界领先的集成电路晶圆代工企业之一，也是中国内地技术最先进、配套最完善、规模最大、跨国经营的集成电路制造企业集团，提供 0.35 微米到 14 纳米不同技术节点的晶圆代工与技术服务
艾为电子	688798	外延片和 LED 芯片	专注于数模混合、模拟、射频等 IC 设计，为以手机、人工智能、物联网、汽车电子、可穿戴和消费类电子等众多领域的智能终端产品全面提供技术领先且高品质、高性能的 IC 产品。荣获"中国芯"优秀市场表现奖、"中国半导体创新产品和技术"等多项行业殊荣
明微电子	688699	外延片和 LED 芯片	是一家专业从事集成电路设计、封装测试及销售的国家级高新技术企业，专注于数模混合及模拟集成电路领域，产品广泛应用于显示屏、智能景观、照明和家电等领域
力芯微	688601	外延片和 LED 芯片	主营业务为模拟芯片的研发及销售，并为客户提供电源管理方案。配套了完整的芯片产业链，是国家重要的集成电路产业化基地
韦尔股份	603501	外延片和 LED 芯片	致力于提供传感器解决方案、模拟解决方案和触屏与显示解决方案，助力客户在手机、安防、汽车电子、可穿戴设备、IoT、通信、计算机、消费电子、工业、医疗等领域解决技术挑战，满足与日俱增的人工智能与绿色能源需求。
京方科技	603005	外延片和 LED 芯片	是 3DIC 和 TSV 晶圆级芯片尺寸封装和测试服务的全球领先供应商。专注于开发创新技术，协助客户实施可靠、小型化、高性能和高性价比的半导体 CMOS 图像传感器封装的大批量制造

宏微科技	688711	外延片和 LED 芯片	是电力电子产品研发和生产的国家高技术产业化示范工程基地，国家 IGBT 和 FRED 标准起草单位，江苏省新型高频电力半导体器件工程技术研究中心
晶丰明源	688368	外延片和 LED 芯片	在通用 LED 照明、高性能灯具和智能照明驱动芯片技术和市场上均处于领先水平，在智能家居和物联网市场提供整体芯片解决方案，为客户提供一站式服务。公司获得"高新技术企业""上海市科技小巨人企业""2016—2018 年上海市集成电路设计企业销售前十"等荣誉称号
斯达半导	603290	外延片和 LED 芯片	是一家专业从事功率半导体元器件尤其是 IGBT 研发、生产和销售服务的国家级高新技术企业。主要产品为功率半导体元器件，包括 IGBT、MOSFET、IPM、FRD、SiC 等。公司成功研发出了全系列 IGBT 芯片、FRD 芯片和 IGBT 模块，实现了进口替代。其中 IGBT 模块产品超过 600 种，电压等级涵盖 100～3300 V，电流等级涵盖 10～3600 A。产品已被成功应用于新能源汽车、变频器、逆变焊机、UPS、光伏／风力发电、SVG、白色家电等领域
欧普照明	603515	LED 封装	是一家集研发、生产、销售、服务于一体的综合型照明企业。产品涵盖 LED 及传统光源、灯具、电工电器、吊顶产品等多个领域。作为中国照明行业领先的整体照明解决方案提供者，欧普照明不仅致力于研究光的合理运用，提供贴心产品，还为消费者提供差异化整体照明解决方案等专业的配套服务，全面提升用户体验
德邦照明	603303	LED 封装	是一家集研发、生产、销售和服务于一体的综合性高新技术企业。产品涵盖民用照明产品、商用照明产品及车载产品三大品类。公司为中国照明行业的龙头企业，并致力成为中国车载零部件行业的一流企业。获评 2019 年"亚洲品牌 500 强"并入围 2020 年"中国 500 最具价值品牌"。先后荣获中国照明电器行业品牌效益企业、中国轻工业照明电器行业十强及全国电子信息行业创新企业等荣誉
瑞丰光电	300241	LED 封装	从事 LED 封装及提供相应解决方案，是国内封装领域领军企业。采用最先进 LED 自动生产设备，主要生产 Chip LED、TOP LED、Power LED、LED Module 等产品，月产能 4 亿只，满足国内、外中高端市场的需求，同时公司建立了完善的质量管理体系，通过了 ISO 9001 质量管理体系认证、ISO 14001 环境管理体系认证、TS 16949 质量管理体系认证，确保提供的是高品质 LED
阳光照明	600261	LED 封装	是中国主要节能灯生产出口基地之一，主要经营电子灯、荧光灯管、户外灯及 LED 配套灯具等
木林森	002745	LED 封装	是中国领先的集 LED 封装与 LED 应用产品为一体的综合性光电高新技术企业。拥有高效精准的生产、研发和检测设备，结合先进的生产管理技术，已经成为全球有规模的 LED 生产企业

（续表）

佛山照明	000541	LED 封装	专注于研发、生产、推广高品质的绿色节能照明产品，为客户提供全方位的照明解决方案和专业服务，是国内综合竞争实力较强的照明品牌之一
三雄极光	300625	LED 封装	为客户提供整体照明解决方案和专业服务，致力于开发和生产高品质、高档次的绿色节能照明产品。它是中国极具综合竞争实力的照明品牌之一
久量股份	300808	LED 封装	主要从事 LED 照明产品的设计、研发、生产和销售。作为一家专业化 LED 光电科技应用企业，致力于为客户提供优质的人性化产品
立达信	300808	LED 封装	是专注于智慧生活（Smart Living）和智慧管理（Smart Management）领域的物联网产品和解决方案提供商。在 LED 照明产品、控制与安防产品、智能家电以及软件和云服务等领域为客户提供安全可信赖的产品、解决方案和服务。据 GGII 统计，立达信 LED 照明产品连续六年出口排名第一
海洋王	002724	LED 封装	是一家自主研发、生产、销售各种专业照明设备，承揽各类照明工程项目的民营股份制高新技术企业。以有效发明数量第一获得 2020 年度中国 LED 行业专利榜单之首
雷士国际	02222	照明应用	致力于为建筑、交通、城市亮化、商超、酒店、办公、家具、工业等领域提供高效节能、健康舒适的照明及环境解决方案
雷曼光电	300162	照明应用	致力于高品级的发光二极管（LED）及应用产品的研发、制造、应用和服务，主营业务涵盖 LED 显示、LED 照明、LED 封装、LED 节能、LED 传媒五大领域。它是中国领先的 LED 高科技产品及解决方案提供商、中国第一家 LED 显示屏高科技上市公司
国星光电	002449	照明应用	是专业从事研发、生产、销售 LED 及 LED 应用产品的国家火炬计划重点高新技术企业，是国内最早生产 LED 的企业之一
崧盛股份	301002	照明应用	是一家集中，大功率 LED 驱动电源的研发、生产、销售与服务为一体的国家高新技术企业
英飞特	300581	照明应用	一家从事 LED 驱动电源的研发、生产、销售和技术服务的国家火炬计划重点高新技术企业，LED 驱动电源销售规模位居全球前列
聚飞光电	300303	照明应用	被中国光学电子协会光电器件分会选为中国 LED 最具成长性企业，是国家高新技术企业、国家火炬计划重点高新技术企业、深圳市高新技术企业、深圳市知名品牌企业、广东省著名商标企业。公司专业从事 SMD LED 器件的研发、生产与销售，多年来始终是国内背光 LED 的龙头企业

鉴于 LED 的自身优势，目前主要应用于通用照明、景观照明、背光源、显示屏和汽车照明等多个领域。中国是 LED 照明产品最大的生产制造国，随着国内 LED 照明市场渗透率快速攀升至七成以上，LED 照明已基本成为照明应用的刚需，国内的 LED 照明市场规模呈现出较

全球平均水平更快的增长势头。据统计，中国 LED 照明市场产值规模由 2016 年的 3017 亿元增长到 2020 年的 5269 亿元，年均复合增长率达到 14.95%。

根据国家半导体照明工程研发及产业联盟（CSA）的统计，中国 LED 照明产品国内市场渗透率（LED 照明产品国内销售数量/照明产品国内总销售数量）由 2016 年的 42% 提升至 2020 年的 78%，发展迅速，行业市场规模进一步加大。

从产品供给角度，中国是全球 LED 照明产品产业链的世界工厂，是 LED 光源、驱动电源和 LED 应用产品在全球市场的主要供应国。在全球范围 LED 照明加快渗透及市场需求加快扩容的趋势下，中国的 LED 照明行业的出口市场具有广阔的市场需求空间。

近年来，LED 芯片技术和制程、LED 光源制造和配套产业的生产制造技术更新迭代迅速。同时，LED 照明产品相比于传统照明产品，具有发光效率和能效比高、稳定耐用、可调光、更易于智能控制等特点。

模块二　LED 与 OLED 的基本知识

一、LED 的基本知识

（一）LED 的发光原理

LED 是一种 PN 结器件，和一般的整流二极管一样，也具有二极管单向导电的特性，即具有整流特性；但它在外加正偏压的情况下，还会发出某种波长的光。把电能转换为光能，因而它是一种"电致发光"器件。在 LED 中我们利用的是 PN 结的发光特性，而不是它的整流特性。

发光二极管的核心部分是由 P 型半导体和 N 型半导体组成的晶片。

在高纯半导体中一边掺受主杂质，另一边掺施主杂质，在边界面上会形成一个 PN 结。在施主杂质的 N 型半导体区一边有浓度较大的自由电子，它在浓度梯度作用下会从高浓度的 N 区向低浓度的 P 区扩散，即有电子扩散到 P 型半导体区一边。与此同时，在掺受主杂质的 P 型半导体区一边有浓度较大的空穴，它在浓度梯度作用下也会扩散到 N 型半导体区一边，这种相互扩散导致在 PN 结附近的 P 区和 N 区只留下了带负、正电荷的不能移动的杂质离子，结果就会形成一个势垒，阻止电子、空穴的进一步扩散，最终达到平衡状态。在 PN 结附近只有空间电荷的薄层称为空间电荷层或称为空乏层（表示没有可移动的载流子）。它所建立的势垒将阻止载流子的进一步扩散，最终使流过 PN 结的电流为零。

加正偏压时，即 P 型材料接电源的正极，N 型材料接电源的负极时，PN 结的势垒降低。促进 P 区和 N 区的多数载流子向对方的区域扩散，形成较大的正向电流。注入 P 区的电子和能级处于价带附近的空穴在 PN 结附近相遇，就会发生复合（由 P 区注入 N 区的空穴也会与该区的电子复合），电子与空穴复合时，能级是从较高的导带跃迁到较低的价带，这样就会有多余的能量以光子的形式释放出来。显然，导带与价带之间的能量差越大，即材料的禁带宽度（或称带隙）越大，光子所带的能量就越高。光子的波长和它所携带的能量多少有关，能量越高，对应的光的波长就越短；反之，则波长越长。在可见光的频谱范围内（波长为 380~780 nm），当复合释放出的光子能量较多时，可见光为波长较短的蓝光、紫光；当释放出的光子能量较少时，可见光为波长较长的橘红光、红光。由于不同的材料具有不同的带隙，从而能够发出不同颜色的光。

注入 P 区的电子可以直接与能级处于价带的空穴复合，也可以先被发光中心捕获，释放一部分能量后再与空穴复合，将多余的能量以光子的形式释放出来，这时也能观察到 PN 结发光现象。如果这些电子被非发光中心捕获，由于非发光中心的能级位于导带与价带的中间附近，电子与空穴复合时所释放的能量不大，便不能形成可见光。或者，半导体材料本身的禁带宽度 E_S 不大，每次复合时不能释放出足够多的能量，也不可能形成可见光，而是以热能的形式释放出来。发光的电子·空穴对复合相对于电子·空穴对的比例越大，PN 结的发光光子效率越高，发出的光越强。对于 LED 来说，我们希望非发光的电子·空穴对的复合相对于发光的电子·空穴对的复合量越少越好。由于复合是在少数载流子扩散区进行并发光的，所以，光仅在靠近 PN 结面数微米以内的区域产生，PN 结附近是有效的发光区域。

（二）LED 的结构

如前面所述，LED 是一块电致发光的半导体材料，它主要的部分是一个 PN 结管芯。常规 5 mm 的 LED 是将边长 0.25 mm 的正方形管芯黏结或烧结固定在带引线的金属支架上，有反射杯的引线为阳极，支架上端的面积较大，很容易辨认，而管芯的阴极通过球形触点与金丝键合为内引线，与另一根支架相连，该支架上端尺寸较小。通过支架上端的尺寸很容易区分它的阳极和阴极。另外，阳极、阴极两根引线一般不一样长，较长的一根为阳极；如两根引线一样长，则在管壳上有一个凸起的小舌。靠近小舌的引线为阳极。管芯的顶部用干净的、透光的环氧树脂包封，以保护内部 PN 结管芯和引线不受外界侵蚀，环氧树脂可以采用不同的形状和材料，通过掺或不掺散色剂，让它起透镜或漫射镜的作用，以控制光的发散角，提高 PN 结管芯发出的光的出光率。反射杯的作用是收集从管芯侧面、界面所发出的光，使之向期望的方向角发射。由于受环氧树脂的保护，管芯又很小，所以 LED 是一种具有很好的抗震和抗冲击能力的光源。一般来说，它的基本结构主要由支架、银胶、晶片、金线、环氧树脂五种物料所组成，LED 的基本结构示意图如图 2-5 所示。下面简要介绍各个组成部分。

1. 支架

支架是用来导电和支撑，由支架素材经过电镀而形成，由里到外是素材、铜、镍、铜、银这五层所组成。分为带杯支架座聚光型，平头支架座大角度散光型。

2. 银胶

银胶起固定晶片和导电的作用。其主要成分：银粉占 75% ～ 80%、环氧树脂（Epoxy）占 10% ～ 15%、添加剂占 5% ～ 10%。银胶在使用过程中需冷藏，使用前需解冻并充分搅拌均匀，因银胶放置长时间后，银粉会沉淀，如不搅拌均匀将会影响银胶的使用性能。

3. 晶片

晶片（Chip）是 LED 的主要组成物料，是发光的半导体材料。由磷化镓（GaP）、镓铝砷（GaAlAs）或砷化镓（GaAs）、氮化镓（GaN）等材料组成，其内部结构具有单向导电性。晶片的尺寸单位为 mil。晶片的焊垫一般为金垫或铝垫。其焊垫形状有圆形、

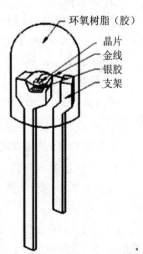

图 2-5 LED 的基本结构示意图

（图中标注：环氧树脂（胶）、晶片、金线、银胶、支架）

方形、十字形等。晶片的发光颜色取决于波长，常见可见光的分类大致为：暗红色（700 nm）、深红色（640～660 nm）、红色（615～635 nm）、琥珀色（600～610 nm）、黄色（580～595 nm）、黄绿色（565～575 nm）、纯绿色（500～540 nm）、蓝色（450～480 nm）、紫色（380～430 nm）。白光和粉红光是一种光的混合效果，最常见的工艺是由蓝光＋黄色荧光粉和蓝光＋红色荧光粉混合而成。

图 2-6 所示为晶片的解剖图。

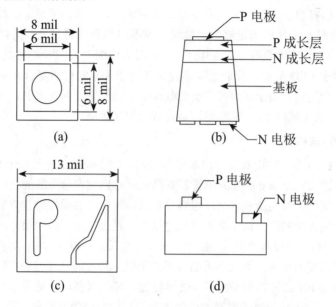

图 2-6 晶片的解剖图

4. 金线

金线主要起连接晶片焊垫（PAD）与支架，并使其能够导通的作用。金线的纯度为 99.99%Au；延伸率为 2%～6%，金线的尺寸有：0.9 mil、1.0 mil、1.1 mil 等。

5. 环氧树脂

环氧树脂起保护 LED 的内部结构的作用。封装树脂由 A 胶（主剂）、B 胶（硬化剂）、DP（扩散剂）、CP（着色剂）四部分组成。其主要成分为环氧树脂（Epoxy）、酸酐类（酸无水物 Anhydride）、高光扩散性填料（Light Diffusion）及热安定性染料（Dye）。

6. 模条

模条是 LED 成形的模具，一般有圆形、方形、塔形等。支架植得深浅是由模条的卡点高低所决定。模条需存放在干净及室温以下的环境中，否则会影响产品外观不良。

（三）LED 的基本特征与分类

1. LED 的基本特征

LED 作为一个发光器件，因其较其他发光器件优越，所以备受人们关注，归纳起来 LED 有下列一些优点：

(1) 工作寿命长。LED 作为一种导体固体发光器件，和其他发光器相比具有更长的工作寿命。在合适的电流和电压下，使用寿命可达 6 万到 10 万小时，比传统光源寿命长 10 倍以上。如果用 LED 替代传统的汽车用灯，那么它的寿命将远大于汽车本体的寿命，具有终身不用修理与更换的特点。

(2) 耗电低。LED 耗电相当低，直流驱动，超低功耗，电光功率转换接近 100%。一般来说 LED 的工作电压是 2 ～ 3.6 V，工作电流是 0.02 ～ 0.03 A；这就是说，它消耗的电能不超过 0.1 W，相同照明效果比传统光源节能 80% 以上。

(3) 是一种高速器件。LED 一般可在几十毫秒内响应，响应时间快，因此是一种高速器件，这也是其他光源望尘莫及的。采用 LED 制作汽车的高位刹车灯在高速状态下，大大提高了汽车的安全性。

(4) 体积小，重量轻、耐抗击。LED 被完全封装在环氧树脂里面，比灯泡和荧光灯管都坚固。灯体内也没有松动的部分，使得 LED 不易损坏。这也是半导体固体器件的固有特点。

(5) 易于调光、调色、可控性大。LED 作为一种发光器件，可以通过流过电流的变化控制亮度，也可通过不同波长 LED 的配置实现色彩的变化与调节。因此用 LED 组成的光源或显示屏，易于通过电子控制来达到各种应用的需要。LED 光源的应用原则上不受限制，可塑性极强，可以任意延伸，实现积木式拼装，目前大屏幕的彩色显示屏非 LED 莫属。

(6) 属于"绿色"光源。用 LED 制作的光源不存在诸如水银、铅等环境污染物，不会污染环境，同时 LED 也可以回收再利用。

(7) 多项先进技术融合。与传统光源单调的发光效果相比，LED 光源是低压微电子产品。它成功融合了计算机技术、网络通信技术、图像处理技术、嵌入式控制技术等，所以亦是数字信息化产品，是半导体光电器件"高新尖"技术，具有在线编程、无限升级、灵活多变的特点。

表 2-2 为 LED 与几种常见光源的性能比较，从表中可知，LED 不仅远远超过白炽灯，而且也超过荧光灯与节能灯。表 2-2 中 T8 表示灯管型号，是荧光灯（或称日光灯、光管、荧光管）的一种，直径为 1 英寸，属于气体放电灯。国外通常用 "T" 代表 "Tube"，表示管状的灯管直径，T 后面的数字表示灯管直径，T8 就是有 8 个 "T"，一个 "T" 就是 1/8 英寸，1 英寸 =25.4 mm，那么每一个 "T" 就是 25.4÷8 = 3.175 mm。

表 2-2　　　　　　　　　　LED 与几种常见光源的性能比较

名称	光通量 /lm	光效 / lm/W	起动特点	频闪	使用寿命 /h	易损性
白炽灯	480	12~24	快	严重	1000	玻璃材质，易损
日光灯（T8）	2000	30~70	慢	重	5000	玻璃材质，易损
节能灯	500~540	60	慢	轻	6000	玻璃材质，易损
LED	50~200	50~200	很快	无	10000	全固体，不易损坏

2. LED 的分类

(1)LED 按发光管发光颜色分，可分成红色、橙色、绿色（又细分黄绿、标准绿和纯绿）、蓝光和白光等。有些特殊用途的 LED 包含两种或三种颜色的芯片，可按时序发出两种或三种颜色的光。根据发光二极管出光处掺或不掺散射剂、有色还是无色，上述各种颜色的发光二极管还可分成有色透明、无色透明、有色散射和无色散射四种类型。散射型发光二极管可做指示灯用。

(2)LED 按发光管出光面特征分圆灯、方灯、矩形、面发光管、侧向管、表面安装用微型管等。圆形灯按直径分为 φ2 mm、φ4.4 mm、φ5 mm、φ8 mm、φ10 mm 及 φ20 mm 等。

(3)LED 按发光强度角分布图来分有三类。

① 高指向性。一般为尖头环氧封装，或是带金属反射腔封装，且不加散射剂。半值角为

5°～ 20°或更小，具有很高的指向性，可作局部照明光源用，或与光检出器联用以组成自动检测系统。这里半值角是指发光强度值为轴向强度值一半的方向与发光轴向（法向）的夹角。

② 标准型。通常作指示灯用，其半值角为 20°～ 45°。

③ 散射型。这是视角较大的指示灯，半值角为 45°～ 90°或更大，散射剂的量较大。

(4)LED 按发光二极管的结构分有全环氧包封、金属底座环氧封装、陶瓷底座环氧封装及玻璃封装等结构。

(5)LED 按发光强度和工作电流分有普通亮度的 LED（发光强度 <10 mcd）；超高亮度的 LED（发光强度 >100 mcd）；把发光强度在 10~100 mcd 间的叫高亮度发光二极管。

一般 LED 的工作电流在十几 mA 至几十 mA，而低电流 LED 的工作电流在 2 mA 以下（亮度与普通发光管相同）。

(6)LED 按封装式样分。根据不同的应用场合、不同的外形尺寸、散热方案和发光效果，LED 有多种多样的封装形式。目前，主要有 Lamp-LED、SMD-LED、Side-LED、TOP-LED、High-Power-LED、Flip Chip-LED 等封装形式。

① Lamp-LED

直插 LED 采用灌封的封装形式。灌封的过程是先在 LED 成形模腔内注入液态环氧树脂，然后插入压焊好的 LED 支架，放入烘箱中让环氧树脂固化后，将 LED 从模腔中脱离出即成型。由于制造工艺相对简单、成本低，有着较高的市场占有率。主要用于户外广告牌、指示灯、交通标志灯等。

② SMD-LED

贴片 LED 是贴于线路板表面的，适合 SMT 加工，可回流焊，很好地解决了亮度、视角、平整度、可靠性、一致性等问题，采用了更轻的 PCB 板和反射层材料，改进后去掉了直插 LED 较重的碳钢材料引脚，使显示反射层需要填充的环氧树脂更少，目的是缩小尺寸，降低重量。这样，表面贴装 LED 可轻易地将产品重量减轻一半，最终使应用更加完美。这类产品主要应用于 3C 科技商品，如手机屏幕背光源、音响背光源、手机按键光源、汽车面板背光源等。

③ Side-LED

目前，LED 封装的另一个重点是侧面发光封装。如果想使用 LED 当 LCD（液晶显示器）的背光光源，那么 LED 的侧面发光需与表面发光相同，才能使 LCD 背光发光均匀。虽然使用导线架的设计也可以达到侧面发光的目的，但是散热效果不好。不过，美国流明斯（Lumileds）公司发明反射镜的设计，将表面发光的 LED，利用反射镜原理来发成侧光，成功地将高功率 LED 应用在大尺寸 LCD 背光模组上。

④ TOP-LED

顶部发光 LED 是比较常见的贴片式发光二极管。主要应用于多功能超薄手机和 PDA 中的背光和状态指示灯。

⑤ High-Power-LED

为了获得高功率、高亮度的 LED 光源，厂商们在 LED 芯片及封装设计方面向大功率方向发展。目前，能承受数 W 功率的 LED 封装已出现。比如 Norlux 系列大功率 LED 的封装结构为六角形铝板作底座（使其不导电）的多芯片组合，底座直径31.75 mm，发光区位于其中心部位，直径约（0.375×25.4）mm，可容纳 40 只 LED 管芯。这种封装采用常规管芯高密度组合封装，发光效率高，热阻低，在大电流下有较高的光输出功率，也是一种有发展前景的 LED 固体光源。功率型 LED 的热特性直接影响到 LED 的工作温度、发光效率、发光波长、使用寿命等，因此，对功率型 LED 芯片的封装设计、制造技术显得更加重要。该产品主要应用于多功能超薄手机和 PDA 中的背光和状态指示灯。

⑥ Flip Chip-LED

LED 覆晶封装结构是在 PCB 基板上制有复数个穿孔，该基板一侧的每个穿孔处都设有两个不同区域且互为开路的导电材质，并且该导电材质是平铺于基板的表面上，有 N 个未经封装的 LED 芯片放置于具有导电材质一侧的每个穿孔处，单一 LED 芯片的正极与负极接点是利用锡球分别与基板表面上的导电材质连结，且于 N 个 LED 芯片面向穿孔的一侧的表面皆点着有透明材质的封胶，该封胶是呈一半球体的形状位于各个穿孔处。属于倒装焊结构发光二极管。

(7) 数码管。由多个发光二极管封装在一起组成"8"字形的器件。按外形分：1 位、2 位、3 位、4 位等；按极性分：共阴、共阳；按表面颜色分：灰面黑胶、黑面白胶等。

(8) 点阵。主要用于信息显示领域。一般分为：5×7 和 8×8 的点数，点数的颜色有单色、双色、三基色等。

（四）白光 LED

对于一般照明而言，人们更需要白色的光源，白光由连续光谱组成。由于无法制出直接发出连续光谱的单只白光 LED，因此需要特殊的工艺来合成白光 LED。白光 LED 的合成途径大体上有三种方法。

1. 方法一

蓝光 LED+ 不同色光荧光粉。1998 年发白光的 LED 开发成功。这种 LED 是将 GaN 芯片和钇铝石榴石（YAG）封装在一起做成。GaN 芯片发蓝光（λ_p=465 nm，W_d=30 nm），高温烧结制成的含 Ce^{3+} 的 YAG 荧光粉受此蓝光激发后发出黄色光发射，峰值 550 nm。蓝光 LED 基片安装在碗形反射腔中，覆盖以混有 YAG 的树脂薄层，200 ~ 500 nm。LED 基片发出的蓝光部分被荧光粉吸收，另一部分蓝光与荧光粉发出的黄光混合，可以得到白光。现在，对于 InGaN/YAG 白色 LED，通过改变 YAG 荧光粉的化学组成和调节荧光粉层的厚度，可以获得色温 3500 ~ 10000 K 的各色白光。

表 2-3 列出了目前白色 LED 的种类及其发光原理。从表 2-3 中也可以看出某些种类的白色 LED 光源离不开四种荧光粉：即三基色稀土红、绿、蓝粉和石榴石结构的黄色粉，在未来较被看好的是三波长光，即以无机紫外光晶片加红、绿、蓝三种颜色荧光粉，用于封装 LED 白光。但此处三基色荧光粉的粒度要求较小，稳定性要求较高，具体应用方面还在探索之中。

表 2-3　　　　　　　　　　白色 LED 的种类和原理

芯片数	激发源	发光材料	发光原理
1	蓝色 LED	InGaN/YAG	InGaN 的蓝光与 YAG 的黄光混合成白光
	蓝色 LED	InGaN/ 荧光粉	InGaN 的蓝光激发的红绿蓝三基色荧光粉发白光
	蓝色 LED	ZnSe	由薄膜层发出的蓝光和在基板上激发出的黄光混色成白光
	紫外 LED	InGaN/ 荧光粉	InGaN 的紫外激发的红绿蓝三基色荧光粉发白光
2	蓝色 LED 黄绿 LED	InGaN、GaP	将具有补色关系的两种芯片封装在一起，构成白色 LED
3	蓝色 LED 绿色 LED 红色 LED	InGaN AlInGaP	将发三原色的三种小片封装在一起，构成白色 LED
多个	多种光色的 LED	InGaN、GaP AlInGaP	将遍布可见光区的多种光芯片封装在一起，构成白色 LED

采用 LED 光源进行照明，首先取代耗电的白炽灯，然后逐步向整个照明市场进军，将会节约大量的电能。近期，白光 LED 已达到单只用电超过 1W，光输出 25 lm，也增大了它的实用性。随着关键技术的突破，未来大功率 LED 的光效仍具有很大的上升空间，最高有可能达到 150 ～ 200 lm/W。

2. 方法二

紫外光或紫光（λ_p=300~400 nm）LED 和稀土三基色（RGB，也就是红光 LED+ 绿光 LED+ 蓝光 LED）。荧光粉来合成白光 LED 的原理和日光灯的发光原理相类似，但比日光灯的性能更优越，紫光（λ_p=400 nm）LED 的转换系数可达 0.8，各色荧光粉的量子转换率可达 0.9。另外，还可用紫外光 LED 激发三基色荧光粉或其他荧光粉，产生多色光而混合成白光。

3. 方法三

LED 用 RGB 合成白光的这种办法主要的问题是绿光的转换效率低，现在红绿蓝 LED 转换效率分别达到 30%、10% 和 25%，白光流明效率可以达到 60 lm/W。

R（红）G（绿）B（蓝）三基色组成主要考虑配色、白平衡。白色是红绿蓝三基色按亮度比例混合而成，当光线中绿色的亮度为 69%，红色的亮度为 21%，蓝色的亮度为 10% 时，混色后人眼感觉到的是纯白色。但 LED 红绿蓝三色的色品坐标因工艺过程等原因无法达到全色谱的效果，而控制原色包括有偏差的原色的亮度得到白色光，称为配色。当为全彩色 LED 显示屏进行配色前，为了达到最佳亮度和最低的成本，应尽量选择三原色发光强度成大致为 3：6：1 比例的 LED 器件组成像素。白平衡要求三原色在相同的调配值下合成的仍旧为纯正的白色。

三种方法相比较之下，RGB 三色 LED 合成白光综合性能好，在高显色指数下，流明效率有可能高达 200 lm/W，要解决的主要技术难题是提高绿光 LED 的电光转换效率（目前只有 13% 左右），同时成本高。

（五）LED 的参数

1. LED 的极限参数

(1) 允许功耗 P_m。允许加在 LED 两端正向直流电压与流过它的电流之积的最大值。超过此值，LED 会因为发热而损坏。

(2) 最大正向直流电流 I_{Fm}。允许加在 LED 两端的最大正向直流电流。超过此值，可损坏二极管。

(3) 最大反向电压 V_{Rm}。允许加在 LED 两端的最大反向电压。超过此值，发光二极管可能被击穿损坏。

(4) 工作环境温度 t_{opm}。发光二极管可正常工作的环境温度范围。低于或高于此温度范围，发光二极管将不能正常工作，效率大大降低。

2. LED 电参数

(1) 正向工作电流 I_F。它是指发光二极管正常发光时的正向工作电流值。在实际使用中应根据需要选择 I_F 在 $0.6 \cdot I_{Fm}$ 以下。

(2) 正向工作电压 V_F。参数表中给出的工作电压是在给定的正向电流下得到的。一般是在 I_F=20 mA 时测得的。发光二极管正向工作电压 V_F 在 1.4~3 V。在外界温度升高时，V_F 将下降。

(3) V-I 特性，也就是发光二极管的电压与电流的关系。

LED 的电压与电流的关系如图 2-7 所示，在正向电压小于某一值（阀值电压）时，电流极小，不发光。当电压超过某一值（阀值电压）后，正向电流迅速增加，LED 开始发光。由 V–I 特性曲线可知正向偏置低电阻，反向偏置高电阻。但要注意：不同颜色的 LED 在额定的正向电流条件下，有着各自不同的正向压降值，红、黄色：1.8~2.5 V，绿色和蓝色：2.7~4.0 V。对于不同颜色的 LED，其正向压降和光强也不是完全一致的。表 2-4 表示不同光色 LED 的正向电压。

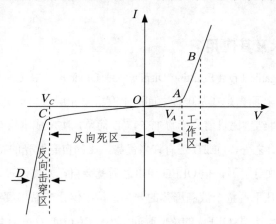

图 2-7 LED 的 V–I 特性

表 2-4   不同光色 LED 的正向电压

发光颜色	观颜色	波长 λ_D(nm)	正向电压 V_F	亮度 I(mcd)
红色	透明	620~645	1.8 ～ 2.2	500~10000
黄绿色	透明	570~575	1.8 ～ 2.2	500~3000
黄色	透明	585~595	1.8 ～ 2.2	500~10000
蓝色	透明	455~475	3.0 ～ 3.4	500~10000
绿色	透明	515~535	3.0 ～ 3.4	2000~20000
蓝绿色	透明	490~515	3.0 ～ 3.4	2000~20000
白色	透明	450~465	3.0 ～ 3.4	3000~25000

在同一电路中应该尽量使用在额定电流条件下正向压降值相同、光强范围小的 LED。只有这样才能保证 LED 的发光效果一致。其具体的电性参数可依各封装厂包装提供的产品分光参数标签值。

3. LED 光学参数

(1) 光通量。光源在单位时间内发射出来的并被人眼感知的所有辐射能称为光通量，单位是流明（lm）。是描述光源发光总量的大小，与光功率等价。

(2) 光照度。单位为勒克斯（lux，也可简写为 lx）。被光均匀照射的物体，在 1 平方米面积上得到的光通量是 1 lm 时，它的照度为 1 lx。

(3) 发光强度。发光二极管的发光强度通常是指法线（对圆柱形发光管是指其轴线）方向上的发光强度，是在给定方向的单位立体角度中发射的光通量定义为光源在该方向的发光强度。单位为：坎德拉（cd）。若在该方向上辐射强度为（1/683）W/sr 时（1979 年第 16 届国际计量大会通过决议），则发光强度为 1 坎德拉。由于一般 LED 的发光强度小，所以发光强度常用毫坎（坎德拉，mcd）作单位。

(4) 发光效率。代表光源将所消耗的电能转换成光的效率，单位是流明每瓦（lm/W）。发光效率表征了光源的节能特性，是绿色能源的一个重要指标。

(5)LED 的发光角度。是指光线散射角度，主要靠生产时加散射剂来控制。有高指向型、标准型和散射型。

二、OLED 技术及其应用

OLED 的原文是 Organic Light Emitting Display（或 Diode），中文为有机发光二极管。它与传统的 LED 是不同的，其原理是在两电极之间夹上有机发光层，当正负极电子在此有机材料中相遇时就会发光，其组件结构比目前流行的 TFT LCD 简单，生产成本只有 TFT LCD 的三到四成左右。除了生产成本便宜之外，OLED 还有许多优势，比如自身发光的特性，目前 LCD 都需要背光模块（在液晶后面加灯管），但 OLED 通电之后就会自己发光，可以省掉灯管的重量体积及耗电量（灯管耗电量几乎占整个液晶屏幕的一半），不仅让产品厚度只剩两厘米左右，操作电压更低到 2 至 10 伏特，加上 OLED 的反应时间（小于 10 ms）及色彩都比 TFT LCD 出色，更有可弯曲的特性，使得它的应用范围更广。

（一）OLED 的基本结构和发光原理

现在 OLED 根据有机材料的不同分成小分子与高分子，以染料或颜料为材料的小分子 OLE 器件称为 OLED，而以共轭高分子为材料的 OLE 器件称为 PLED（Polymer Light Emitting Diode or Display）。

无论是小分子 OLED 还是高分子 PLED，都是利用一个薄而透明具有导电性质的铟锡氧化物（ITO）为阳极，如同三明治结构，有机发光材料层被阳极和金属阴极夹在中间。小分子 OLED 的有机薄层（发光层）为多层结构，分别是空穴传输层、发光层、电子传输层，OLED 和 PLED 的结构示意图如图 2-8、图 2-9 所示。PLED 的有机薄膜为单层结构。

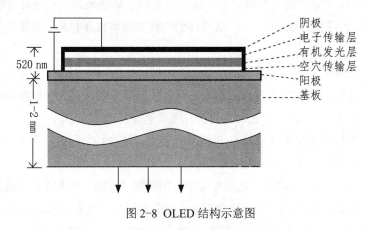

图 2-8 OLED 结构示意图

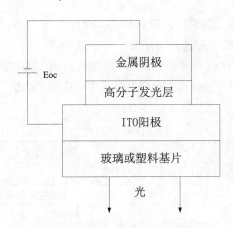

图 2-9 PLED 结构示意图

在一定的电压驱动下，OLED 的阴极产生的电子和阳极产生的空穴分别注入发光层（对小分子 OLED 来说，电子和空穴先分别注入电子和空穴传输层，再经过电子和空穴传输层迁移到发光层），在发光层中电子和空穴相遇而复合，由于发生能带跃变而发出可见光。辐射光可透过玻璃或塑料基板从 ITO 透明阳极一侧观察到，光亮的金属板阴极同时起反射镜的作用。发光层的材料成分的不同，所发出的光的颜色也就不同，因此通过选择不同的发光材料，可获得红、蓝、绿光，实现全彩色显示。

综上所述，OLED 的发光过程有以下 4 个步骤：

(1) 载流子的注入（电子和空穴分别从阴极和阳极注入）；

(2) 载流子的传输（注入的电子和空穴传输至发光层）；

(3) 载流子复合与激子形成；

(4) 载流子衰减而发出光子。

（二）OLED 优点

与液晶显示器（LCD）和等离子显示屏（PDP）为代表的第二代显示器相比，有以下几方面的优点和特点。

(1) 结构和工艺简单，成本低。

OLED 不需要灌注液晶，也不需要在很薄的夹层之间放置均匀的玻璃细珠，以求保持液晶层的严格距离。生产 LCD 一般有 200 多道加工工序，而生产 OLED 仅需 86 道工序。同时 OLED 的用料也比 LCD 和 PDP 少得多，OLED 目前的生产成本仅为 LCD 的 30%~40%。

(2) OLED 具有视角宽、重量轻、携带方便等特点。

OLED 的视角上下、左右一般可以达到 1600 以上，没有视角范围限制。OLED 是薄膜叠层结构，而且是全固体材料，没有液晶等液体材料，因此非常轻便，而且耐振动、冲击，具有更高的可靠性。

(3) OLED 的亮度高，发光效率高，色彩丰富，响应速度快。

OLED 是自主发光显示，亮度与 LED 近似，不仅亮度高，而且色彩艳丽，不像液晶要依靠背光源。OLED 还具有快速发光、熄灭的特性，单个像素的响应速度在 10 μs 左右，而 LCD 的响应速度通常是毫秒级。故 OLED 更适合于显示高速运动图像，应用于电视和游戏机等领域。

(4) 可实现柔软显示。

OLED 可以在塑料、树脂等不同的材料上生产。如果将有机层利用蒸镀或涂布工艺制作在柔软的塑料基材上，就可以实现软屏，可以卷曲、弯折。

(5) 使用温度范围广，低压驱动，功耗低。

OLED 的工作温度为 $-40^0C \sim +700\ ^0C$，可以应用在很多特殊的场所。同时 OLED 的驱动电压可以低于 10V，非常安全，容易实现低功耗，适合应用于手机、数码相机等便携式产品中。归纳 OLED 与 LCD 的比较如表 2-5 所示。

表 2-5　　　　　　　　　　　　　　　　　OLED 与 LCD 的比较

比较项目	显示类型		
	LCD	OLED	OLED 产品优势
视角	受限制	接近 $180\ ^0C$	宽视角，侧视画面色彩不失真
响应时间	10^{-3}s	10^{-6}s	更适合动态图像显示，无拖尾现象
发光方式	被动发光	自主发光	色彩更鲜艳，对比度更高，无须背光源
温度范围	$-20^0C \sim +60\ ^0C$	$-40^0C \sim +80\ ^0C$	高、低温性能优越，适合严寒等特殊环境
工艺过程	复杂	简单	成本更低
制造成本	中等	较低	更高的性价比

（三）OLED 产业现状及发展趋势

按照所采用的有机发光材料的不同，OLED 可区分为两种不同的技术类型：一是以有机染料和颜料等为发光材料的小分子基 OLED，厂商以日、韩和中国台湾地区为主，这些亚洲厂商的一个优势和特点是大都具有 LCD 产业背景，如三星、三洋、索尼等，在产品开发和市场渠道方面具有相当的优势；二是以共轭高分子为发光材料的高分子基 PLED，主要以欧美企业为主，包括飞利浦、杜邦（DuPont）、DowChemicals 和西门子等大公司。

目前在世界范围内，致力于 OLED 技术的研发机构、组织和公司正呈现勃勃生机，未来 OLED 产品和技术将向着小尺寸—中尺寸—大尺寸—超大尺寸、单色—多色—全彩色、无源驱动—有源驱动、硬屏—软屏（柔性显示）、高分辨率、透明显示及低成本制作的方向发展，在应用上从显示领域逐步向背光和照明领域拓展。国际上 OLED 的开发相当热门，当前 OLED 的研究重点主要集中在大尺寸、柔性及透明技术方面。随着 OLED 技术的不断成熟，OLED 将在显示和照明两大领域逐步成为 TFT- LCD 和 LED 的有力竞争对手。

综观全球 OLED 产业发展态势，当前我国政府还应该加大 OLED 产业的支持力度，重点加强有机发光材料、装备及面板制备工艺等环节核心技术研发和自主创新，积极参与全球 OLED 标准的制定，从而为我国在 OLED 这一新型技术领域抢占一席之地。

模块三　LED 驱动技术

一、LED 驱动器

由 LED 的 PN 结的导通特性决定 LED 能适应的电源电压和电流变动范围十分狭窄，稍许的偏离就可能无法点亮 LED 或使发光效率严重降低。故现行的工频电源和常见的电池电源均不适合直接给 LED 供电，需要使用一种专为 LED 供电的特殊电源——LED 驱动器。

（一）LED 驱动器的要求

驱动 LED 面临着不少挑战，如正向电压会随着温度、电流的变化而变化，而不同元件、不同批次、不同供应商的 LED 正向电压也会有差异；另外，LED 的"色点"也会随着电流及温度的变化而漂移。

在应用中通常会使用多只 LED，这就涉及多只 LED 的排列方式问题。在各种排列方式中，首选驱动串联的单串 LED，因为这种方式不论正向电压如何变化、输出电压（V_{out}）如何"漂移"，均提供极佳的电流匹配性能。当然，用户也可以采用并联、串联 - 并联组合及交叉连接等其他排列方式，用于需要"相互匹配的"LED 正向电压的应用，并获得其他优势。如在交叉连接中，如果其中某个 LED 因故障开路，电路中仅有 1 个 LED 的驱动电流会加倍，从而尽量减少对整个电路的影响。

总体来说，LED 驱动器的要求包括以下几个方面：

(1) 由于 LED 外加正向电压稍有变化，其正向电流就会产生很大的变化，致使 LED 内部损耗及发热程度快速上升，严重影响 LED 的正常工作和寿命。为了防止这种情况，大功率 LED 一般采用恒流方式供电。为了提高电流源的效率，减少发热，电流源的输入电压必须合理控制，使其最大值在扣除内部压降后同电流一样，也应与 LED 需要的总电压相匹配。

驱动器要有较高的功率转换效率，以延长电池的寿命或两次充电之间的时间间隔。目前，功率转换效率高的可达 80%~90%，一般可达 60%~80%。

(2) 在多个 LED 并联使用时，要求各 LED 的电流相匹配，亮度均匀。

(3) 功耗低，静态电流小，并有关闭控制功能。

(4) 有完善的保护电路，如低压锁存、过压保护、过热保护、输出开路或短路保护等功能。

(5) 外围元件少，体积小，简便易用。

(6) 对其他电路的干扰影响小。

如图 2-10 所示为各类 LED 驱动芯片。

图 2-10 各类 LED 驱动芯片

（二）LED 驱动器的分类

1. 按驱动方式分类

(1) 恒流式

恒流式驱动电路驱动 LED 是很理想的，其缺点就是价格高，恒流电路不怕负载短路，但是严禁负载完全开路。恒流驱动电路输出的电流是恒定的，而输出的直流电压却随着负载阻值的大小不同在一定范围内变化。因为恒流驱动器有最大承受电流及电压值，在应用中要限制 LED 的使用数量。

(2) 恒压式

确定各项参数后恒压电路输出的是固定电压，输出电流却随着负载的增减而变化。恒压电路不怕负载开路，但是严禁负载完全短路。整流后的电压变化会影响 LED 的亮度，要使恒压驱动电路驱动的 LED 显示亮度均匀，需要设置合适的限流电阻。

2.LED 恒流驱动器按电路结构分类

(1) 常规变压器降压

这种电路的优点是体积小，但重量偏重、电源效率较低，一般在45%~60%，而且可靠性不高。

(2) 电子变压器降压

这种电路的转换效率低，电压范围窄，一般 180~240 V，纹波干扰大。

(3) 电容降压

电路易受电网电压波动的影响，电源效率低，不宜在 LED 闪动时使用。在闪动使用时，电路通过电容降压，由于电容的充、放电的作用，通过 LED 瞬间的电流极大，容易损坏芯片。

(4) 电阻降压

电路效率低，系统可靠性也较低。电路通过电阻降压时，受电网电压的干扰较大，不容易做成稳压电源，并且降压电阻本身还要消耗很大一部分能量。

(5) RCC 降压式开关电源

电路稳压范围比较宽、电源效率比较高，一般可在 70%~80%，应用较广。但电路开关频率不易控制，负载电压纹波系数较大，在异常情况时负载适应性差。

(6) PWM 控制式开关电源

因为开关电源的输出电压和电流都很稳定，故采用 PWM 控制方式设计的 LED 驱动器是比较理想的。开关电源转换效率高，有完善的保护措施，属于可靠性电源。PWM 控制式开关电源包括：输入整流滤波、输出整流滤波、PWM 稳压控制、开关能量转换四部分电路。

（三）LED 驱动器的方案选择

对于 LED 不同的使用情况，LED 驱动器可以采用不同的技术方案，如下所述。

1. 电阻限流电路

如图 2-11 所示，电阻限流驱动电路是最简单的驱动电路，限流电阻为

$$R = \frac{V_{in} - yV_F - V_D}{xI_F} \qquad (2-1)$$

式（2-1）中，V_{in} 为电路的输入电压；V_F 为 LED 正向电流为 I_F 时的压降；V_D 为二极管的反向压降（可选）；y 为每串 LED 的数目；x 为并联 LED 的串数。

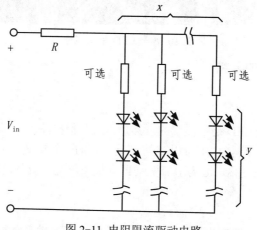

图 2-11 电阻限流驱动电路

由图 2-11 可得 LED 的线性化数学模型为

$$V_F = V_D + R_S I_F \qquad (2-2)$$

式（2-2）中，V_D 为单个 LED 的开通压降，R_S 为单个 LED 的线性化等效串联电阻。则式（2-1）限流电阻的计算可写为

$$R = \frac{V_{in} - yV_F - V_D}{xI_F} - \frac{y}{x}R_S$$

当电阻选定后，电阻限流电路的 I_F 与 V_F 的关系为

$$I_F = \frac{V_{in} - yV_F - V_D}{xR + yR_S} \qquad (2-3)$$

由式（2-3）可知电阻限流电路简单，但在输入电压波动时，通过 LED 的电流也会跟随变化，因此调节性能差。另外，由于电阻 R 的接入损失功率为 xRI_F，因此效率低。

2. 线性调节器

驱动大功率 LED 的最佳方案是使用恒流源。用一个工作于线性区的功率三极管或 MOSFET 作为一动态可调电阻与大功率 LED 串联，对大功率 LED 的电流进行检测，并将其与基准电压相比较，比较信号反馈到运算放大器，对 MOSFET 的栅极进行控制。如同一个理想的电流源，可以在电源电压变化时保持恒定的电流。线性调节器有并联型和串联型两种，如图 2-12 所示。

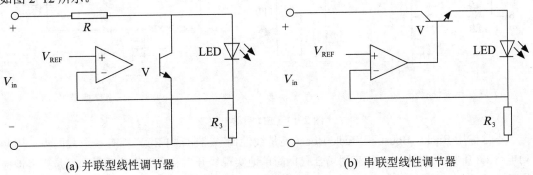

(a) 并联型线性调节器　　　　　　　　(b) 串联型线性调节器

图 2-12 线性调节器

图 2-12 (a) 所示为并联型线性调节器又称为分流调节器（图 2-12 中仅画出了一个 LED，实际上负载可以是多个 LED 串联，下同），功率三极管与 LED 并联，当输入电压增大或者减少时，通过分流调节器的电流将会增大，这将会增大限流电阻上的压降，以使通过 LED 的电流保持恒定。

由于分流调节器需要串联一个电阻，所以效率不高，并且在输入电压变化范围比较宽的情况下很难做到恒定的调节。

图 2-12 (b) 所示为串联型线性调节器，当输入电压增大时，调节动态电阻增大，以保持 LED 上的电压（电流）恒定。

由于功率三极管或 MOSFET 管都有一个饱和导通电压，因此，输入的最小电压必须大于该饱和电压与负载电压之和，电路才能正确地工作。

线性调节器（相对于开关调节器）的优点是：电路结构简单，容易实现，因没有高频开关，所以不需要考虑电磁干扰影响。线性调节器的外围组件少，可有效降低整体成本，其功耗为 LED 工作电流与内部无源器件压降的乘积。当 LED 电流或输入电源电压增大时，功耗也会增大，

从而限制了线性调节器的使用。

3. 开关调节器

线性驱动技术不但受输入电压范围的限制，而且效率低。用于低功率的普通 LED 驱动时，由于电流只有几个毫安，因此损耗不明显，当用作电流有几百毫安甚至更高的高亮 LED 的驱动时，功率电路的损耗就成了比较严重的问题。开关调节器（开关电源）是目前能量变换中效率最高的，可以达到 90% 以上。用于 LED 的驱动开关电源主电路主要有 Buck（降压型）、Boost（升压型）和 Buck-Boost（升降压型）等几种类型。为了满足 LED 的恒流驱动，采用检测输出电流而不是检测输出电压进行反馈控制。图 2-13 为用在 LED 驱动上的各种功率变换器。

图 2-13 (a) 所示为 Buck（降压型）变换器的 LED 驱动电路，与传统的 Buck 变换器不同，开关管移到电感 L 的后面，使得开关管源极接地，而续流二极管 VD 与串联电路反并联，使得驱动电路不但简单而且不需要滤波电容，降低成本。但是，它是降压变压器，不适合用于输入电压低或多个 LED 串联的场合。典型应用于车载、建筑、投影仪、标牌等。

图 2-13 (b) 所示为 Boost 升压型变换器的 LED 驱动电路，通过电感储能将输出电压达到比输入电压更高的值，实现低输入电压下对 LED 的驱动。典型应用于车载、LCD 背光源等。

图 2-13 (c) 所示为 Buck-Boost 升降压型变换器的 LED 驱动电路。典型应用于医疗、车载照明灯、紧急照明灯等。

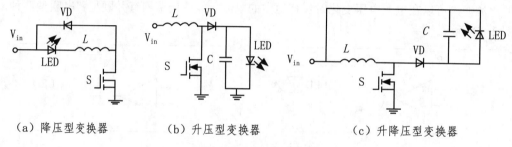

（a）降压型变换器　　　（b）升压型变换器　　　（c）升降压型变换器

图 2-13 LED 驱动电路

不管你用 Buck、Boost 和 Buck-Boost 还是线性调节器驱动 LED，都有一个共同点：用驱动电路来控制光的输出。一些应用场合只需简单地实现"开"和"关"的功能，但是更多地应用需求是要从 0～100% 调节光亮度，而且常常要求高精度，因此根据应用场合来选取合适的驱动电路。

除了以上三种驱动变换器，还有单端反激式、桥式变换器等，请参看相关的资料，这里不再赘述。

（四）LED 电源的驱动方法

根据供电电压的高低，可以将 LED 电源驱动器分成低压驱动（供电电压为 0.8 V~1.65 V）、过渡电压驱动（供电电压为 4 V）、高压驱动（供电电压大于 5 V）和市电供电等。

1. 低压驱动

低压驱动是指用低于 LED 正向导通压降的电压驱动 LED，电压一般为 0.8 V~1.65 V 之间。对于 LED 这样的低功耗照明器件，这是一种常用的驱动方法，这种方法主要用于便携式电子产品，如 LED 手电筒、LED 应急灯、节能台灯等。由于受单节电池容量的限制，一般不需要很大的功率，但要求低成本高转换效率，故最佳方案是升压变换器。

2. 过渡电压驱动

过渡电压驱动是指给 LED 供电的电源电压值在 LED 管压降附近变动，这个电压有时可能略高于 LED 的管压降，有时会略低于 LED 的管压降。如一节锂离子电池或者两节串联的铅酸蓄电池，满电量时电压在 4 V 以上，电量快用完时电压在 3 V 以下，用这类电源供电的典型应用如 LED 矿灯等。

过渡电压驱动 LED 的电源变换电路既要解决升压问题又要解决降压问题，同时考虑到小体积和低成本，在一般功率不大的情况下，则最高性价比的电路结构为 Buck/Boost 变换器。

3. 高压驱动

高压驱动是指给 LED 供电的电压始终高于 LED 管压降。典型应用有太阳能草坪灯、机动车的灯光系统等。高电压要解决降压问题，由于高电压一般由稳压电源或蓄电池供电，会用到比较大的功率（如机动车照明和信号灯光），串联开关降压电路（也就是 Buck 电路）是最佳的变换器电路结构。

4. 市电驱动

市电驱动是一种对 LED 照明应用最有价值的供电方式，是半导体照明普及应用必须要解决的问题。

直接由市电供电（110 V 或 220 V）或相应的高压直流电供电要解决降压和整流问题，还要考虑转换效率问题，同时还要解决安全隔离、电磁干扰和功率因数问题。对于中小功率的 LED 隔离式单端反激变换器是其最佳的电路结构。对于大功率的器件，应该使用桥式变换电路。

二、LED 与驱动器的匹配

LED 已经广泛应用于照明、装饰类灯产品，在设计 LED 照明系统时，需要考虑选用什么样的 LED 驱动器，以及 LED 作为负载采用的串、并联方式，只有合理地配合设计才能保证 LED 正常工作。LED 作为负载经常有几十个甚至更多个数的 LED 进行串并联构成发光组件，LED 的连接方式直接关系到其可靠性和使用寿命。在设计 LED 驱动电路时，除了要考虑成本和性能因素外，系统设计的一个约束条件中可用电池的功率和电压，其他约束条件还有功能特性，例如针对相应的环境需要光线做出调整等，所有这些因素都涉及能否"匹配"的问题。

目前市场上已有能够驱动多个 LED 的驱动集成电路，一个功能是电压提升，驱动多个串联 LED，以便与每列包含一个或多个 LED 及多列 LED 进行电流匹配。特定驱动集成电路可提供独立于 LED 正向电压的精确电流匹配。另一个功能是亮度控制，有助于提供更多功能和改善电源管理。同时现有的驱动集成电路还具有其他功能特点，包括软启动、短路保护，以及将外围部件数减少到最少。选择合理的拓扑和配置通常取决于技术规范和系统要求。还要兼顾输入电压、要驱动 LED 数量、LED 灯亮度的一致性、尺寸、布局限制、散热管理及效率、光学等问题。

（一）LED 连接方式

1. LED 串联

如图 2-14 (a) 所示为 LED 采用全部串联方式，图 2-14 (b) 所示为其改进型。经过所有 LED 的驱动电流都是相同的，一般应串入限流电阻，要求 LED 驱动器输出有较高的电压。当 LED 的一致性差别较大时，分配在不同 LED 两端的电压不同，通过每一个 LED 的电流相同，LED 的亮度一致。在这种情况下，必须注意整个串联中的输入电压以及它和正向电压降 V_F 的关系。

LED 串联主要应用在汽车尾灯、刹车灯等。

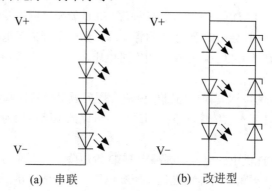

(a) 串联   (b) 改进型

图 2-14 LED 串联方式

当某一只 LED 品质不良短路时，如果采用稳压式驱动（如常用的阻容降压方式），由于驱动器输出电压不变，那么分配在剩余的 LED 两端电压将升高，驱动器输出电流将增大，导致容易损坏余下所有 LED。如采用恒流式 LED 驱动，当某一只 LED 品质不良短路时，由于驱动器输出电流保持不变，不影响余下所有 LED 正常工作。

当某一只 LED 品质不良断开后，串联在一起的 LED 将全部不亮。解决的办法是在每个 LED 两端并联一个齐纳二极管，当然齐纳二极管的导通电压需要比 LED 的导通电压高，否则 LED 就不亮了，如图 2-14(b) 所示。

串联方式能确保各只 LED 的电流一致。如果四只 LED 串联后总的正向电压为 12V，就必须使用具有升压功能的驱动电路，以便为每只 LED 提供充足的电压。但由于 LED 的正向电压存在一个变化范围，每只 LED 之间的压差也会随着变化，对亮度的均匀性有一定的影响。

2. LED 并联

如图 2-15 所示为 LED 采用全部并联方式，要求 LED 驱动器输出较大的电流，负载电压较低。并联设计基于低驱动电压，因此无须带电感的升压电路。分配在所有 LED 两端电压相同，当 LED 的一致性差别较大时，则通过每只 LED 的电流不一致，LED 的亮度也不同。可挑选一致性较好的 LED，适合用于电源电压较低的产品（如太阳能或电池供电）。

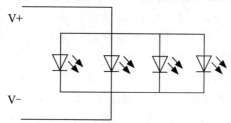

图 2-15 LED 并联方式

在图 2-15 中，当某一只 LED 品质不良断开时，如果采用稳压式 LED 驱动（例如稳压式开关电源），驱动器输出电流将减小，而不影响余下所有 LED 正常工作。如果是采用恒流式 LED 驱动，由于驱动器输出电流保持不变，分配在余下 LED 的电流将增大，导致容易损坏所有 LED。解决办法是尽量多并联 LED，当断开某一只 LED 时，分配在余下 LED 的电流不大，不至于影响余下 LED 正常工作。所以功率型 LED 做并联负载时，不宜选用恒流式驱动器。

当某一只 LED 品质不良短路时，那么所有的 LED 将不亮，但如果并联 LED 数量较多，通过短路的 LED 电流较大，足以将短路的 LED 烧成断路。

3. LED 混联

在需要使用比较多的 LED 产品中，如果将所有 LED 串联，将需要 LED 驱动器输出较高的电压。如果将所有 LED 并联，则需要 LED 驱动器输出较大的电流。将所有 LED 串联或并联，不但限制着 LED 的使用量，而且并联 LED 负载电流较大，驱动器的成本也会大增。解决办法是采用混联方式，如图 2-16 所示。

图 2-16 中，当某一串联 LED 上有一只品质不良短路时，不管采用稳压式驱动还是恒流式驱动，这串 LED 相当于少了一只 LED，通过这串 LED 的电流将大增，很容易就会损坏这串 LED。大电流通过损坏的这串 LED 后，由于通过的电流较大，多表现为断路。

断开一串 LED 后，如果采用稳压式驱动，驱动器输出电流将减小，而不影响余下所有 LED 正常工作。如果是采用恒流式 LED 驱动，由于驱动器输出电流保持不变，分配在余下 LED 电流将增大，导致容易损坏所有 LED。解决办法是尽量多并联 LED。

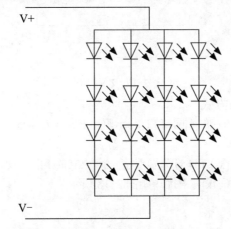

图 2-16 LED 混联方式（先串后并）

当断开某一只 LED 时，分配在余下 LED 电流不大，不至于影响余下 LED 正常工作。这种先串后并的线路简单、亮度稳定、可靠性高，并且对器件的一致性要求较低，即使个别 LED 失效，对整个发光组件影响也不大。

混联方式还有另一种接法（先并后串），即将 LED 平均分配后，分组并联，再将每组串联一起。当有一只 LED 品质不良短路时，不管采用稳压式驱动还是恒流式驱动，并联在这一路的 LED 将全部不亮，如果是采用恒流式 LED 驱动，由于驱动器输出电流保持不变，除了并联在短路 LED 的这一并联支路外，其余的 LED 正常工作。假设并联的 LED 数量较多，驱动器的驱动电流较大，通过这只短路的 LED 电流将增大，大电流通过这只短路的 LED 后，很容易就变成断路。由于并联的 LED 较多，断开一只 LED 的这一并联支路，平均分配电流不大，依然可以正常工作，仅有一只 LED 不亮。

如果采用稳压式驱动，LED 品质不良短路瞬间，负载相当于少并联 LED 一路，加在其余 LED 上的电压增高，驱动器输出电流将大增，极有可能立刻损坏所有 LED，幸运的话，只将这只短路的 LED 烧成断路，驱动器输出电流将恢复正常。由于并联的 LED 较多，断开一只 LED 的这一并联支路，平均分配电流不大，依然可以正常工作，也仅有一只 LED 不亮。

通过对以上分析可知，驱动器与负载 LED 串并联方式搭配选择是非常重要的，恒流式驱动功率型 LED 不适合采用并联负载的，同样，稳压式 LED 驱动器不适合选用串联负载。

4. 交叉阵列

交叉阵列电路如图 2-17 所示，每串以三只 LED 为一组，这样的连接目的即使个别 LED 开路或短路，也不会造成发光组件的整体失效。

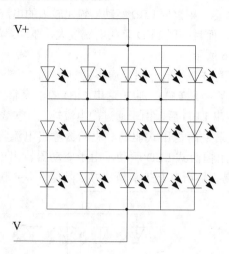

图 2-17 交叉阵列

（二）LED 显示驱动方式

根据 LED 显示硬件设计方法的不同，LED 显示驱动方式分为静态显示驱动和动态显示驱动两类。

1. 静态显示驱动

静态显示驱动是指每一个 LED 灯分别对应一个独立的 I/O 驱动口，LED 工作与否由该 I/O 驱动口来进行控制，相互之间没有干扰。如图 2-18 所示。

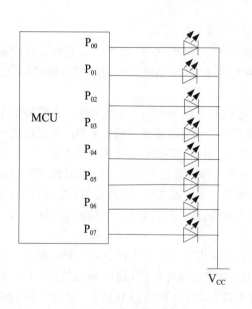

(a) 共阴连接静态显示

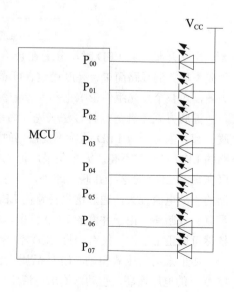

(b) 共阳连接静态显示

图 2-18 静态显示驱动

静态显示驱动法一般应用在单个 LED 的驱动或 LED 数量较少且所选的 MCU（微控制器）

的 I/O 驱动口比较充裕的情况下。如只有一个七段 LED 码需要显示，只要在需要点亮和关闭时设置相应的 I/O 输出口的相应电平就可以（如是共阴连接，则高电平 "1" 呈亮，如是共阳连接，则低电平 "0" 呈亮）。由此可见，静态显示驱动法的电路设计简单，编程简单，而且 LED 的亮度调节容易实现。但是每个要有一个独立的 I/O 口，因此要求 I/O 口需求量大，不易实现大数量的 LED 驱动和显示，扩展性很差。

2. 动态显示驱动

动态显示驱动如图 2-19 所示。与静态显示方法不同，动态 LED 显示的设计方法是将不同的 LED 模块的所有 LED 驱动端一对一地连接起来，其公共极（阴极或阳极）分别由不同的 I/O 口来驱动（主要针对七段码和 LED 点阵模块），称其公共极为扫描线或地址线。不同的 LED 模块用不同的扫描线或地址线来进行决定。

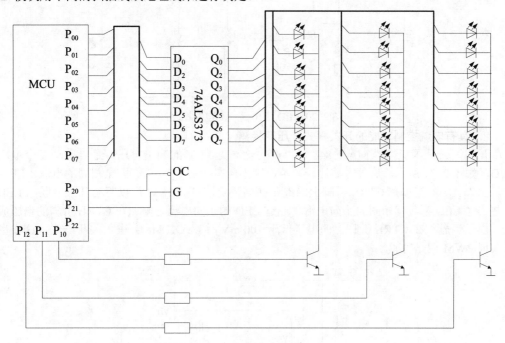

图 2-19 动态显示驱动

由于所有的 LED 模块公用了驱动端，因此 LED 的驱动不再和静态显示驱动法中为每一个 LED 独享，需要采用分时扫描（也即动态扫描）方法来实现对所有 LED 的显示驱动。工作原理简述如下：

(1) 将 P_{10} 设置为高电平，即允许第一组 LED 工作，同时将 P_{11} 和 P_{12} 设置为低电平，即关闭其他两组所对应的 LED 组显示。

(2) 在 P_{00} 口输出 P_{10} 组对应的显示数据，如字符点阵数据等，该数据可以通过 ROM 表的形式来定义。

(3) 保持一定时间，该时间就是所设定的定时器中断时间。

(4) 将 P_{10} 设置为低电平，关闭 P_{10} 组所对应的 LED 组显示。

(5) 再设置 P_{11} 口为高电平，其他为低电平，开启 P_{11} 口所对应的 LED 显示。

(6) 在 P_{00} 口输出 P_{11} 组对应的显示数据。

(7) 重复以上步骤，直至所有组被扫描一遍，然后再进入下一个循环，周而复始，实现动态扫描。

三、LED 驱动设计参考案例

1. LED 手电筒驱动电路

市场上出现一种廉价的 LED 手电筒，这种手电筒前端为 5 ～ 8 个高亮度发光管，使用 1 ～ 2 节电池。由于使用超高亮度发光管的原因，发光效率很高，工作电流比较小，实测使用一节五号电池 5 头电筒，电流只有 100 mA 左右，非常省电。如果使用大容量充电电池，可以连续使用十几个小时，电路如图 2-20 所示。

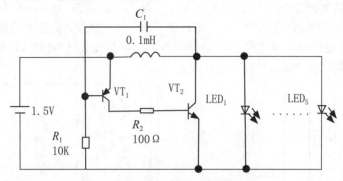

图 2-20 LED 手电筒驱动电路原理图

2. 具有电流控制功能的开关模式升压变换器

开关模式升压变换器 MAX1848 可以产生最高为 13 V 的输出电压，足以驱动三个串联的 LED，如图 2-21 所示。这种方法比较简洁，因为所串接的 LED 具有完全相同的电流。LED 的电流由 R_{SENSE} 与施加在 CTRL 引脚上的电压共同决定。MAX1848 可以驱动几只串联的 LED，这些白光 LED 都具有相同的正向电流。通过 LED 的正向电流与施加在 CTRL 引脚的电压成正比。由于当施加在 CTRL 引脚上的电压低于 100 mV 时 MAX1848 会进入关断模式，这样也可以实现 PWM 调光功能。

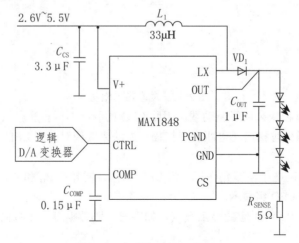

图 2-21 开关模式升压变换器

MAX1848 将升压变换器与电流控制电路集成在 6 引脚 SOT-23 封装内，利用电流检测驱动三组 LED，每组 LED 包括三只串行连接的 LED。输入电压范围为 2.6 V~5.5 V。MAX1848 利用电压反馈结构调节流过 LED 的电流，较小的检流电阻（5 Ω）有利于降低功耗和保持较高的转换效率。模拟控制器用于控制所有 LED 的亮度。

LED 的亮度可以通过 CTRL 引脚的 D/A 变换器或电位器分压电路调节。电压控制范围为

+250 mV~+5.5 V，将控制引脚接地可实现关断。负载功率为 800 mW 时电路转换效率达 88%。

3. 多功能手机屏幕的白光 LED 驱动器

多功能手机屏幕的白光 LED 驱动器的电源是由输入电压在 2.7 V 和 4.2 V 之间的锂离子电池供应的。移动电话屏幕内置四只串联的 LED，每只的最大正向电流为 20 mA，这种设计需要 20 mA 最大输出电流和 16 V 电压。该移动电话规格要求具有屏幕亮度调整功能，移动电话在闲置一段时间后能够逐渐降低屏幕亮度。系统处理器负责提供 PWM 调光功能所需的数字信号。电池使用寿命是主要考虑的因素，因此效率应尽量提高。手机屏幕大约有 98% 的时间处于待机模式，因此要求 LED 驱动器电源具有负载切断功能，以便延长电池的使用时间。手机受到体积限制，需要小型的集成化解决方案，采用 TPS61043 能满足这些要求，它是电感式升压变换器，内置 MOSFET 管，也是专为 LED 而设计的驱动器。TPS61043 还提供负载切断、过电压保护和 PWM 调光功能，其 1 MHz 的开关频率能够使用体积最小的外部元器件。

(1) 检测电阻的选择

采用 TPS61043 构成 LED 驱动器电源的外部电路的设计主要是如何正确选择外部元器件，同时完成适当的电路布局。电流检测电阻是最容易挑选的元件，电流检测电阻值是由 TPS61043 的参考电压 0.252 V 除以所要求的 LED 的最大电流 0.02 A 来决定的，即电流检测电阻值为 12.6 Ω，电阻的功耗为 5 mW，因此可选择 0402 型电阻器以节省电路板面积。

(2) 电感的选择

选择适当的电感不仅可确保设计符合效率要求，而且也能满足有限的电路板面积要求。选择电感时必须考虑的三项参数有：电感值、饱和电流和线圈阻抗（DCR）。如同所有的开关式变换器一样，选择电感就是在效率和电路板面积间做出折中考虑，较大的电感值可提供更小的阻抗、更高的效率和更大的饱和电流额定值，较小的电感则使用较小的电路板面积，饱和电流额定值也较小，但线圈阻抗却比较大，因此整体效率较低。

在传统的升压式变换器中，输出电感和电容会决定变换器的反馈回路是否稳定，因此被选中的电感、电容和补偿网络的器件都必须经过测试，确保电路能够稳定工作。TPS61043 采用先进的控制电路，无论采用多大的电感值，电路都能确保电源工作稳定，因此不必考虑反馈补偿的问题。

既然电感的体积是重要的设计参数，电源当然应使用较高的开关频率，但由于电感式变换器的开关损耗会受到开关频率的影响，因此频率越高通常就代表效率越低，而较低的开关频率可以提供较高效率。要如何选择最适当的开关频率，才能将变换器的开关损耗减至最少，这个问题目前仍没有任何最终方程式可供求解。典型的设计步骤是选择一个接近最大可能频率的频率来设计变换器，然后重新调整开关频率和测量工作效率，直到其参数达到满意为止。将开关频率任意设为 700 kHz，计算出电感值为 4.8 μH，实际电路采用 4.7 μH 的标准电感。

无论电源或负载的状况如何，TPS61043 控制电路都会将电感的峰值电流设为 400 mA，因此将电感的饱和值设为 400 mA。线圈阻抗决定电感的体积，并且对设计的整体效率有重大影响。最后电路选用的电感是饱和电流为 650 mA 的 4.7 μH 电感，线圈阻抗为 150 mΩ。

模块四　LED 照明技术

一、LED 照明技术及产品简介

1. LED 照明技术简介

传统的照明技术存在发光效率低（一般白炽灯发光效率 20% 左右，普通节能灯 40% ～

50% 左右）、耗电量大、使用寿命短，光线中含有大量的紫外线、红外线辐射，照明灯具一般是交流驱动，不可避免地产生频闪而损害人的视力，普通节能灯的电子镇流器会产生电磁干扰，且荧光灯含有大量的汞和铅等重金属，无法全部回收则会造成环境污染等问题。现代生产和生活的发展迫切需要一种高效节能、无污染、无公害的绿色照明技术取代传统照明技术。

LED 照明产品就是利用 LED 作为光源制造出来的照明器具。和传统的照明技术相比，LED 照明技术具有以下特点：

(1) 高效节能。1000 h 仅耗 1 kWh 电（普通白炽灯 17 h 耗 1 kWh 电，普通节能灯 100 h 耗 1 kWh 电）；

(2) 超长寿命。使用寿命一般 50 000 h 左右（普通白炽灯使用寿命仅有 1000 h，普通节能灯使用寿命也只有 10 000 h）；

(3) 光线健康。光线中不含紫外线和红外线，不产生辐射；

(4) 绿色环保。不含汞和铅等有害元素，利于回收和利用，而且不会产生电磁干扰；

(5) 保护视力。直流驱动，无频闪；

(6) 光效率高。发热小，90% 的电能转化为可见光；

(7) 安全系数高。驱动电压低、工作电流较小，发热较少，不产生安全隐患，可用于矿场等危险场所；

(8) 市场潜力大。低压、直流供电，电池、太阳能供电即可，可用于边远山区及野外照明等缺电、少电场所。

经科技人员的努力探索研究，现已推出大功率照明 LED 专用驱动器，体积小、成本低，便于安装，且采用市电 220 V 输入或直流 8 ～ 450 V 输入，稳压大电流恒流（可调范围 100~1000 mA）输出供电，非常稳定，可驱动 10 个以上 1 W、3 W、5 W 大功率 LED。如用于台灯可实现手动调光、遥控调光等功能。

随着白炽灯使用的进一步限制和 LED 照明产品价格的下降，LED 照明迎来了迅速发展的机遇。2013 年随着照明需求的持续增长，各大晶片龙头厂商平均稼动率（是指一台机器设备可能的生产数量与实际生产数量的比值）几乎满载，其中四元高亮度 LED 稼动率达 100%、蓝光 LED 稼动率则突破 90%，生产线出现加班赶工、淡季加班的情景，再度重现 2009 年、2010 年盛况。综合各大厂商和调研机构的数据，预计 LED 照明的出货规模将超过 100% 的增长，相关公司也有望获得超预期收益。

2. LED 照明产品

LED 产品众多，一般有 LED 数码管、LED 轮廓灯、LED 护栏管、LED 数码管屏、LED 点光源、LED 幕墙灯、LED 幕墙屏、LED 酒吧灯、LED 投光灯、LED 射灯、LED 洗墙灯、LED 大功率灯、LED 日光灯、LED 家居照明、LED 景观照明、LED 路灯、LED 灯带、LED 灯条等。

其中 LED 灯条、灯带主要应用于 LED 彩带、LED 灯箱、LED 广告屏、LED 护栏管等 LED 装饰，家庭室内外装饰及照明工程。这种灯带，一般每三个 LED 可以沿着上面切线任意截断，不损坏其他部分。电路由印制电路板组成，背面带 3M 双面胶，用于粘贴。有多种颜色可供客户选择，每卷的标准长度为 5 m。

各种灯带灯条如图 2-22 所示。

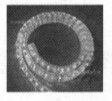

图 2-22 各种灯带灯条

二、LED 照明技术的应用实例

近年来，LED 在颜色种类、亮度和功率方面都有了极大的提高，以其令人惊叹而欣喜的应用在城市室内外照明中发挥着传统光源无可比拟的作用。LED 寿命最长可达 10 万小时，意味着每天工作 8 小时，可以有 35 年免维护的理论保障。低压运行，几乎可达到 100% 的光输出，调光时低到近乎零输出，可以组合出成千上万种光色，而发光面积可以很小，能制作成 $1mm^2$。经过二次光学设计，照明灯具达到理想的光强分布。快速发展的 LED 技术将为照明设计与应用带来新的发展，这是许多传统光源所不可能实现的。如今 LED 照明在娱乐、建筑物室内外、城市美化、景观照明中的应用也越来越广泛。

（一）建筑物外观照明典型代表——水立方

由于 LED 光源小而薄，线性投射灯具的研发无疑成为 LED 投射灯具的一大亮点，因为许多建筑物根本没有地方放置传统的投光灯。LED 的安装便捷，可以水平也可以垂直方向安装，能与建筑物表面更好地结合，拓展了设计师的创作空间。并将对现代建筑和历史建筑的照明手法产生影响。

2008 年的奥运会国家游泳中心（水立方）艺术灯光景观获得第 26 届 IALD（国际照明设计师协会）照明设计奖。水立方以亮度适宜的水蓝色为主色调。整个水立方立面整体被有序、均匀照亮，而非特别强调各个立面上的线条和钢结构杆件，应如水体或冰块等有整体感和纯净感，并注重光色在建筑整体层面上的渐变、明暗与动感，以产生生动、感人的效果。特别强调基本场景的模式表达"水立方"立面的完整性和统一性，而非强调单一的气枕单元。立面和屋顶的照明在亮度和颜色彩度上允许有因客观原因造成的衰减和变化，但过渡要均匀自然。符合不同庆典事件的场合、季节转换及现场互动要求，"水立方"可呈现出不同的"表情"、不同的亮度、不同的颜色。动感水波也可以从海蓝色主题转变成其他色系，正如海水在不同时间段内可反射出不同色调的天光一样。无论是渐变的或是闪烁的，都基于立面整体性的变化，以削弱气枕单元对于立方体表现力的影响。图 2-23 所示为水立方外景。

图 2-23 水立方外景

（二）城市景观照明

水立方是建筑物外观照明的典范，其场馆夜景照明项目，也是国内最早大规模应用大功率 LED 景观灯具和智能控制者，为全球景观照明市场树立了典范。2010 年上海世博会的召开，也为 LED 技术的集中体现提供了广阔平台，成为 LED 景观照明首次大范围运用的成功案例。世博园区内 10.3 亿只 LED 芯片，预示着 LED 景观照明技术已趋于成熟，景观照明已首先进入 LED 时代。而深圳大运中心拥有目前全球规模最大的 LED 景观照明系统。铺设面积达 15 万平方米的大运中心景观照明系统使用了专门研发的上百万只专用 LED 芯片和非线性透镜。

由于 LED 不像传统灯具光源多是玻璃泡壳，它可以与城市街道家具很好地有机结合，可以在城市的休闲空间如路径、楼梯、甲板、滨水地带、园艺进行照明。对于花卉或低矮的灌木，可以使用 LED 作为光源进行照明。LED 隐藏式的投光灯具会特别受到青睐，固定端可以设计为插拔式，依据植物生长的高度，方便进行调节。LED 城市比较典型的景观照明如图 2-24 所示。

图 2-24 LED 城市景观

（三）标识与指示性照明

需要进行空间限定和引导的场所，如道路路面的分隔显示、楼梯踏步的局部照明、紧急出口的指示照明，可以使用表面亮度适当的 LED 自发光埋地灯或嵌在垂直墙面的灯具，如影剧院观众厅内的地面引导灯或座椅侧面的指示灯，以及购物中心内楼层的引导灯等。另外，LED 与霓虹灯相比，由于是低压，没有易碎的玻璃，不会因为制作中弯曲而增加费用，值得在标识与指示设计中推广使用。各类 LED 标识牌如图 2-25 所示。

图 2-25 各类 LED 标识牌

（四）LED 道路照明

LED 道路照明如图 2-26 所示。

图 2-26 LED 道路照明

（五）LED 家居照明

LED 家居照明如图 2-27 所示。

图 2-27 LED 家居照明

（六）LED 学校与工厂照明

LED 学校与工厂照明如图 2-28 所示。

图 2-28 LED 学校与工厂照明

（七）汽车照明

LED 在汽车低照度照明系统中的应用主要是仪表板背光照明、操作开关、阅读灯、刹车灯、前照灯等，汽车制造商最早将 LED 应用于汽车，汽车内部的仪表盘，过去主要采用白炽灯或真空荧光（VF）来提供背光，后来出现了用 CCFL 作为背光源的显示板。随着 LED 技术的不断进步，LED 已经取代传统光源组合应用到背光照明中。

迄今为止，LED 在汽车上的应用除了仪表 LCD 面板背光照明外，最流行的当属中央高位刹车灯，目前已有 80% 以上的欧系和日系汽车安装了 LED 中央高位刹车灯，同时 LED 在汽车前照灯中的应用也越来越成熟。

思考题

1. LED 主要由哪几种物料所组成？
2. 影响 LED 发光效率主要因素有？
3. LED 产业链的上、中、下游如何划分？
4. LED 为何能发光？为何能发不同颜色的光？
5. LED 对驱动器有什么要求？白光 LED 有哪些实现方法？
6. LED 驱动电路的拓扑结构分几类，分别是什么？它们之间有何区别？
7. 白光 LED 调光功能的有哪些实现方式？如何选择驱动方案？
8. OLED 的发光过程有哪些？

单元三

太阳能光伏发电技术及其应用

模块一 光伏发电状况及政策

一、太阳能光伏电池发电历史

自从 1954 年第一块实用光伏电池问世以来，太阳能光伏发电取得了长足的进步。特别是 1973 年的石油危机和 20 世纪 90 年代的环境污染问题大大促进了太阳能光伏发电的发展和应用。其简要发展过程如下：

1876 年，Adams 等在金属和硒片上发现固态光伏效应。

1883 年，制成第一个"硒光电池"，用作敏感器件。

1893 年，法国科学家 Becquerel 发现"光生伏打效应"，即"光伏效应"。

1930 年，Schottky 提出 Cu_2O 势垒的"光伏效应"理论。同年，朗格首次提出用"光伏效应"制造"太阳电池"，使太阳能变成电能。

1931 年，Bruno 将铜化合物和硒银电极浸入电解液，在阳光下启动了一个电动机。

1932 年，制成第一块"硫化镉"太阳电池。

1941 年，Aall 在硅上发现光伏效应。

1954 年，在美国贝尔实验室，首次制成了实用的单晶太阳电池，效率为 6%。同年，Weichel 首次发现了砷化镓有光伏效应，并在玻璃上沉积硫化镉薄膜，制成了第一块薄膜太阳电池。

1955 年，Gennes 等进行材料的光电转换效率优化设计。同年，第一个光电航标灯问世。美国 RCA 研究砷化镓太阳电池。

1957 年，硅太阳电池效率达 8%。

1958 年，太阳电池首次在空间应用，装备美国先锋 1 号卫星电源。

1959 年，第一个多晶硅太阳电池问世，效率达 5%。

1960 年，硅太阳电池首次实现并网运行。

1962 年，砷化镓太阳电池光电转换效率达 13%。

1969 年，薄膜硫化镉太阳电池效率达 8%。

1972 年，研制出紫光电池，效率达 16%。同年，美国宇航公司背场电池问世。

1973 年，砷化镓太阳电池效率达 15%。

1974 年，COMSAT 研究所提出无反射绒面电池，硅太阳电池效率达 18%。

1975 年，非晶硅太阳电池问世。同年，带硅电池效率达 6%。

1976 年，多晶硅太阳电池效率达 10%。

1978 年，美国建成 100 kW 太阳地面光伏电站。

1980 年，单晶硅太阳电池效率达 20%，砷化镓电池达 22.5%，多晶硅电池达 14.5%，硫化镉电池达 9.15%。

1983 年，美国建成 1 MW 光伏电站；冶金硅（外延）电池效率达 11.8%。

1986 年，美国建成 6.5 MW 光伏电站。

1990 年，德国提出"2000 个光伏屋顶计划"，每个家庭的屋顶装 3~5 kW 光伏电池。

1995 年，高效聚光砷化镓太阳电池效率达 32%。

1997 年，美国提出"克林顿总统百万太阳能屋顶计划"，在 2010 年以前为 100 万户，每户安装 3 ~5 kW 光伏电池。有太阳时光伏屋顶向电网供电，电表反转；无太阳时电网向家庭供电，电表正转。家庭只需交"净电费"。日本"新阳光计划"提出到 2010 年生产 43 亿瓦光伏电池。欧洲联盟计划到 2010 年生产 37 亿瓦光伏电池。

1998 年，单晶硅光伏电池效率达 25%。荷兰政府提出"荷兰百万个太阳光伏屋顶计划"，到 2020 年完成。

1999 年，日本光伏电池产量首次超过美国，位列全球第一位。美国 NREL 的 M.A.Contreras 等报道铜铟锡（CIS）太阳能电池效率达 18.8%；非晶硅太阳能电池占市场份额 12.3%。

2000 年，碲化镉（CdTe）太阳能电池效率达 16.4%；单晶硅太阳能电池售价约为 3 USD/W。

2003 年，德国 FraunhoferISE 的 LFC（Laserfired-contact）晶体硅太阳能电池效率达 20%。

2004 年，德国 FraunhoferISE 多晶硅太阳能电池效率达 20.3%。

2006 年，美国应用材料（Apply Materials）推出 40 MW 单结非晶硅薄膜光伏电池生产线，转换效率达 6%。

2007 年，中国光伏电池产量超过日本，位列全球第一位。

2008 年，美国应用材料推出 65 MW 的非晶硅 / 微晶硅叠层薄膜光伏电池生产线，转换效率达 8%。美国可再生能源实验室制备出转换效率达 19.9% 的薄膜电池。

2010 年，全球累计光伏安装量达 40 GW，其中欧洲约占 75%。

2011 年 7 月，First Solar 宣布获得 17.3% 最高转换效率的碲化镉电池。

2012 年，中国南京中电电气光伏公司开发出全球转换效率达 16.02% 的多晶硅光伏电池组件。

2013 年，德国太阳能与氢能研究中心开发出了一款新型 CIGS 薄膜光伏电池，效率提高到了 20.8%，薄膜电池转换效率第一次超过了主导市场的多晶硅光伏电池。中国光伏发电年装机容量达 10 GW，年装机容量跃居全球第一。

2014 年钝化发射极背面接触（PERC）太阳能电池技术取得新进展。

2016 年，薄膜组件制造商 First Solar 和日本 Solar Frontier 在全球光伏组件市场中的份额仅为 4.6%，相比 2015 年的 5.7% 有所下降。

2017 年中国光伏公司在美国资本市场开启"退市潮"。

2018 年开年，遭遇美国与印度政策变化，中国光伏市场受到冲击。

2018 年 6 月 1 日，国家发改委、财政部、国家能源局当日联合发布了一份《关于 2018 年光伏发电有关事项的通知》，因降补贴、限规模，力度超出预期，被称为"史上最严光伏新政"。2018 年，对于中国光伏行业来说，是再创辉煌的一年，也是重大转折的一年；是转型升级的一年，更是急流勇进的一年。

2019 年，是技术突破之年。M12 的发布再次令市场感受到了硅片的"大型化"似乎已成定局。另一技术则集中在"异质结"电池领域。

2020 年 8 月 4 日爱旭欧洲研究院成立，并于 2020 年 10 月 1 日在德国弗莱堡地方法院正式通过了商业注册（注册编号 722671），成为第一个由中国光伏企业在欧洲成立的光伏研究院。

2021 年，盛虹集团旗下斯尔邦 EVA 光伏料产品在晶点、熔指等关键指标改进上实现了重大突破。在多年研究的基础上，由复旦大学牵头研制的光伏并网逆变装置，联合华南理工大学和上海交通大学的优势学科，通过产学研转化，在"MW 级高精度实时控制与电路优化"与"智能电网接入与新能源协调控制技术"等方面取得突破性技术成果，解决了高性能光伏并网发电的核心技术问题。

全球能源互联网发展合作组织于 2021 年 7 月发布的最新报告预测：到 2035 年，太阳能会成为中国第一大清洁能源；到 2050 年，电能会成为第一大终端消费能源。

二、光伏发电进展

（一）国际发展状况

1. 发展现状

太阳能发电是新兴的可再生能源技术，目前已实现产业化应用的主要是太阳能光伏发电和太阳能光热发电。太阳能光伏发电具有电池组件模块化、安装维护方便、使用方式灵活等特点，是太阳能发电应用最多的技术。太阳能光热发电通过聚光集热系统加热介质，再利用传统蒸汽发电设备发电，近年来产业化示范项目也开始增多。我们主要介绍太阳能光伏发电。

从全球范围来看，2019 年世界太阳能大会上可再生能源机构 IRENA 发布的《光伏的未来》提到，为解决全球性气候变暖问题，预测光伏装机容量到 2030 年达到 2840 GW，2050 年全球装机容量达到 8519 GW。为达到这一目标，需要太阳能新增装机从 2018 年 94 GW 提高到 2050 年 372 GW，装机容量增速将从 2018 年的 2% 增长到 2030 年的 13% 再到 2050 年的 25%。而作为光伏行业最大的单一市场中国，根据《中国 2050 年光伏发展展望》的数据，中国光伏发电总装机规模 2025 年达到 730 GW，2035 年达到 3000 GW，2050 年达到 5000 GW，届时光伏发电将作为中国第一大能源，占全国总用电量的 40%，光伏市场未来增长可观，前途不可限量。

2. 发展趋势

(1) 太阳能发电技术经济性明显改善

随着太阳能发电技术水平的提高，市场应用规模逐步扩大，太阳能发电成本不断下降，市场竞争力显著提高。

(2) 太阳能发电技术多元化发展

晶体硅光伏电池和薄膜光伏电池技术，各自具有不同的技术优势，因此太阳能发电将呈现出多元化技术路线和发展趋势。有效的市场竞争将会促进太阳能发电技术进步和成本下降，并形成各类太阳能发电技术互为补充、共同发展的格局。

(3) 太阳能发电逐步成为电力系统的重要组成部分

随着全球太阳能发电产业技术进步和规模扩大，太阳能发电即将成为继水电、风电之后重要的可再生能源，成为电力系统的重要组成部分。

欧盟、美国等发达国家或经济体都将太阳能发电作为可再生能源的重要领域，制定了更长远的发展目标。

德国、西班牙、美国等均制定专门法律支持可再生能源发展。欧盟各国普遍通过优惠上网电价政策支持太阳能发电等可再生能源电力的发展，美国通过税收减免和初投资补贴等政策支持太阳能发电发展，各国对电网企业均明确提出了可再生能源发电设施优先接入电网的要求。

（二）我国发展现状

在国际太阳能光伏发电市场的带动下，在《可再生能源法》及配套政策的支持下，我国太阳能发电产业快速成长，逐步形成了较好的太阳能光伏电池制造产业基础，在技术和成本上形成了国际竞争优势。我国初步建立了有利于成本下降的市场竞争机制，太阳能发电成本实现了快速下降，具备了在国内较大规模应用的条件。目前我国已经形成大型光伏电站、分布式光伏发电及独立光伏系统等多元化的太阳能发电市场。

1. 资源潜力

我国太阳能资源十分丰富，适宜太阳能发电的国土面积和建筑物受光面积也很大，青藏高原、黄土高原、冀北高原、内蒙古高原等太阳能资源丰富地区占到陆地国土面积的三分之二，具有大规模开发利用太阳能的资源潜力。东北地区、河南、湖北和江西等中部地区，以及河北、山东、江苏等东部沿海地区太阳能资源比较丰富，可供太阳能利用的建筑物面积很大。在四川、重庆、贵州、安徽、湖南等太阳能资源总体一般的区域，也有许多局部地区适宜开发利用太阳能。

2. 发展现状

近年来，我国太阳能光伏电池制造产业迅猛发展，产业体系快速形成，生产能力迅速扩大，技术经济优势明显提高。

(1) 光伏电池制造产业基本形成

尽管在政策调整下，我国光伏应用市场增速有所放缓，但受益于海外市场增长，我国光伏各环节产业规模依旧保持快速增长势头。2019 年，光伏组件产量达到 98.6 GW，同比增长 17.0%。2020 年，在全球疫情影响的大背景下，我国光伏组件产量达到 124.6 GW，同比增长超 26%。

在海外光伏应用市场快速增长拉动下，我国光伏组件出口规模已连续三年大幅增长，平均增速超 45%。2019 年光伏组件出口至全球 224 个国家及地区，总出口额 173.1 亿美元，这一数字甚至超过了 2018 年光伏产品出口总额（161.1 亿美元），占光伏产品（硅片、电池片、组件）出口总额的 83.3%，同比增长 2.7 个百分点；出口量约为 66.6 GW，同比增长 60.1%，约占我国组件产量的 67.5%，创历史新高。

(2) 自主创新与引进吸收相结合，形成自主特色产业体系

通过自主创新与引进吸收再创新相结合，初步形成了具有我国自主特色的光伏产业体系，多晶硅、电池组件及控制器等制造水平不断提高，制造设备的本土化率已经超过 50%，太阳能电池的质量和技术水平也逐步走向世界前列。

(3) 产业链上下游协同发展，推动光伏发电成本下降

我国光伏产业突破材料、市场以及人才等发展瓶颈，上下游完整产业链更加完善。技术的发展不但驱动生产效率、光电转换效率还能降低成本。光伏组件从 2014 年以来，价格持续下降，截至 2020 年 5 月，国内组件出口价格降至 23 美分 / 瓦。

(4) 产业呈现集群化发展，有效提高区域竞争力

我国光伏产业区域集群化发展态势已经形成，依托区域资源优势和产业基础，国内已形成了江苏、河北、浙江、江西、河南、四川、内蒙古等区域产业中心，并涌现出一批国内外知名且具有代表性的企业，主要企业初步完成垂直一体化布局，加快海外并购和设厂，向国际化企业发展。

（三）光伏发展面临的形势

目前，各主要发达国家均从战略角度出发大力扶持光伏产业发展，通过制订上网电价法或实施"太阳能屋顶"计划等推动市场应用和产业发展。国际各方资本也普遍看好光伏产业：一方面，光伏行业内众多大型企业纷纷宣布新的投资计划，不断扩大生产规模；另一方面，其他领域如半导体生产企业携多种市场资本正在或即将进入光伏行业。

从我国未来社会经济发展战略路径看，发展太阳能光伏产业是我国保障能源供应、建设低碳社会、推动经济结构调整、培育战略性新兴产业的重要方向。

1. 我国光伏产业面临广阔发展空间

世界常规能源供应短缺危机日益严重，化石能源的大量开发利用已成为造成自然环境污染和人类生存环境恶化的主要原因之一，寻找新兴能源已成为世界热点问题。在各种新能源中，太阳能光伏发电具有无污染、可持续、总量大、分布广、应用形式多样等优点，受到世界各国的高度重视。我国光伏产业在制造水平、产业体系、技术研发等方面具有良好的发展基础，国内外市场前景总体看好，只要抓住发展机遇，加快转型升级，后期必将迎来更加广阔的发展空间。

2. 光伏产业、政策及市场亟待加强互动

从全球来看，光伏发电在价格上具备市场竞争力尚需一段时间，太阳能电池需求的近期成长动力主要来自于各国政府对光伏产业的政策扶持和价格补贴；市场的持续增长也将推动产业规模扩大和产品成本下降，进而促进光伏产业的健康发展。目前国内支持光伏应用的政策体系和促进光伏发电持续发展的长效互动机制正在建立过程中，太阳能电池产品多数出口海外市场，产业发展受金融危机和海外市场变化影响很大，对外部市场的依存度过高，不利于持续健康发展。

3. 面临国际经济动荡和贸易保护的严峻挑战

近年来全球经济发展存在动荡形势，一些国家的新能源政策出现调整，相关补贴纷纷下调，对我国光伏产业发展有较大影响。同时，欧美等国已发生多起针对我国光伏产业的贸易纠纷，类似纠纷今后仍将出现，主要原因有：一是我国太阳能电池成本优势明显，对国外产品造成压力；二是国内光伏市场尚未大规模启动，产品主要外销，可能引发倾销疑虑；三是我国相关标准体系尚不完善，存在产品质量水平参差不齐等问题。

4. 新工艺、新技术快速演进，国际竞争不断加剧

全球光伏产业技术发展日新月异：晶体硅电池转换效率年均增长一个百分点；薄膜电池技术水平不断提高；纳米材料电池等新兴技术发展迅速；太阳能电池生产和测试设备不断升级。而国内光伏产业在很多方面仍存在较大差距，国际竞争压力不断升级：多晶硅关键技术仍落后于国际先进水平，晶硅电池生产用高档设备仍需进口，薄膜电池工艺及装备水平明显落后。

5. 市场应用不断拓展，降低成本仍是产业主题

太阳能光伏市场应用将呈现宽领域、多样化的趋势，适应各种需求的光伏产品将不断问世，除了大型并网光伏电站外，与建筑相结合的光伏发电系统、小型光伏系统、离网光伏系统等也将快速兴起。太阳能电池及光伏系统的成本持续下降并逼近常规发电成本，降低成本仍将是光伏产业发展的主题，从硅料到组件以及配套部件等均将面临快速降价的市场压力，太阳能电池将不断向高效率、低成本方向发展。

（四）中国光伏发展的进展路线

随着光伏技术的进步和光伏发电系统的广泛使用，光伏发电系统的成本会逐渐降低，离平价上网价格的目标也越来越近，到时就将与传统的发电（火力、水电等）展开有力的竞争。

进一步分析认为，中国将在光照资源较好的西部地区，于 2023 年光伏发电在发电侧达到平价。这与欧洲十一国在 2022 年前居民光伏用电市场将全面实现平价，在实现时间上大体差不多。

2014 年上半年，全国新增光伏发电并网容量 330 万千瓦，比去年同期增长约 100%，其中，新增光伏电站并网容量 230 万千瓦，新增分布式光伏并网容量 100 万千瓦。光伏发电累计上网电量约 110 亿千瓦时，同比增长超过 200%。

截至 2015 年底，我国光伏发电累计装机容量 4318 万千瓦，成为全球光伏发电装机容量最大的国家。

截至 2016 年底，我国光伏发电新增装机容量 3454 万千瓦，累计装机容量 7742 万千瓦，新增和累计装机容量均为全球第一。

截至 2017 年年底，中国光伏发电新增装机容量为 5306 万千瓦，同比增加 1852 万千瓦，增速高达 53.62%，再次刷新历史高位。

截至 2018 年底，全国光伏发电装机容量达到 1.74 亿千瓦，较上年新增 4426 万千瓦，同比增长 34%。

2019 年全国光伏发电量达 2243 亿千瓦时，同比增长 26.3%，光伏利用小时数 1169 小时，同比增长 54 小时。全国弃光率降至 2%，同比下降 1 个百分点，弃光电量 46 亿千瓦时。

2020 年底并网太阳能发电装机容量为 2.53 亿千瓦，增长 24.1%。

2021 年 9 月底，我国光伏发电装机容量为 2.78 亿千瓦，同比增长 24%。

从"十四五"规划可以看出，光伏作为一个新兴产业，随着中国引领全球，国外知识产权的年代正在过去，未来将有更多的中国知识产权、中国产业标准发挥作用，中国光伏产品的创新力和生命力正在提升。光伏行业将在国家鼓励基础研究、建设重大科技创新平台、提升企业技术创新能力的机制下进一步升级。

在制造业优化升级中，国家将深入实施智能制造和绿色制造。智能制造会带动光伏产业的制造升级、降本、提质、增效，绿色制造、允许制造业企业全部参与电力市场化交易这两项措施能带动全工业领域应用更多的绿色清洁能源、工商业分布式光伏以及节能降本。

另外，光伏将获益于国内、国际双循环。依托强大的国内市场，深入实施扩大内需战略，促进农业、制造业、服务业、能源资源等产业协调发展。促进标准、认证认可等国内外相衔接，推动中国产品、服务、技术、品牌、标准走出去。扩大能源资源进口，促进发展绿色消费，推进重大生态系统保护修复，实施送电输气重大项目建设。

三、光伏产业政策

发展光伏产业对调整能源结构、推进能源生产和消费革命、促进生态文明建设具有重要意义。为规范和促进光伏产业健康发展，国家有关部委陆续出台了系列政策，对光伏行业的健康发展起到极大的推动作用。2021 年 6 月，国家发展改革委印发《关于 2021 年新能源上网电价政策有关事项的通知》，明确了 2021 年光伏发电、风电等新能源上网电价政策。发改委发布关于 2021 年新能源上网电价政策有关事项的通知：2021 年起，对新备案集中式光伏电站、工商业分布式光伏项目和新核准陆上风电项目，中央财政不再补贴，实行平价上网。

根据中研普华研究院的数据可知，2021 年，全国风电、光伏发电发电量占全社会用电量的比例达到 11% 左右，后续逐年提高，确保 2025 年非化石能源消费占一次能源消费的比例达到 20% 左右。其中，2021 年保障性并网规模不低于 9000 万千瓦。而户用光伏发电仍有补贴，财政补贴预算额度为 5 亿元。

未来 30 年间，电力将是最主要的终端能源消费形式，而 9 成以上的电力，将由以新能源为主体的新型电力系统来供应。其中，风电和光伏发电将占据六到七成，甚至更多。

"十四五"期间费用还将降低到 0.25 元 / 千瓦时以下。届时，光伏发电成本将低于绝大部分煤电。如进一步考虑生态环境成本，光伏发电的优势将更加明显。

2020 年光伏电站标杆上网电价见表 3-1。

表 3-1　　　　　　　　　　2020 年光伏电站标杆上网电价

太阳能资源分区	光伏电站	分布式光伏收益	
	标杆上网电价（元 / 千瓦时）	采用"自发自用、余量上网"模式的工商业分布式光伏发电项目	采用"全额上网"模式的工商业分布式光伏发电项目
I	0.35	全发电量补贴标准调整为每千瓦时 0.05 元	按所在资源区集中式光伏电站指导价执行
II	0.40		
III	0.49		

2020 年度发布的太阳能光伏政策措施：

（1）6 月，交通运输部关于印发《内河航运发展纲要》的通知。

（2）7 月，国家发改委、住建部、教育部、工信部、人民银行、国管局、银保监会等七部门发布《关于印发绿色建筑创建行动方案的通知》。

（3）8 月，交通运输部发布《交通运输部关于推动交通运输领域新型基础设施建设的指导意见》。

（4）11 月，《中共中央关于制定国民经济和社会发展第十四个五年规划和二〇三五年远景目标的建议》发布，建议共 60 条，涉及新能源规划要点梳理如下：发展战略性新兴产业；统筹推进基础设施建设；加快推动绿色低碳发展。

（5）12 月，交通运输部印发《关于招商局集团有限公司开展集装箱码头智能化升级改造等交通强国建设试点工作的意见》。

（6）12月，在2020年中国光伏行业协会年度大会上，国家能源局新能源司副司长任育之表示，目前国家发展改革委和能源局正在测算"十四五""十五五"时期光伏发电的目标。

（7）12月，工信部公开对《水泥玻璃行业产能置换实施办法（修订稿）》征求意见。

2021年度发布的太阳能光伏政策措施：

（1）1月，《绿色技术推广目录（2020年）》（发改办环资〔2020〕990号）发布；

（2）1月，《西部地区鼓励类产业目录（2020年本）》（发改委令第40号）发布；

（3）2月，国务院印发《关于加快建立健全绿色低碳循环发展经济体系的指导意见》；

（4）2月，工信部等六部委发布《关于开展第二批智能光伏试点示范的通知》；

（5）3月，工业和信息化部（电子信息司）组织修订完成了《光伏制造行业规范条件（2020年本）》（征求意见稿）；

（6）3月，国家发展改革委发布《关于推进电力源网荷储一体化和多能互补发展的指导意见（发改能源规〔2021〕280号）》；

（7）3月，《关于引导加大金融支持力度促进风电和光伏发电等行业健康有序发展的通知》（发改运行〔2021〕266号）发布；

（8）4月，国家能源局综合司发布《关于报送"十四五"电力源网荷储一体化和多能互补工作方案的通知》；

（9）4月，国家能源局发布《2021年能源工作指导意见》；

（10）5月，《国家能源局关于2021年风电、光伏发电开发建设有关事项的通知》发布；

（11）6月，国家发展改革委印发《关于2021年新能源上网电价政策有关事项的通知》，明确了2021年光伏发电、风电等新能源上网电价政策；

（12）7月，国家能源局综合司下发《关于报送整县（市、区）屋顶分布式光伏开发试点方案的通知》。

模块二 光伏发电原理及光伏发电系统构成

本模块主要介绍太阳能光伏发电系统的特点、构成、工作原理及分类，以及组成光伏发电系统的主要部件。

一、认识太阳能光伏发电系统

太阳能光伏发电，是利用太阳能光伏电池组件的光生伏打效应（简称PV）直接把太阳的辐射能转变为电能的一种发电方式，太阳能光伏发电的能量转换器就是太阳能电池，也叫光伏电池。

原理：当太阳光照射到太阳能光伏电池上时，电池吸收光能，产生电子空穴对，在电池内建电场作用下，电子和空穴被分离，在电池两端出现异号电荷的积累，即产生光伏电动势。若在电池两端引出电极并接上负载，则产生光伏电流，光伏发电原理示意图如图 3-1 所示。

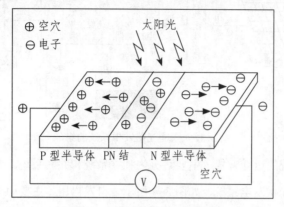

图 3-1 光伏发电原理示意图

每片薄状的光伏电池片，在标准光照条件下，其额定输出电压为 0.48 ～ 0.55 V。通常要把多片太阳能光伏电池片串联在一起使用，组成电池组件，以获得较高的输出电压和较大的功率容量。由多个电池组件串并联组成电池方阵。光伏电池片、电池组件和电池方阵如图 3-2 所示。

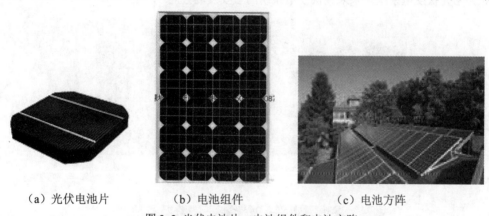

（a）光伏电池片　　　　（b）电池组件　　　　（c）电池方阵

图 3-2 光伏电池片、电池组件和电池方阵

（一）太阳能光伏发电系统的组成

光伏发电系统是将太阳能转化为电能的装置，主要由太阳能电池方阵、蓄电池组、充放电控制器、逆变器、光伏发电系统附属设施（直流配电系统、交流配电系统、运行监控和检测系统、防雷和接地系统、交流配电柜等）组成，如图 3-3 所示。

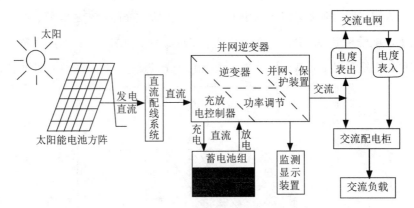

图 3-3 太阳能光伏发电系统的组成

根据光伏发电系统的运行方式，主要可分为独立系统和并网系统。未与公共电网连接的光伏发电系统称为独立光伏发电系统，如图 3-4 所示，自发自用，主要用于公共电网难以到达的边远山区、牧区、高原、荒漠等场所，为其提供电源；与公共电网连接的光伏发电系统称为并网光伏发电系统，如图 3-5 所示。这两类光伏发电系统的典型应用见表 3-2。

并网光伏发电系统又分为：集中式大型并网光伏系统（光伏电站），分布式小型并网光伏系统。并网光伏发电系统是未来光伏发电系统的重要发展方向。

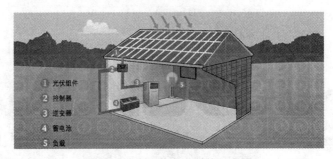

图 3-4 独立光伏发电系统示意图

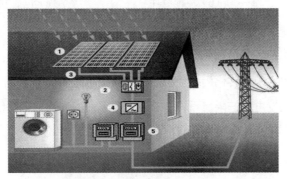

图 3-5 并网光伏发电系统示意图

图 3-5 中，①～⑤分别是光伏组件、汇流箱、配线、逆变器和断路器。

表 3-2   光伏发电系统的分类及其典型应用

类型	分类	具体应用实例
独立光伏发电系统	无蓄电池的直流光伏发电系统	直流光伏水泵、充电器、照明等
	有蓄电池的直流光伏发电系统	太阳能草坪灯、庭院灯、路灯、交通标志灯、航标灯、直流户用系统、高速公路监控系统、微波中继站、移动通信基站、农村小型发电站等
	交流及交、直流混合光伏发电系统	户用光伏系统、小型发电站、微波中继站、移动通信基站、气象、水文、环境检测站等
	市电互补型光伏发电系统	城市太阳能路灯、分布式光伏电站等
并网光伏发电系统	分布式并网光伏发电系统	工厂、园区、学校、一般住宅，光伏建筑一体化等
	光伏电站	荒漠光伏电站等
	有储能装置的并网光伏发电系统	一般住宅、光伏建筑一体化、重要及应急电源、高层建筑应急照明等

（二）太阳能光伏发电的特点

太阳能资源分布广泛且用之不尽、取之不竭，且太阳能光伏发电过程简单，不消耗燃料，无污染，也不排放包括温室气体在内的任何物质，没有机械转动部件，无噪声等。因此，光伏发电是全球能源科技和产业的重要发展方向，是具有巨大发展潜力的朝阳产业，是理想的绿色能源，其主要**优点**有：

(1) 太阳能资源取之不尽，用之不竭

照射到地球上的太阳能要比人类目前消耗的能量大 6000 倍。而且太阳能在地球上分布广泛，只要有光照的地方就可以使用光伏发电系统，不受地域、海拔等因素的限制。

(2) 太阳能资源随处可得，可就近供电，随发随用，不必长距离输送，避免了长距离输电线路所造成的电能损失。

(3) 光伏发电过程既不需要冷却水，也不产生水，可以安装在没有水的荒漠戈壁上，建成荒漠电站；也可以很方便地与建筑物结合，构成光伏建筑一体化分布式发电系统，不需要单独占地，还可综合利用土地资源。

(4) 光伏发电能量转换过程简单，无机械传动部件，运行稳定可靠，维护简单，使用寿命长。光伏发电直接从光能转换到电能，没有中间过程（如热能转换为机械能、机械能转换为电磁能等）和机械运动，不存在机械磨损，维护成本低，特别适合在无人值守的情况下使用。

晶体硅光伏电池寿命可长达 25～30 年。只要设计合理、各部件选型适当，光伏发电系统可长时间稳定工作，使用寿命可在 30 年以上。

(5) 太阳能光伏电池组件的模块化结构，使得光伏发电系统的建设方便灵活，可根据负荷的变化，随意增减光伏电池组件及其他部件。

当然，太阳能光伏发电也有它的**不足**之处，归纳起来主要有：

(1) 工作间歇性，易受气候环境因素影响

在地球表面，光伏发电系统只能在白天发电，晚上不能发电，这和人们的用电，特别是家庭用电需求不符。

太阳能光伏发电直接依赖于太阳光的照射，而地球表面上的太阳照射受环境、气候的影响很大，长期的阴雨、雪天、雾天甚至云层的变化都会严重影响系统的发电状态。另外，环境因素的影响也很大，当太阳能电池组件的表面受空气中的颗粒物（如灰尘）、阴影等影响，阻挡

了部分光线的照射，都会使光伏电池组件转换效率降低，造成发电量减少。

另外，地域依赖性强。地理位置不同，气候不同，使各地区日照资源相差很大。目前在中国西部日照较好的地区，光伏发电系统应用才较好。

(2) 能量密度低，占地面积大

地球表面大部分被海洋覆盖，陆地表面积大概只占地球表面积的 10% 左右，尽管太阳投向地球的能量总和极其巨大，但实际到达陆地单位面积上并能够被直接利用的太阳能量较少。地球表面太阳辐照度最高的地方也只有 1.2 kWh/m^2，其他绝大多数地区都低于 1 kWh/m^2。因此，太阳能光伏发电的利用实际上是低密度能量的利用。

以中东部地区为例，由于太阳能能量密度低，光伏发电系统所需的占地面积会很大，按目前的发电效率，平均每平方米面积的发电功率为 100 W，一个家庭安装 3 kW 的光伏电站，大概需要 30 m^2 的屋顶面积。

(3) 转换效率低，系统成本较高

光伏发电的最核心部件是太阳能光伏电池组件，其中，转换效率是衡量光伏电池组件性能的一个最重要指标。目前晶体硅光伏电池转换效率为 14%～18%，非晶硅光伏电池只有 8%～12%。由于光电转换效率较低，与其他火力、水力等常规发电方式相比，仍显得较贵，成本高这个因素制约了光伏发电的广泛使用。随着光伏电池技术的进步和单位生产成本的降低，光伏发电系统的成本也会快速下降。以组成系统的核心部件太阳能光伏电池组件为例，其价格已从 2013 年底的 0.5 美元/瓦左右降到 2020 年的 0.21 美元/瓦左右。

（三）应用

(1) 大型光伏发电系统（电站）

大型光伏发电系统主要包括荒漠光伏电站（如图 3-6 所示）、各种独立或并网光伏电站、各种大型停车场充电站等。

图 3-6 大型荒漠光伏电站

(2) 太阳能分布式电源

太阳能分布式电源包括 BAPV（光伏系统附着在建筑物上）和 BIPV（光伏建筑一体化），这些方式将太阳能光伏发电与建筑材料相结合，充分利用建筑的屋顶和外立面，使得大型建筑能实现电力自给自用。分布式光伏是今后的重要发展方向。图 3-7 所示为光伏在上海世博会中国馆的应用。

图 3-7 光伏应用于上海世博会中国馆

(3) 太阳能光伏照明

太阳能光伏照明包括太阳能 LED 路灯（如图3-8所示）、庭院灯、草坪灯，太阳能景观照明、太阳能路标标牌、信号指示、广告灯箱照明等。

图 3-8 太阳能 LED 路灯

(4) 通信基站等的供电

主要包括无人值守微波中继站，光缆通信系统及维护站，移动通信基站（如图3-9所示），广播、通信、无线寻呼电源系统，卫星通信和卫星电视接收系统等。

图 3-9 边远地区移动通信基站由光伏发电供电

(5) 公路、铁路、航运等交通信号灯的供电

铁路信号灯、交通警示灯、标志灯、信号灯，公路太阳能路灯、太阳能道钉灯、高空障碍灯、高速公路监控系统、高速公路、铁路无线电话亭、航标灯灯塔和航标灯（如图3-10所示）电源等。

图 3-10 苏州太湖的太阳能光伏航标灯

(6) 农村和边远无电地区的供电

在高原、牧区、海岛、边防哨所等农村和边远无电地区，开发中小功率的分布式光伏发电系统，可解决日常生活所需的用电问题，如照明、收看电视、卫星接收机等的用电，也解决了为手机等随身小电器充电的问题，也可为学校、医院、饭店、旅社、商店等的供电，还可用于水泵、农田灌溉、农业大棚等用电。

(7) 其他应用

包括景区太阳能电动汽车（如图 3-11 所示）、电动自行车、太阳能游艇、电池充电设备等的供电；以及卫星、航天器、空间太阳能电站（如图 3-12 所示）等的供电。

图 3-11 旅游景区太阳能电动汽车

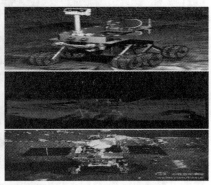

图 3-12 "玉兔"的能源供给

二、光伏电池组件

（一）光伏效应

当太阳能电池表面受到光照时，由光量子理论知，当照射光的能量 $h_\gamma \geqslant E_g$（E_g 为半导体材料的禁带宽度）时，超过禁带宽度的光子被吸收后转化为电能，产生电子－空穴对，称作光生载流子，而能量小于禁带宽度的光子被半导体吸收后转化为热能，不能产生电子－空穴对。由于入射光强度从表面到太阳能电池体内成指数衰减，在各处产生光生载流子的数量有差别，沿光强衰减方向将形成光生载流子的浓度梯度，从而产生载流子的扩散运动，光伏效应示意图如图 3-13 所示。

(1) 在 N 区，产生的光生载流子向 PN 结边界扩散，到达 PN 结区 N 侧边界时，由于内建电场的方向是从 N 区指向 P 区，在内建电场静电力的作用下，立即将光生空穴推向 P 区，光生电子滞留在 N 区。

(2) 在 P 区，产生的光生载流子也向 PN 结边界扩散，并在到达 PN 结边界后，同样受到内建电场静电力的作用作漂移运动，P 侧边界的光生电子被内建电场拉向 N 区，空穴被滞留在 P 区。

(3) 在空间电荷区，内建电场的存在，产生的光生电子被拉向 N 区，而空穴被推向 P 区。

以上的综合结果，在 PN 结及两边产生的光生载流子被内建电场分离，在 P 区聚集光生空穴，在 N 区聚集光生电子，形成与内建电场方向相反的光生电场，光生电场抵消部分内建电场的作用外，还使 P 区带正电，N 区带负电，在 PN 结两边产生光生电动势，称作光生伏特效应，简称光伏效应。正是半导体材料光伏效应的存在，才有光伏发电的应用。

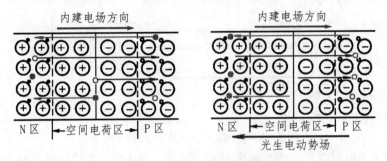

图 3-13 光伏效应示意图

在太阳能电池的 P、N 两极（电池的两面）接上负载，光伏电动势就形成电流，构成光伏发电，太阳能电池的发电原理如图 3-14 所示。若电池两极短接，就形成最大电流，称作短路电流。

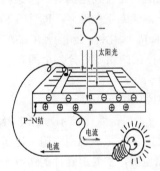

图 3-14 太阳能电池的发电原理

（二）光伏电池的结构和性能

1. 光伏电池的结构

典型的硅光伏电池结构如图 3-15 所示，基区材料是厚度约 0.2 mm 的 P 型薄片晶硅，其上表面有用铝 - 银材料制成的栅线形状的引出电极，称作上电极，背面的背电极常做成板状结构，以减少内部连线电阻。在太阳能电池表面通常还镀有一层二氧化硅减反射膜，以减少入射光的反射损失。

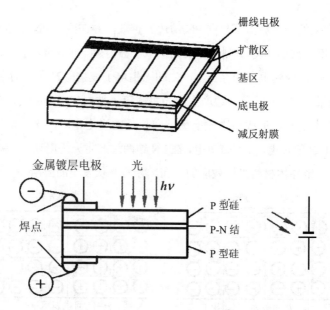

图 3-15 典型的硅光伏电池的结构和符号

硅光伏电池一般制成 P^+/N 型结构或 N^+/P 型结构，其中第一个符号的 P^+ 或 N^+ 表示阳光的入射面的半导体材料类型。光伏电池输出电压的极性，P 型一侧电极为正，N 型一侧电极为负。

根据光伏电池的材料和结构不同，有多种分类方式。如按照基本材料可分为晶体硅电池（单晶硅电池）、非晶硅电池、薄膜电池、化合物电池等；按结构可分为：P 型和 N 型材料均为相同材料的同质结太阳能电池（如晶体硅太阳电池）；P 型和 N 型材料为不同材料的异质结太阳电池，如硫化镉/碲化镉 (CdS/CdTe)，硫化镉/铜铟硒 (CdS/CuInSe$_2$) 薄膜太阳能电池；金属—绝缘体—半导体 (MIS) 太阳能电池；按照用途可分为空间光伏电池和地面用光伏电池等。

2. 光伏电池的等效电路

光伏电池的物理模型及等效电路如图 3-16 所示。

I_{sc} 为电池负载短路时的电流，I_D（二极管电流）为通过 PN 结的总扩散电流，与 I_{sc} 反向；R_s 为串联总等效电阻，主要由电池的体电阻、表面电阻、电极导体电阻和电极与硅表面接触等电阻所组成，通常较小；R_{sh} 为旁路电阻，主要由硅片的边缘不清洁或体内的缺陷引起的电阻，通常较大。

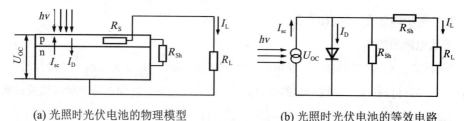

(a) 光照时光伏电池的物理模型　　　　　　(b) 光照时光伏电池的等效电路

图 3-16 光伏电池的物理模型及等效电路

其中，电池的短路电流 I_{sc} 与电池面积成正比，1 cm^2 单晶硅光伏电池的 I_{sc} 值为 35~38 mA；I_{sc} 值还与入射光的辐照度有关，辐照度越强，I_{sc} 越大；同时，当环境温度升高时，I_{sc} 略有增加。

负载开路时的电池两极电压称为电池的开路电压 U_{oc}，U_{oc} 由电池的材料结构决定，与电池面积无关，也与光照度变化影响不大。

3. 光伏电池的技术参数

(1) 开路电压

受光照的光伏电池处于开路状态，光生载流子只能积累于 P-N 结两侧产生光生电动势，这时在光伏电池两端测得的电势差叫作开路电压，用符号 U_{oc} 表示。

开路电压与电池面积无关，单片光伏电池的开路电压一般为 0.48 ～ 0.5V。

(2) 短路电流

把光伏电池从外部负载短路测得的最大电流，称为短路电流。短路电流的大小由电池面积决定，面积越大，短路电流也越大。如：120 mm×120 mm 光伏电池，I_{sc} 约为 4A。

硅光伏电池的开路电压和短路电流随光照度变化关系如图 3-17 所示。

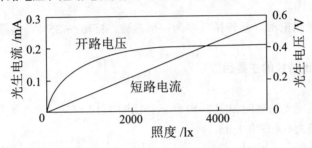

图 3-17 硅光伏电池的开路电压和短路电流随光照度变化关系

(3) 最大输出功率

把光伏电池接上负载，负载电阻中便有电流流过，该电流称为光伏电池的工作电流（I），也称负载电流或输出电流，此时负载两端的电压称为光伏电池的工作电压 (U)。

光伏电池的输出功率：$P=UI$。

光伏电池的工作电压和电流是随负载电阻而变化的，将不同阻值下所对应的工作电压和电流值做成曲线，就得到光伏电池的伏安特性曲线，如图 3-18 所示。如果选择的负载电阻值能使输出电压和电流的乘积最大，即可获得最大输出功率（P_m）。此时的工作电压和工作电流称为最佳工作电压（U_m）和最佳工作电流（I_m）。

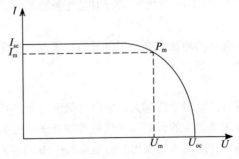

图 3-18 光伏电池的伏安特性曲线

最大输出功率：$P_m=U_m I_m$。

通常，$I_m < I_{sc}$　$U_m < U_{oc}$。

(4) 填充因子与转换效率

光伏电池的另一个重要参数是填充因子 FF，它是最大输出功率与开路电压和短路电流乘积之比：

$$FF = \frac{P_{\mathrm{m}}}{U_{\mathrm{oc}}I_{\mathrm{sc}}} = \frac{U_{\mathrm{m}}I_{\mathrm{m}}}{U_{\mathrm{oc}}I_{\mathrm{sc}}}$$

从图 3-18 可看出，填充因子 $FF<1$。填充因子是衡量光伏电池负载能力的重要指标。

光伏电池的转换效率是指在外部回路上连接最佳负载电阻时的最大能量转换效率，等于光伏电池的最大输出功率与此时入射到光伏电池表面的能量之比：

$$\eta = \frac{P_{\mathrm{m}}}{P_{\mathrm{in}}} \times 100\% = FF \cdot \frac{U_{\mathrm{oc}}I_{\mathrm{sc}}}{P_{\mathrm{in}}} \times 100\%$$

光伏电池的转换效率是决定光伏电池是否具有实际使用价值的重要因素，也是影响光伏发电系统成本的重要原因。

目前几种常见光伏电池，其转换效率为：单晶硅：15%～25%，多晶硅：15%～18%，非晶硅：约 10%。

4．影响电池输出特性的主要因素

(1) 太阳能光谱

光伏电池的太阳能光谱效应如图 3-19 所示。由图 3-19 可见，产生光伏效应主要在太阳可见光范围，响应峰值为 0.8～0.9 μm。

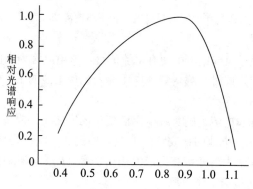

图 3-19 光伏电池的太阳能光谱效应

(2) 日照强度

温度相同时，随着日照强度的增加，光伏组件开路电压几乎不变，短路电流增加。光照越强，输出电流越大，输出功率也增大。

(3) 环境温度

在相同温度下，光照越强，输出电流越大，输出功率也越大，但输出电压基本不变；

日照强度相同时，随着环境温度的升高，光伏组件的开路电压下降，短路电流有所增加，最大输出功率减小；光伏组件开路电压呈现出负温度系数：-0.35%/度。

一般来说，环境温度每升高 1 度，每片电池开路电压约下降 5 mV。如：

36 片的电池组件，环境温度升高 1 度，输出电压下降 0.18 V，72 片电池组件，环境温度升高 1 度，输出电压下降 0.36 V。

(4) 负载阻抗的影响

根据最大功率传输定理，当负载阻抗与电池组件的输出阻抗相等时，光伏组件的输出功率最大。在光伏发电系统中，光伏电池的内阻不仅受光照强度的影响，而且还受环境温度及负载的影响，是不断变化的。要提高光伏系统的整体效率，一个重要的途径就是实时调整光伏阵列的工作点，使之始终工作在最大功率点附近，这一过程就称之为最大功率点跟踪。

5. 光伏电池性能的测试标准条件

光伏电池（组件）的输出功率取决于太阳辐照度、太阳光谱分布和光伏电池（组件）的工作温度。为统一光伏电池测试的标准条件（STC），目前广泛采用欧洲委员会所定义的 101 号标准：

(1) 光谱辐照度 $1000 \ W/m^2$；

(2) 大气质量为 AM1.5 时的光谱分布；

(3) 电池温度 25 ℃。

在该测试条件下，光伏电池（组件）输出的最大功率称为峰值功率（W_p）。

（三）光伏电池方阵

为了满足光伏发电系统的输出电压和功率要求，需要将光伏电池组件进行串、并联使用，形成光伏电池方阵。光伏电池方阵由太阳能电池组件以及防反充（防逆流）二极管、旁路二极管、电缆等对电池组件进行电气连接，还需要配备专用的、带避雷器的直流接线箱等。

1. 电池组件的串、并联使用

光伏电池组件串、并联使用时的接线示意图如图 3-20 所示。串联时，选择的组件工作电流要相同，且每个组件要并接旁路二极管；并联时，选择的组件输出电压要相同，且在每一条并联线路中串联防反充（防逆流）二极管。

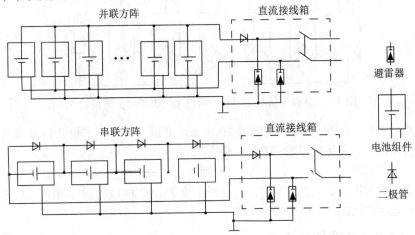

图 3-20 光伏电池组件串、并联应用的接线示意图

2. 二极管的作用

防反充（防逆流）二极管的作用：

(1) 光伏电池组件或方阵在不发电时，防止蓄电池的电流反过来向组件或方阵倒送，不仅消耗能量，而且会使组件或方阵发热甚至损坏；

(2) 在电池方阵中，防止方阵各支路之间的电流倒送。

旁路二极管作用：

当有较多的光伏电池组件串联组成电池方阵或电池方阵的一个支路时，需要在每块电池板的正负极输出端反向并联一个或几个二极管，这个并联在组件两端的二极管称为旁路二极管。

旁路二极管的作用是防止方阵串联中的某个组件或组件中的某一部分被阴影遮挡或出现故

障而停止发电时，在该组件旁路二极管两端会形成正向偏压使二极管导通，实现电流的旁路，不影响其他正常组件的发电，同时也保护被旁路组件避免受到较高的正向偏压或由于"热斑效应"发热而损坏。

3. 光伏电池组件的热斑效应

在光伏电池方阵中，如发生有阴影（例如树叶、鸟类、鸟粪等）落在某单体电池或一组电池上，或当组件中的某单体电池被损坏时，但组件（或方阵）的其余部分仍处于阳光暴晒之下正常工作，这样局部被遮挡的光伏电池（或组件）就成为负载，消耗功率而导致发热，这种效应称之为"热斑效应"。

"热斑效应"的存在，使得光伏发电系统的发电功率减小，并有可能造成封装材料损伤、焊点脱焊、电池破裂等，从而引起组件和方阵失效。应采取防护措施，如图 3-21、图 3-22 所示。

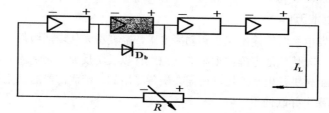

图 3-21 串联光伏电池组件中用并接二极管防护热斑效应

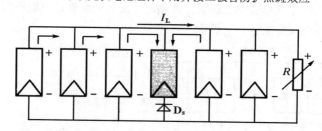

图 3-22 并联光伏电池组件中用反接二极管防护热斑效应

在串联电池组件回路中，在电池组件的正负极间并联一个旁路二极管 D_b，以避免串联回路中其他组件所产生的能量被遮蔽的组件所消耗。

在并联电池支路中，反接一只二极管 D_s，利用其单向导电性，防止并联回路中其他组件所发出的能量通过被遮蔽或已损坏的组件放电。在独立光伏发电系统中，串联二极管也会起到防止蓄电池对电池组件的反充电作用。

（四）几种主要的光伏电池

制作光伏电池的主要材料以半导体材料为基础，根据所用的材料不同，可分为硅光伏电池和化学物光伏电池。其中单晶硅光伏电池硅光伏电池是目前发展最为成熟，应用最为广泛的光伏电池。

1. 晶体硅光伏电池

硅光伏电池分为单晶硅光伏电池、多晶硅光伏电池和非晶硅薄膜电池等。其中，单晶硅光伏电池是开发较早、转换率最高和产量较大的一种光伏电池。单晶硅光伏电池转换效率在我国已经平均达到 22%。这种光伏电池一般以高纯的单晶硅硅棒为原料，纯度要求 99.999 9%。

多晶硅光伏电池是以多晶硅材料为基体的光伏电池。从制作成本看，由于多晶硅材料多以浇铸代替了单晶硅的拉制过程，制造简便，制造能耗减少，生产时间缩短，制造成本大幅度降低。再加之单晶硅硅棒呈圆柱状，用此材料制作的光伏电池也是圆片，因而组成光伏组件后平面利用率较低。与单晶硅光伏电池相比，多晶硅光伏电池就显得具有一定竞争优势。

其中，多晶硅薄膜是由许多大小不等和具有不同晶面取向的小晶粒构成，所用硅材厚度只有单晶或多晶的百分之一左右，其成本也大幅度降低。另外，多晶硅薄膜在长波段具有高光敏性，对可见光能有效吸收，又具有与晶体硅一样的光照稳定性，因此被认为是高效、低成本的理想光伏器件材料。

目前多晶硅薄膜光伏电池光电转换效率还达不到单晶、多晶电池的水平，但多晶硅薄膜太阳电池由于其良好的稳定性和丰富的材料来源，以及简便的制作工艺，是一种很有前途的廉价光伏电池。

2. 非晶硅光伏电池

非晶硅光伏电池具有如下的优点：

(1) 有较高的光学吸收系数，是一种良好的光导体，在 0.315~0.75 mm 的可见光波长范围内，其吸收系数比单晶硅高一个数量级，因此，在 1 μm 左右的很薄的非晶硅就能吸收大部分的可见光，材料制备成本低；

(2) 禁带宽度为 1.5~2.0 eV，比晶体硅的 1.12 eV 大，与太阳光谱有更好的匹配；

(3) 制备工艺和所需设备简单，沉积温度低 (300~400 ℃)，耗能少；

(4) 可沉积在廉价的衬底上，如玻璃、不锈钢甚至耐温塑料等，也是制作柔性电池的理想材料。

非晶硅光伏电池具有较高的光电转换效率（目前，其实验室或实际应用的光电转换效率比单晶或多晶光伏电池的略低）、较低的成本、较轻的重量，以及温度变化对其效率的影响比晶体硅太阳电池小等优点，是很有发展潜力的光伏电池。

但非晶硅光伏电池目前存在较严重的不稳定性，经光照后，会产生 10% ~ 30% 的电性能衰减，称作光致衰减效应，此效应限制了非晶硅太阳电池的大规模应用，也是目前在该领域需要重点解决的问题。

3. 化合物薄膜光伏电池

薄膜光伏电池由沉积在玻璃、塑料、不锈钢、陶瓷衬底上的只有几微米厚的半导体薄膜构成。由于其半导体层很薄，可以大大节省半导体材料，降低生产成本，是最有发展前景的新型光伏电池。目前已开发出的化合物多晶薄膜光伏电池主要有：硫化镉 / 碲化镉 (CdS/CdTe)、硫化镉 / 铜镓铟硒 (CdS/CuGaInSe₂)、硫化镉 / 硫化亚铜 (CdS/Cu₂S) 等，其中相对发展较好的有碲化镉（CdTe）电池和铜铟镓硒（CIGS）电池。与非晶硅薄膜光伏电池相比，碲化镉薄膜电池转换效率较高，成本低廉，也易于大规模生产，但由于镉有剧毒，会对环境造成严重的污染，并不是理想的替代品。CIGS 薄膜光伏电池，是以铜铟镓硒多元化合物半导体为基本材料制成的多晶薄膜光伏电池，性能稳定，没有光致衰减现象，是目前所知的光吸收最好的半导体材料，可做成超薄型，光电转换效率亦较高，可在玻璃等基板上制成薄膜，成本低，是目前认为最有发展前景的新型光伏电池。

近日，德国太阳能与氢能研究中心开发出了一款新型 CIGS 薄膜光伏电池，效率提高到了20.8%，薄膜电池转换效率第一次超过了主导市场的多晶硅光伏电池。

4. 砷化镓光伏电池

砷化镓光伏电池具有如下的优点：

(1) 砷化镓的禁带宽度 (1.424 eV) 正好为高吸收率太阳光的值，与太阳光谱相匹配，效率较高；

(2) 耐高温，在 250 ℃的高温下仍能正常工作；

(3) 砷化镓的吸收系数大，只要 5 mm 厚度就能吸收 90% 以上太阳光，光伏电池可做得很薄；

(4) 耐辐射性能好，由高能射线引起的衰减较小；

(5) 在获得同样转换效率的情况下，砷化镓电池开路电压大，短路电流小，电路内阻的影响不大，故适用用在聚光光伏系统等。

但砷化镓较脆，易损坏，且砷化镓材料价格昂贵，从而限制了砷化镓光伏电池的大规模应用。

三、光伏储能装置

光伏储能装置是实现光伏发电的电能与蓄电池的化学能之间转化的装置，是光伏发电系统中的重要组成部件。在光伏发电系统中，由于太阳光变化无常，光伏发电系统的功率输出也变化无常，需要用蓄电池进行储存和调节，从而提供相对稳定的电能；另外，当发的电用不完时，也需要储存起来以备用。

目前广泛采用铅酸蓄电池作为光伏发电能量储存装置。

1. 蓄电池的使用寿命

蓄电池寿命有三种评价方法：

(1) 循环寿命。蓄电池经历一次完整的充、放电过程，称为一次循环。循环寿命是在一定的充放电条件下，电池使用至某一容量规定值之前，电池所能承受的循环次数。

(2) 使用寿命（浮充寿命）。蓄电池在规定的浮充电压和环境温度下，蓄电池寿命终止时浮充运行的总时间，一般用蓄电池的工作年限来衡量。国家标准规定，固定型（开口式）蓄电池的充放循环寿命不低于 1000 次，使用寿命不低于 10 年。

(3) 恒流过充电寿命。采用一定的充电电流对蓄电池进行连续过充电，一直到蓄电池寿命终止时所能承受的过充电时间。

蓄电池寿命终止条件一般设定在容量（条件 25℃，以 10 小时率电流放电）低于额定容量的 80%。

蓄电池在低温下容量迅速下降，在温度降到 5 ℃时，通用型蓄电池容量会降到正常容量的 70% 左右，低于 -15 ℃容量将下降到不足正常容量的 60%，且在 -10 ℃以下充电反应非常缓慢，放电后难以恢复，并有被冻坏的危险。

蓄电池的使用寿命与蓄电池本身质量及工作条件、使用和维护情况等因素密切相关，特别地，放电深度对蓄电池使用寿命有重要影响。

2. 蓄电池的自放电

自放电是蓄电池在开路搁置状态储电量自动减少的现象，自放电与电极及电解液的材料特性、放置环境的温、湿度及放置时间等有关。不同环境温度下，蓄电池的容量变化与放置时间的关系如图 3-23 所示。

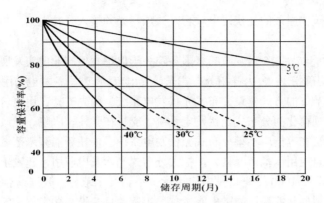

图 3-23 蓄电池的容量变化与放置时间的关系

影响自放电的材料方面的主要原因有：

(1) 电解液中含有杂质（其他金属如铜、铁等），或添加的不是纯净水。蓄电池极板成分不纯，含锑量过高或含有其他有害杂质时。

(2) 蓄电池电极间污垢较多，如泥土及水等均为导体，使蓄电池正、负电极间形成放电回路而自行放电。

3. 蓄电池的放电深度

放电深度（Depth of Discharge，DOD）是指蓄电池在某一放电速率下，电池达到终止电压时所能放出的实际容量与在该放电速率下的额定容量之比，用百分比表示。

17% ～ 25% 为浅循环放电；

30% ～ 50% 为中等循环放电；

60% ～ 80% 为深循环放电。

光伏发电系统中，DOD 一般为 30% ～ 80%。

光伏发电系统对蓄电池有特定的要求，如温度特性、充电效率、深度放电后的恢复性能，以及使用寿命等，要根据工程要求，选购合适的光伏蓄电池。

模块三 光伏发电典型应用

太阳能光伏作为绿色能源的典型代表，随着技术的日益成熟、成本逐渐下降，太阳能光伏发电技术的应用规模和应用范围迅速扩大，在通信、照明、交通、建筑等领域的应用极为广泛。本模块重点介绍国家重点发展的分布式光伏发电及光伏建筑一体化技术。

一、分布式光伏发电

分布式发电（Distributed Generation，简称 DG）通常是指发电功率在几千瓦至数十兆瓦的小型模块化、分散、布置在用户附近的，就地消纳、非外送型的发电单元。主要包括以液体或气体为燃料的内燃机、微型燃气轮机、热电联产机组、燃料电池发电系统、太阳能光伏发电、风力发电、生物质能发电等。

分布式光伏发电是指在用户所在场地或附近建设运行，以用户侧自发自用为主、多余电量上网且在配电网系统平衡调节为特征的光伏发电设施。目前应用最为广泛的分布式光伏发电系统，是建在城市建筑物屋顶的光伏发电项目。该项目必须接入公共电网，与公共电网一起为附近的用户供电。

国务院在 2013 年 7 月 15 日发布的《国务院关于促进光伏产业健康发展的若干意见〔国发〔2013〕24 号〕》中明确指出：大力开拓分布式光伏发电市场。鼓励各类电力用户按照"自发自用，余量上网，电网调节"的方式建设分布式光伏发电系统。优先支持在用电价格较高的工商业企业、工业园区建设规模化的分布式光伏发电系统。支持在学校、医院、党政机关、事业单位、居民社区建筑和构筑物等推广小型分布式光伏发电系统。依托新能源示范城市、绿色能源示范县、可再生能源建筑应用示范市（县），扩大分布式光伏发电应用，建设 100 个分布式光伏发电规模化应用示范区、1000 个光伏发电应用示范小镇及示范村。开展适合分布式光伏发电运行特点和规模化应用的新能源智能微电网试点、示范项目建设，探索相应的电力管理体制和运行机制，形成适应分布式光伏发电发展的建设、运行和消费新体系。支持偏远地区及海岛利用光伏发电解决无电和缺电问题。鼓励在城市路灯照明、城市景观以及通信基站、交通信号灯等领域推广分布式光伏电源。开放用户侧分布式电源建设，支持和鼓励企业、机构、社区和家庭安装、使用光伏发电系统。鼓励专业化能源服务公司与用户合作，投资建设和经营管理为用户供电的光伏发电及相关设施。对分布式光伏发电项目实行备案管理，豁免分布式光伏发电应用发电业务许可。对不需要国家资金补贴的分布式光伏发电项目，如具备接入电网运行条件，可放开规模建设。分布式光伏发电全部电量纳入全社会发电量和用电量统计，并作为地方政府和电网企业业绩考核指标。自发自用发电量不计入阶梯电价适用范围，计入地方政府和用户节能量。对分布式光伏发电实行按照电量补贴的政策。根据光伏发电成本变化等因素，合理调减光伏电站上网电价和分布式光伏发电补贴标准。上网电价及补贴的执行期限原则上为 20 年。根据光伏发电发展需要，调整可再生能源电价附加征收标准，扩大可再生能源发展基金规模。对分布式光伏发电，建立由电网企业按月转付补贴资金的制度。

国家能源局于 2013 年 11 月 18 日发布了《分布式光伏发电项目管理暂行办法》。《办法》指出，鼓励各类电力（行情专区）用户、投资企业、专业化合同能源服务公司、个人等作为项目单位，投资建设和经营分布式光伏发电项目。电网企业采用先进技术优化电网运行管理，为分布式光伏发电运行提供系统支撑，保障电力用户安全用电。鼓励项目投资经营主体与同一供电区内的电力用户在电网企业配合下以多种方式实现分布式光伏发电就近消纳。《办法》中明确由省级及以下能源主管部门对分布式光伏发电项目实行备案管理。

2020 年 10 月中国宣布力争于 2030 年前实现碳达峰，努力争取 2060 年前实现碳中和；12 月国家主席习近平宣布，到 2030 年风电、太阳能发电总装机容量将达到 12 亿千瓦。众多利好因素加持下，国家能源局新能源司副司长任育之表示，"十四五"光伏新增装机规模将远高于"十三五"；中国光伏行业协会预计"十四五"期间，中国年均新增装机有望达 70~90 GW，全球有望达 222~287 GW。

2021 年是光伏实现平价上网的第一年，同样也是"十四五"开局之年，在"3060"双碳目标要求下，国家和各地方纷纷出台政策支持光伏发展，确保为"十四五"开好局、起好步、谋好篇。

（一）分布式发电系统分类及特点

分布式光伏发电倡导就近发电，就近使用，就近并网，就近转换的原则，不仅能够有效提高同等规模光伏电站的发电量，同时还有效解决电力在升压及长途运输中的损耗问题，具有输出功率相对较小，污染小，环保效益突出，能够在一定程度上缓解局地用电紧张状况。

根据分布光伏发电系统的使用形式，可将其分成如图3-24所示的几种。

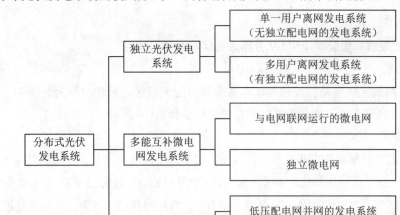

图 3-24 分布光伏发电系统的分类

分布式光伏发电具有如下的特点：

(1) 安全可靠性高。

(2) 抗灾能力强。

(3) 非常适合于远离大电网的边远农村、牧区、山区供电。

分布式光伏发电输出功率相对较小，通常一个分布式光伏发电项目的容量在数千千瓦以内；而传统的集中式电站动辄几十万千瓦，甚至几百万千瓦。规模化的应用提高了其经济性。光伏发电的模块化设计，可根据场地的要求调整光伏系统的容量大小，从而决定其规模可大可小。与集中式电站不同，光伏电站的大小对发电效率几乎没有影响，因此对其经济性的影响也很小，小型光伏系统的投资收益率与大型光伏电站相当，值得用户根据自身的财力和需求进行建设。

(4) 采用可再生能源，环境效益好。

分布式光伏发电项目在发电过程中，没有噪声，也不会对空气和水产生污染。但是，需要重视分布式光伏与周边城市环境的协调发展，在利用清洁能源的时候，考虑民众对城市环境美感的关注。

(5) 不需要远距离输送电力，成本低、效率高。

大型地面电站主要分布在西部地区，工业比较落后，所发的电量不能就地消纳，只能远距离输送，需要增加输变电投资。而分布式光伏发电的主要特点是就地消纳，能减少远距离输电的损耗。

(6) 可以满足特殊移动电源的需求。

(7) 调峰性能好、操作简单、启停快速、便于实现灵活调度。

分布式光伏发电在白天出力最高，正好在这个时段人们对电力的需求最大，能够在一定程度上缓解局地的用电紧张状况。若采用并网方式，多余的电还可卖给电网公司，也节省了能量储存设备的建设投入。

我国已制定了重点发展分布式光伏发电的计划，并出台了系列扶持政策，使得我国光伏发电产业，特别是分布式光伏发电有了很大发展。

（三）实例

1. 苏州欧莱雅有限公司 1.5MW 分布式光伏发电并网项目

(1) 地理方位

欧莱雅太阳能光伏电站站址地处江苏省苏州市工业园区，地理坐标为北纬 31° 19′，东经 120° 37′。由苏州英利城市光伏应用技术有限公司负责设计与承建。

(2) 气候概况

苏州地处温带，属亚热带季风海洋性气候，四季分明，气候温和，年日照时间在 1700 小时～2400 小时，是我国日照资源比较丰富的地区，苏州市年平均气温为 15.7 ℃，最高年份为 17.0 ℃，最低年份为 14.9 ℃，平均气温的年际变化为 2.1 ℃，气候温和适宜太阳能电站的建设。

(3) 电站选址

选址的原则：

① 周围的建筑物全年不遮挡整个太阳能电池方阵；

② 尽量缩短到并网点距离，以减少输电损失；

③ 周围交通便利。

苏州欧莱雅有限公司是全球化妆品生产企业，厂区内用电量大，现使用的厂房均为钢结构彩钢瓦屋面的建筑，工厂储备土地平整，且无遮挡。

1.5 MW 的光伏电池组件，其中的 745 kW 组件安装于该公司建筑面积约 15 000 平方米的厂房房顶，除去屋顶天窗和屋面障碍物及其相关阴影，实际组件安装面积约为 7000 平方米。在厂区北约 15 000 平方米的储备土地地面上安装 759 kW 的太阳能组件，实际组件安装面积约 10 000 平方米。电站所发电量供厂区内部使用。

(4) 方案设计

根据场地实际情况，整个光伏电站划分为 6 个 250 kW，分别由光伏组件、直流配电柜、并网逆变器、交流配电柜等组成，各子系统经逆变成 380 V 三相交流电，直接并入相应变压器低压侧母线。2 台 750 kW 的交流配电柜分别并入 1250 kW 的两台变压器。

屋面电池组件安装后的效果如图 3-25 所示。

图 3-25 屋面电池组件安装后的效果

地面电池组件安装后的效果如图 3-26 所示。

图 3-26 地面电池组件安装后的效果

(5) 电站系统效率分析

对地面电站 759 kW，以最佳倾角 25°，设光伏阵列效率 η_1=87%，逆变器的转换效率 η_2=97%，交流并网效率 η_3=99%，考虑到不可预见的情况，取修正系数 0.95，则系统效率 79.3%。

对屋面电站 745 kW，采用平铺方式，设水平放置时年平均辐照量 1384 kWh/m²，光伏阵列效率 η_1=85.8%，逆变器的转换效率 η_2=97%，交流并网效率 η_3=99%，取修正系数 0.95，则系统效率 77.2%。

(6) 电站的管理与维护

光伏方阵运行维护。考虑本项目的电站位于市区，光伏发电组件的安装倾角较小，接近于平铺，自洁能力差，容易沉积灰尘，从而对系统发电能力产生较大影响，因此，要定期（如每月一次）对电池组件进行清洗。

电池方阵机械结构维护。安装地点苏州地区年均降雨量较大，同时处于临湖地区，湿度较大，应定期（如每年一次）对组件机械安装结构进行检查，以免由于腐蚀影响造成结构锈蚀，机械强度衰减，从而影响组件安全。

电池方阵电气运行维护。在系统运行期间，通过监控每个子方阵的运行参数，分析判断多个串并联组件及其接插件的工作状态，以便及时发现问题并排除故障。

运行维护包括如下几个方面。

① 运行状态监控

电站运行操作管理人员每天都应对电站各项运行状态参数监控数据进行分析，以便及时发现故障，及时排除，确保系统长期可靠运行。

② 设备维护保养

应定期进行设备检修、保养，一般可每年进行一次。

③ 防雷系统的定期检测保养

由于光伏发电系统的特点，系统防雷设备可靠工作变得非常重要，如设备失效，将对配电设备造成巨大的损伤，因此，应定期对防雷系统进行检修，确保其可靠工作。

2. 分布式光伏的千亿"样板"

2014 年伊始，阴霾渐散，阳光正好，佛山高新区三水园澳美铝业的 8 万平方米屋顶，正源源不断将太阳能转化为电力，输往各个生产环节。曾经沉寂的光伏产业正在三水迸发出旺盛的复苏生机。

在国内光伏产业版图中，广东虽还属后发地区，但作为全省新能源领域的先行者，三水吸取了前一轮发展产能过剩的教训，一直致力于终端应用的开拓，2013年8月成功入选全国首批18个分布式光伏发电示范区，装机容量位列全国第六，更为光伏产业发展打开了全新局面。

（1）厂房屋顶建电站的绿色竞争力

据测算，目前全国建筑物可安装光伏发电约3亿千瓦，仅省级以上工业园区就可安装8000万千瓦。而在日照资源较好的三水，这样的实践就首先得到先行先试。

自2013年8月国家能源局将三水工业园区列为全国十八个分布式光伏发电示范区之一后，三水分布式光伏发电的建设就开始大提速。预计三年内完成130兆瓦的装机容量，位列全国第六，分为"工业厂房屋顶"、"光伏社区"和"公共建筑"三类。

作为制造业大市，佛山本身就是一个光伏应用的巨大市场，据了解，广东是缺电大省，电力大量依靠外省引进，再加上电价全国最高，对优质电力供应的需求极为庞大；更为关键的是佛山厂房屋顶资源十分丰富，初步统计五区屋顶面积超过1亿平方米，仅在25%的屋顶上建设光伏电站，即可达到2.5 GW的装机容量，25亿度的年发电量。

（2）借力金融和保险体系组建利益共享机制

尽管前景广阔，但由于光伏应用前期投入较大，且涉及并网等问题，一直以来推广效果并不理想。因此，自2011年末开始，国家陆续出台了补贴、项目备案等分布式应用的扶持政策，以刺激市场反应。在不少业内人士看来，可行的商业模式是分布式光伏应用破题的关键。

在这方面，三水就先行先试，通过政企合作的方式，促成佛山市综合能源有限公司、爱康太阳能等多方共同出资成立南新太阳能投资有限公司，切入三水太阳能光伏电站的投资、设计、施工、运营及发电合同能源管理等。

经过一年的运营，南新围绕130 MW分布式示范项目，以规模化发展与分散式利用相结合，以工业厂房为主、光伏社区为辅多层次建设，目前已成为国家开发银行第一家金融试点企业；国内保险公司首个光伏发电量保险项目，为下一步光伏电站的证券化打好了基础。

据介绍，目前三水已与国家开发银行反复探讨确定了"分布式发电金融服务"的基本模式，并分两步构建光伏电站的金融和保险体系：第一步，130 MW项目必须购买国内保险公司提供的25年光伏组件质量险；第二步，实现光伏电站融资险或光伏电站发电量损失险，确保光伏电站质量，以利于投资商获得银行融资和实现光伏电站的金融证券化。现正与相关保险公司商讨合作方案。

（3）"自发自用"的低碳城镇化探索

此次全国18个分布式光伏发电示范区基本设在工业园区，以工业厂房屋顶电站建设为主，但工业厂房屋顶建设光伏电站经验难以用来大规模普及推广光伏应用。从国外成功经验和国内实际来看，光伏的应用推广关键要与人们的生产、工作、生活结合起来，与城市建设结合起来。

随着新一轮城镇化大幕的拉开，三水也以此为契机，探索分布式光伏应用与城镇化建设相结合的低碳城镇建设道路，打造全省最大光伏应用社区。

2021年11月17日，广东能源佛山三水南山镇光伏复合项目签约仪式在三水市举行。该项目将投资35亿元，规划建设一个装机容量为700兆瓦的大型太阳能发电站，项目全部投产后每年能为地方提供清洁电能约75 100万度，助力"碳达峰、碳中和"。

近年来，三水市全力以赴大招商、招大商，积极探索实现"双碳"路径，实施能源消耗总量和强度"双控"，城市焕发出新的经济活力。

今后园区的商业住宅、商业服务业设施、邻里中心及保障性住房等建设可与分布式光伏应用结合，打造光伏建筑一体化工程。同时，通过现有"三旧"改造项目，建设居民自用的结合分布式光伏应用的二类住宅，打造离散式的个人住户光伏应用示范，普及清洁能源的使用。

目前，园区首批公建设施分布式光伏发电示范点已建设完成，乐平镇政府和园区管委会就首先尝到"头啖汤"，其发电系统的总装机容量为 78 千瓦，年发电约 7.8 万度，可满足 25% 的政府办公用电。

此外，园区还将在多个分布式光伏电力用户之间组成光伏微电网及智能电网，使光伏发电在不同用户企业之间根据需求自动调配，尽最大可能让光伏发电就地消纳，提高自发自用比例，提升其经济效益。

小至独栋民居，大至连片企业厂房，只需有屋顶，家家户户都可以拥有一个微型发电站，甚至自家用不完还可以与邻居串联并用，这些在《第三次工业革命》中描绘的场景，即将在三水变成现实。

（4）三水分布式光伏的绿色力量

澳美铝业屋顶光伏电站利用厂房屋顶面积约 8 万平方米，总装机容量为 8 MW，年发电量约 800 万度，为目前三水区已建成的最大的光伏电站，每年将节约标煤 2560 吨，减少 CO_2 排放量 6656 吨，SO_2 排放量 71.68 吨，粉尘 4 吨，氮氧化物 17.92 吨，合计年减排效益达 209.26 万元。

乐平镇政府屋顶的公用建筑分布式光伏应用项目装机容量为 78 kW，年发电量 7.8 万度，可供应镇政府正常用电量的 25%，每年将节约标煤 25 吨，减少 CO_2 排放量 65 吨。

二、光伏建筑一体化技术

据统计，建筑物能耗约占世界总能耗的三分之一，将是未来太阳能光伏发电的最大市场。太阳能光伏系统和建筑结合，将使太阳能电源向替代能源过渡，成为世界能源结构的重要组成部分，从而根本改变太阳能电源在世界能源中的从属地位。光伏建筑一体化（BIPV）的概念出现在 20 世纪 70 年代末的美国。由于其不需要额外的土地、绿色环保、可实现多种功能等诸多特点，各国纷纷投入到 BIPV 技术的研究和发展之中。经过多年的发展，BIPV 已经从最初的光伏阵列在建筑物上的简单堆砌的形式发展到现在的光伏系统以屋顶、墙体、遮阳或者雨棚等形式与建筑物融为一体，成为建筑物密不可分的一部分。

1. 分类

(1) 光伏组件与建筑相结合（Building Attached Photovoltaic，BAPV）

安装在现有建筑物上的光伏发电系统，光伏阵列附着在建筑物上来完成发电任务，与建筑物功能不发生冲突，由建筑物来作为载体起到支撑作用，称为 BAPV。

光伏与建筑相结合的 BAPV 系统，通常在建筑施工完成后再进行安装，实施较灵活，也是光伏建筑一体化的初级形式。

(2) 光伏建筑一体化（Building Integrated Photovoltaic，BIPV）

光伏发电系统作为建筑物外部维护结构的一部分，与建筑物同时设计、施工和安装。光伏发电系统既具有发电功能，又具有建筑物构件和材料功能，甚至提升建筑物的美感，与建筑物形成完美的统一体，称为 BIPV，如图 3-27 所示。

图 3-27 由 BIPV 组成的斜面外墙

采用特殊的材料和工艺，将光伏材料与建筑材料融为一体，光伏电池组件既是建筑材料，又能发电，从而降低光伏系统发电成本。

2. 优点

与一般的光伏发电系统相比，BAPV 具有如下的优点：

(1) 无须占用宝贵的土地资源，这对于土地昂贵的城市建筑尤其重要；

(2) 用户侧并网，自发自用，光伏阵列所发电力既可供给本建筑物负载使用，也可送入电网，减少电力传输损耗，也避免了建设存储电力的高成本投入；

(3) 能有效地减少建筑能耗，实现建筑节能。光伏并网发电系统在白天阳光照射时发电，该时段也是电网用电高峰期，缓解高峰电力需求，产生"黄金电力"。

BIPV 除了具有一般 BAPV 的优点外，还具有以下优势：

(1) 可作为建筑材料使用，节省建筑材料，降低建造成本；

(2) 与建筑物集成，美观实用。

基于以上优势，BIPV 非常适合于在城市中广泛应用。

3. BIPV 光伏组件

目前常用的 BIPV 组件，从结构上分，主要有夹层结构、中空结构及其组合形式。BIPV 组件从其应用形式上，主要有两种，一是建材型，指将太阳能电池与瓦、砖、玻璃等建筑材料复合在一起，成为不可分割的建筑构件或建筑材料，如光伏瓦、光伏屋面卷材、玻璃光伏幕墙、光伏采光顶等；二是构件型，指与建筑构件组合在一起或独立成为建筑构件的光伏构件，如以标准普通光伏组件或根据建筑要求定制的光伏组件构成雨篷构件、遮阳构件等。

4. BIPV 组件的安装方式

(1) 与屋顶一体化

光伏屋顶的形式主要有以下三种：独立太阳能光伏屋顶、集成太阳能光伏屋顶、光伏采光顶。如图 3-28 所示。

图 3-28 BIPV 的屋顶天窗应用

① 独立太阳能屋顶是将光伏装置与建筑屋顶分离开，光伏装置作为后加的设备加于建筑物之上，并不承担屋顶系统的保温、隔热、结构等方面的功能，这种形式下的光伏装置可不受建筑屋顶倾斜角的限制，有利于根据所在地区的太阳高度角合理安排电池组件的安装角度。

② 集成太阳能光伏屋顶是将光伏装置和建筑屋顶结合为一体，此时光伏组件作为屋顶功能的一部分存在，屋顶由光伏板、空气间隔层、屋顶保温层、结构层构成。太阳能光伏屋顶是太阳能电池板与屋面板结合形成的一体化产品。这种太阳能电池板既能防雨雪，又能抵御一定的压力，对光伏组件的设计及安装有很高的要求。

③ 光伏采光顶是将电池板应用到屋面采光上，除了要满足安全、抗风压、防水和防雷要求外，还必须满足屋面采光要求。光伏采光顶需具有一定的透光能力，因此常采用透光性的光伏元件（如：薄膜太阳能电池），一般将组件的透光率设计在 10%~50%。设计时还可通过组件中电池片不同排列的间隔、安装位置及角度等达到合适的透光率。

(2) 与墙体一体化

建筑物的外墙也是 BIPV 系统经常安装的位置。光伏组件不仅可以与墙体的石材、砖瓦预制在一起，而且可与玻璃幕墙集成一体。作为太阳能电池和玻璃的独特组合产物，光伏幕墙巧妙地利用了太阳能电池双层玻璃封装的构造，使之在执行发电功能的同时又充当建筑材料，被认为是最节省材料成本的一种 BIPV 形式。由于薄膜太阳能电池具有的透光性，光伏幕墙使用范围也扩展到建筑物的窗户、前庭等需要采光部位。当 BIPV 系统安装在外墙立面的时候，太阳能电池把原来辐射进建筑物的光线吸收阻挡在建筑物的外部，有效地起到了隔热作用，减少了夏季使用空调制冷的能源消耗，但其发电效力容易受到建筑物朝向、太阳光入射角等因素的影响。

当光伏电池作为幕墙或天窗时，就会对光伏电池的颜色提出要求。对于非晶硅光伏电池，其本色已同茶色玻璃颜色一样，很适合做玻璃幕墙和天窗玻璃。但对于单晶硅电池，一般采用腐蚀绒面的办法将其表面变成黑色，安装在屋顶或南立面，以显得庄重；对于多晶硅太阳能电池，在蒸镀减反射膜时加入一些微量元素，可将光伏电池表面的颜色变成黄色、粉红色、淡绿色等多种颜色。除颜色外，普通光伏组件的接线盒较大并粘在电池板背面，BIPV 建筑中要求将接线盒省去。普通光伏组件的连接线一般外露在组件下方，BIPV 建筑中光伏组件的连接线要求全部隐藏在建筑结构中。如图 3-29 所示。

图 3-29 无锡尚德光伏研发中心大楼 BIPV 幕墙（面积 6900 平方米）

(3) 与遮阳、雨棚一体化

光伏建筑一体化还可以与遮阳或雨棚的构建结合一体。光伏组件既能减低入室光线的强度、多余的热量，避免风雨的侵扰，又可以实现光电的转换。与屋顶一体化类似，这种集成方式可以使太阳能电池根据太阳的高度角选择遮阳倾角，从而获得最大的太阳辐射量。如图 3-30 所示。

图 3-30 遮阳与光伏发电一体

5. 典型应用

(1) 苏州月亮湾建屋广场 B 栋遮阳百叶太阳能并网发电系统

苏州工业园区月亮湾建屋广场位于独墅湖科教创新区商业配套的核心区域，是月亮湾核心区整体开发建设的重点项目之一。利用月亮湾广场 B 栋大楼的遮阳百叶位置，选用部分区域改装太阳能多晶硅全玻组件，预计总装机容量为 20.254 kW。由苏州英利城市光伏应用技术有限公司负责设计与承建。

设计方案：

本工程是在月亮湾建屋广场的 B 栋楼外立面采用全玻璃太阳能电池组件代替传统遮阳百叶。每层楼自下往上按 4 行百叶设计，两行临近百叶上下距离间隔为 1000 mm。

B 栋从 14 楼至 17 楼，每行 23 块共 13 行光伏遮阳百叶，需遮阳百叶 299 块。6 楼至 14 楼每行 15 块共 32 行光伏遮阳百叶，需遮阳百叶 480 块。

整个系统共需光伏遮阳百叶 779 块，安装总容量为 20.254 kW。

系统采用二台 10 kW 的并网逆变器，分别放置在 10 楼、15 楼的强电间内，逆变器输出的 380 V 交流电分别就近并入强电间的大楼配电主干线。

太阳能电池组件选型：

本方案选用天威英利的 YL26(4) 1478×200 双玻多晶硅电池组件。

逆变器选型：

选用 AURORA 公司的 PVI-10.0-OUTD/-S 逆变器。

苏州地区的平均日照时数为 3.57 小时，预计年发电量 20.254×3.57×365×0.9=23 752.78 kW，所以每年发电量约为 23 753 kW，节约标准煤约 7.9 吨，实现减排 CO_2 20.74 吨，SO_2 0.07 吨，氮氧化物 0.06 吨。

图 3-31 所示是苏州月亮湾建屋广场遮阳百叶 BIPV 的实景图。

图 3-31 苏州月亮湾建屋广场遮阳百叶 BIPV

(2) 宜家逐步实现能源自给

在北京的四元桥、大连的海达南街、深圳的北环大道和南京的明匙路，宜家商场蓝色建筑物的屋顶开始发生改变，空旷的屋顶被一片片太阳能薄膜电池板铺满。而这些太阳能电池由合作伙伴汉能集团提供。

图 3-32 为宜家正在实施的 BIPV 照片。

为了实现这一目标，宜家将在 2009 年至 2015 年的这 7 年间全球共计投资 1.95 亿美元用以建设自己的风力和太阳能电站，以达到每年生产与商场运转用量相当的能源目标。

图 3-32 宜家正在实施的 BIPV 计划

和其他创意环保行为比起来，太阳能发电虽然显得比较"老套"，但对于宜家来说更为实际。

思考题

1. 什么是"热斑效应"？并分析太阳能电池组件和方阵中旁路二极管和防反充二极管的作用。

2. 某一面积为 100 cm² 的太阳能电池片，在标准测试条件下，测得其最大功率为 1.5 W，求该电池片的转换效率。

3. 简要分析单路串联型充放电控制器的原理。

4. 一只 1 V，10 Ah 的蓄电池，外接 60 Ω 的用电器工作了 20 小时，求剩余的容量（略去电池自身损耗）。

5. 上网查找资料，了解国内主要光伏蓄电池的生产厂家、产品规格，并设计 PPT，在课堂上交流。

6. 了解分布式光伏发电系统的当前发展状况及国家相关政策，并设计 PPT，在课堂上交流。

7. BAPV 与 BIPV 的区别？BIPV 对电池组件有何特殊要求？

知识拓展

结合下列网站进行自主学习：

1. 光储亿家网：www.solarzoom.com；
2. 江苏省光伏协会：www.jspv.org.cn。

单元四

新能源汽车技术

模块一 新能源汽车概述

一、新能源汽车定义和分类

（一）新能源汽车的定义

工业和信息化部于 2020 年 7 月 14 日出台第 54 号文件，该文件为《新能源汽车生产企业及产品准入管理规定》（2020 年修订版），自 2020 年 9 月 1 日起施行（以下简称《规定》）。《规定》第三条中对新能源汽车作出了明确的定义：新能源汽车是指采用新型动力系统，完全或者主要依靠新型能源驱动的汽车，包括插电式混合动力（含增程式）汽车、纯电动汽车和燃料电池汽车等。近年来，汽车行业面临历史性变局，新能源汽车得到高度关注。在能源行业看来，新能源汽车是实现碳中和、碳达峰目标，推动能源转型的重要推手，是实现"3060"双碳目标的重要途径。

2020 年 10 月，国务院发布《新能源汽车产业发展规划（2021—2035 年）》，进一步明确了对于未来 5 年、15 年的新能源汽车的发展目标：到 2025 年新能源汽车新车销量占比要达到 25% 左右，到 2035 年国内公共领域用车全面实现电动化。这表明电动化、智能化已成为中国汽车产业发展不可逆转的战略方向。2021 年无论是《政府工作报告》，还是"十四五"规划，都围绕新能源汽车，从不同角度、不同篇幅进行了专门阐述。

（二）新能源汽车的分类

新能源汽车包括混合动力汽车（HEV）、纯电动汽车（BEV，包括太阳能汽车）、燃料电池电动汽车（FCEV）、氢发动机汽车、其他新能源（如高效储能器、二甲醚）汽车等各类别产品。

1. 混合动力汽车

混合动力汽车（Hybrid Electric Vehicles，简称 HEV）是指由多于一种的能量转换器提供驱动动力的混合型电动汽车，即使用蓄电池和副能量单元的电动汽车，其副能量单元实际上是一部燃烧某种燃料的原动机或动力发电机组。目前，混合动力汽车基本上采用传统燃料的燃油发电机和电力混合。

2. 纯电动汽车

纯电动汽车（Blade Electric Vehicles，简称 BEV），它是完全由可充电电池（如铅酸电池、镍镉电池、镍氢电池或锂离子电池）提供动力源，用电机驱动车轮行驶，符合道路交通、安全法规各项要求的车辆。一般情况下把太阳能汽车也归类到纯电动汽车中，但是因为太阳能汽车的动力源—太阳能电池，和纯电动汽车的动力源电池有较大的区别，所以后面的章节把太阳能汽车单列。

3. 燃料电池电动汽车

燃料电池电动汽车（Fuel Cell Electric Vehicles，简称 FCEV）是利用燃料电池，将燃料中的化学能直接转化为电能来进行动力驱动的新型汽车。与混合动力汽车相比，燃料电池电动汽车完全不进行燃料的燃烧过程；与纯电动汽车相比，燃料电池汽车动力源主要是燃料电池，而不是蓄电池。燃料电池是一种能量转换装置，在其进行化学反应过程中不会产生有害产物，噪声低。从能源的利用和环保方面看，燃料电池电动汽车是一种理想车辆，代表着清洁汽车未来的发展方向。

4. 氢发动机汽车

氢发动机汽车（Hydrogen Engine Vehicles，简称 HEV）是在现有的发动机基础上加以改造，由氢气（或其他辅助燃料）和空气的混合燃烧产生能量从而获得动力的汽车。理论上，氢发动机汽车是一种真正实现零排放的交通工具，排放出的是纯净水，具有无污染、零排放和储量丰富等利用氢气转化电能驱动优势，因此，氢发动机汽车是传统汽车最理想的替代方案之一。但是在其发展过程中还存在一些阻力影响了氢发动机汽车的产业化。

5. 其他新能源汽车

(1) 天然气汽车和液化石油气汽车

以压缩天然气和液化石油气为燃料的汽车，分别称为压缩天然气汽车（Compressed Natural Gas Vehicles，简称 CNGV）和液化石油气汽车（Liquefied Petroleum Gas Vehicles，简称 LPGV）。目前大都将其压缩到 20 MPa 的高压，充入车用气瓶中储存和供汽车使用，即所谓的压缩天然气（CNG）。以天然气作为燃料的汽车又被称为"蓝色动力"汽车。石油气在常温下加压到 1.6MPa 即可液化而成液化石油气（LPG）。《规则》中没有将这两类汽车列入新能源汽车，国家出台的补贴对象也没有被包括，因为从我国对自身能源安全的要求和天然气汽车本身的劣势出发，天然气只作为城市交通工具的动力燃料，而没有在私家车领域使用。

(2) 醇醚新能源汽车

除了上面介绍的新能源汽车以外，还有以有机物质，如醇、醚为燃料的新能源汽车。乙醇汽车用的燃料是乙醇汽油，技术已经相对成熟。二甲醚汽车是用二甲醚作为压燃式发动机的燃料。这项技术已经取得了重要的进展。还有甲醇燃料汽车，是指利用甲醇燃料作驱动能源的汽车。2013 年 1 月 10 日，世界首台以新能源"二甲醚—天然气混燃"为动力的贵州制造"格奥雷"重型卡车成功运行。这项技术将两种能源同时使用，完美结合。二甲醚热值较低，但自身含氧量高；天然气热值较高，相互弥补，混燃充分，成为发动机理想替代燃料，在功效性、经济性上得到最大限度提高。2021 年 11 月，工信部会同其他部委启动《乘用车企业平均燃料消耗量与新能源汽车积分并行管理办法》修订工作。与时俱进完善管理办法，以更好地引导产业高质量发展。

(3) 飞轮电池电动汽车

飞轮电池实际上是一种机电能量转换和储存装置，和化学电池储能技术具有本质区别。飞轮电池电动汽车利用储存在随车飞轮中的机械能驱动汽车前进，飞轮储能电池系统包括三个核心部分：一个飞轮，电动机—发电机和电力电子变换装置。飞轮电池充电快，放电完全，非常适合应用于混合能量推动的车辆中。车辆在正常行使和刹车制动时，给飞轮电池充电；飞轮电池则在加速或爬坡时，给车辆提供动力，保证车辆运行在一种平稳、最优状态下的转速，可减少燃料消耗、空气和噪声污染、并可以减少发动机的维护，延长发动机的寿命。美国 TEXAS 大学已研制出一种汽车用飞轮电池，电池在车辆需要时，可提供 150 kW 的能量，能加速满载车辆到 100 km/h。

(4) 超级电容汽车

2010 上海世博会园区世博专线使用的就是超级电容汽车，超级电容公交车可以减小电源体积和重量，从 1.4 吨降至 0.6 吨；车辆一次续驶里程提高到 8 ~ 10 km；高能量超级电容器能量效率高，散热优化；10 km 以下线路在起点站一次充电后可跑完全程，较长线路只需少量充电站；新建线路只需在起、终点各建 1 个充电站，大幅减少充电站基建投资；通过 GPRS 系统实时监控、数据自动统计、故障预判，大幅提高运营管理水平。在生命周期内可进行数十万次的循环充电，在冬季低温运行时车辆不会出现"打不着火"的现象。

2015 年，上海 920 路高能超级电容公交车上线运营，线路总长 10.3 km，全线配车 15 辆。2015 年 9 月，以色列特拉维夫 M5 路公交线开始采用"上海造"的超级电容客车载客运营。2016 年 4 月 1 日，5 辆超级电容公交车从上海运往以色列第二大城市特拉维夫，为当地公共交通服务。

2016 年 6 月，俄罗斯萨哈林州南萨哈林的街道上在运营来自上海的超级电容公交车。

二、汽车新能源种类与来源

在能源短缺、环境恶化、生态平衡日益破坏的社会背景下，研究代用燃料问题已成为汽车产业实现可持续发展的必然选择。用于新能源汽车的能源主要有电能、天然气、液化石油气、醇类、二甲醚、生物柴油、氢和太阳能。下面对主要的新能源进行简要介绍。

1. 电能

电能（Power）本身并不属于新能源，但是将电能用于汽车动力，这样的电动汽车属于新能源汽车。电能的来源非常广泛，可由水能、风能、核能、煤炭、太阳能等等任何一种形式的能源转换而来，所以电能很丰富。使用电能作为动力的汽车称为电动汽车，它包括纯电动汽车（包括太阳能电动汽车）、混合动力汽车和燃料电池汽车三种类型，是最有代表性、最有前途的新能源汽车。

2. 天然气

天然气（Compressed Natural Gas，简称 CNG）是从天然气田直接开采出来的，是由甲烷组成的气态石化燃料，极难液化。因此，它主要储存在油田和天然气田，也有少量出于煤层。压缩天然气是一种最理想的车用替代能源，它主要靠管道输送，方便快捷，其应用技术已日趋成熟。天然气资源丰富，污染小，价格低，辛烷值高，已经被广泛使用并大力推广，是 21 世纪汽车的重要品种。

3. 液化石油气

液化石油气（Liquefied Petroleum Gas，简称 LPG）一般来源于油田、炼油厂或乙烯厂。石油气是由炼厂气或天然气加压降温液化得到的一种无色、易燃、挥发性液体。从油田气制得的 LPG，其主要成分为丙烷、丁烷和少量的乙烷和戊烷，不含烯烃，适于作车用燃料。从炼油厂得到的 LPG，除含丙烷、丁烷外，还含有较多的烯烃，不宜作车用燃料。因为烯烃在常温下化学稳定性差，在储运过程中容易生成胶质，燃烧后容易积炭。为了解决汽车排放尾气问题，我国各城市相继建起加气站，用液化石油气代替汽油做汽车燃料，极大地净化了城市空气。

4. 醇类燃料

(1) 甲醇

甲醇（Methyl Alcohol）的生产主要是合成法。可单独作为汽车燃料，也可与汽油混合作为混合燃料。甲醇的来源比较丰富，辛烷值高，污染较小，但是其毒性较大，有一些相关技术还在研究中。

(2) 乙醇

燃料乙醇（Ethanol）是一种绿色可再生资源，随着科技的发展，粮食和各种植物纤维都可以加工生产出燃料乙醇，燃料乙醇的原料来源非常丰富，而且可以循环再生。

(3) 二甲醚

二甲醚（Dimethyl Ether，简称 DME），是一种无毒含氧燃料，常温常压下为气态，常温下可在五个大气压下液化，易于储存与输运，二甲醚可从煤、煤层气、天然气、生物质等多种资源制取，含氢量高且容易氧化，储存运输比液化石油气更安全，能实现高效清洁燃烧，在交通运输、发电、民用等领域有十分广阔的应用前景。近年来，二甲醚已经成为国际石油替代与新型二次能源的热点之一，是国际上公认的超清洁燃料。

5. 生物柴油

生物柴油（Biodiesel）又称为生质柴油，是指以油料作物、野生油料植物和微藻等水生植物油脂以及动物油脂、餐饮垃圾等为原料油，通过酯交换工艺制成的可代替石化柴油的再生性柴油燃料。这种生物燃料可以像柴油一样使用。生物柴油是生物质能的一种，它是生物质利用热裂解等技术得到的一种长链脂肪酸的单烷基酯。它是一种优质清洁柴油，可以从各种生物中提取，取之不尽、用之不竭，有望取代石油。

6. 氢

氢（Hydrogen）是地球上最为丰富的资源，既可以来源于石化能源的工业副产品，又可以通过太阳能、风能、潮汐能等不稳定供电的可再生能源电解水制氢，也能从煤气、天然气、生物细菌分解农作物秸秆和有机废水中得到，且可再生和重复利用。氢是一种有前途的燃料。

7. 太阳能

这里是利用"光生伏打原理"将太阳能（Solar Energy）转化成电能供给汽车作动力。尽管太阳能普遍、无害、巨大、长久，但是其分散性、不稳定性、电池转化效率低以及成本高等缺点，限制了其在新能源汽车上发展。

三、新能源汽车国内外发展概述

在全球汽车工业面临能源和环保两大主题时，发展新能源汽车势在必行。各大汽车公司也纷纷把发展新能源汽车作为自己新的经济增长点。

（一）发展新能源汽车的必要性

发展新能源汽车的必要性主要有以下三点：

1. 应对能源紧缺问题

受环境和能源的制约，汽车产业必须解决可持续发展的问题。曾经的世界能源—石油、天然气、煤炭和核能等常规能源不可再生，其开采已经进入倒计时，因此，寻找和开发新能源汽车迫在眉睫。20世纪90年代以来，随着科技的进步，以混合动力、纯电动汽车、燃料电池汽车为代表的新能源汽车技术逐渐涌现和成熟。而由于能源紧缺的现实问题，新能源汽车技术的发展受到了越来越多的重视。

2. 应对大气污染问题

汽车尾气成为城市大气污染的主要来源。燃油汽车在行驶过程中会产生大量的有害气体，污染环境的同时还影响人们的身体健康，采用新能源汽车有利于我国的环境保护。"从没有哪一年像2013年这样，让全国人民如此怀念蓝天白云！也从没有哪一年像2013年这样，让全国人民对新能源汽车寄予如此厚望。"一位车企负责人向《每日经济新闻》记者感叹道。2013年，全国各地的严重雾霾天气，影响了人们的生活质量，无形当中倒逼着我国新能源汽车加速向前发展。从各环保部门提供的数据看，机动车尾气无疑为空气污染也做出了不小的"贡献"，受到人们进一步关注。

3. 应对气候变暖问题

越来越多的全球变暖的后果，会使全球降水量重新分配、冰川和冻土消融、海平面上升等，既危害自然生态系统的平衡，更威胁人类的食物供应和居住环境。证据表明，人类活动是造成气候变暖的主要原因，而气候变暖又是由于大气中聚集了大量温室气体，其中主要成分是二氧化碳。交通领域二氧化碳的排放量已经受到人们的关注，采用新能源汽车能减少二氧化碳的排放。

因此，在能源和环保的双重压力下，新能源汽车将毫无疑问地成为未来汽车的发展方向。

（二）国内外新能源汽车发展概述

20世纪90年代，欧美发达国家纷纷制定了汽车尾气排放标准并严格执行。因此掀起了研究和开发新能源汽车的高潮。

2006 年以前，各国对新能源汽车的动力源还没有确定，国外的研究目标大都放在氢动力汽车与氢燃料电池汽车上，而中国处于探索阶段；2007 年～ 2011 年各国基本上确定了新能源汽车战略，大力扶持和发展新能源汽车，美、日、法、英、中国都对新能源汽车的使用给予一定补贴；2012 年以来，各国继续扶持新能源汽车，以锂电池为主，从此新能源汽车进入实用阶段。

纯电动汽车在美、日、欧洲等国家和地区得到小规模的商业化推广应用。纯电动车的发展主要受到电池技术和成本的制约，国外纯电动汽车的发展主要是小型车、公交、市政和邮政等特殊用途车辆。

日本最早研究混合动力汽车，并最先实现了产业化。目前一汽丰田普锐斯（prius，世界首款量产的混合动力车）已经推出第三代产品，动力电池也改为锂电池，其他性能也大为改善。美国和欧洲都相应开发了混合动力汽车。美、日、欧洲也非常重视燃料电池汽车的研究，该技术取得了较大的进步。

我国新能源汽车研究起步晚，但是发展势头迅猛。我国新能源汽车研究项目被列入国家"十五"期间（2001—2005 年）的"863"重大科技课题，"十一五"期间（2006—2010 年），电动汽车与清洁燃料汽车合并列入"863"计划，我国提出"节能和新能源汽车"战略，政府高度关注新能源汽车的研发和产业化。"十二五"期间（2011—2015 年），我国新能源汽车将正式迈入产业化发展阶段：在全社会推广新能源城市客车、混合动力轿车、小型电动车；"十三五"期间（2016—2020 年），我国进一步普及新能源汽车，多能源混合动力车、插电式电动轿车、氢燃料电池轿车将逐步进入普通家庭；2020 年 11 月，国务院办公厅印发《新能源汽车产业发展规划（2021—2035 年）》，规划提出，到 2025 年，我国新能源汽车市场竞争力明显增强，动力电池、驱动电机、车用操作系统等关键技术取得重大突破，安全水平全面提升。纯电动乘用车新车平均电耗降至 12.0 千瓦时 / 百公里，新能源汽车新车销售量达到汽车新车销售总量的 20% 左右，高度自动驾驶汽车实现限定区域和特定场景商业化应用，充换电服务便利性显著提高。力争经过 15 年的持续努力，我国新能源汽车核心技术达到国际先进水平，质量品牌具备较强国际竞争力。纯电动汽车成为新销售车辆的主流，公共领域用车全面电动化，燃料电池汽车实现商业化应用，高度自动驾驶汽车实现规模化应用，充换电服务网络便捷高效，氢燃料供给体系建设稳步推进，有效促进节能减排水平和社会运行效率的提升。"十四五"规划中也将新能源汽车的发展提到了举足轻重的地位，其在战略性新兴产业中发挥主力作用。

2008 年成为我国"新能源汽车元年"。2008 年北京奥运会期间对混合动力、氢燃料电池、纯电动车等各种新能源汽车进行示范运行。2009 年，在密集的扶持政策出台背景下，我国新能源汽车驶入快速发展轨道。2010 年，我国逐步加大对新能源汽车的扶持力度，2010 年上海世博会期间，投入了超级电容新型电动车运行。2012 年，是我国新能源汽车发展年。这一年，新能源政策出台，车企申报新能源车辆公告，工信部对新能源车辆公告批复，新能源专用汽车销量等均呈加快之势。自新能源汽车补贴退坡的号角吹响以来，新能源汽车市场的发展就变得更加艰难。据乘联会数据显示，2019 年中国新能源汽车销量为 120.6 万辆，同比下降 4%。2020 年受疫情的影响，新能源汽车 1~2 月的上牌数量仅为 5.5 万台，同比下滑 57%。按照计划，2020 年后我国新能源汽车补贴本应完全退出，但在 3 月 31 日，为促进汽车消费，国务院会议中确定了新能源汽车购置补贴延长 2 年的"救市"政策。过去 10 年中，新能源补贴一直扮演着重要角色，助推国内新能源市场快速发展。2021 年新能源补贴即将再退坡 10%，新能源补贴红利已经所剩无几。为支持新能源汽车产业发展，促进汽车消费，2021 年国家财政部、税务总局、工业和信息化部发布关于新能源汽车免征车辆购置税有关政策的公告。我国已经基本掌握了电动汽车整车开发的关键技术，形成了各类电动汽车的开发能力，开发出系列化产品，建立了混合动力汽车动力系统技术平台和产学研平台，取得了突破性进展。技术标准和试验测试技术研究也全面展开。

截至 2021 年，我国已成为全球最大的新能源汽车市场，并拥有更大规模的市场发展潜力。汽车产业作为国家重要支柱产业，其电动化已从示范应用向市场化应用阶段发展。作为《中国制造 2025》十大战略性新兴产业之一，新能源汽车产业发挥主力作用指日可待。根据工信部发布的《新能源汽车产业规划（2021—2035 年）》，到 2025 年，新能源汽车销量占汽车总销量的 25%，到 2030 年占总销量的 40%，到 2035 年新能源汽车必将成为绝对主力。

（三）新能源汽车技术的发展趋势

节能与新能源汽车主要的市场应用在市政用车、公共交通、公务车和私人用车四大方面，其主要市场应用结构如图 4-1 所示。市政用车、公共交通和公务车属于城市商用车，这是新能源汽车的一个主要用途，这类车具有定点定线运行、运力高效、耗能高和排放差等特点，符合新能源汽车的使用特点和零排放优势。私人用车也是节能与新能源汽车的一个重要市场，但是由于众多条件的限制，发展较慢，目前国内外纷纷出台汽车补贴计划以推动私人用车的发展。

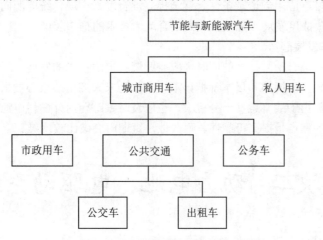

图 4-1 节能与新能源汽车市场应用结构

世界各国著名的汽车厂商都在加紧研制各类新能源汽车，并且取得了很大的进展和突破。下面从技术方面简要介绍纯电动汽车、混合动力汽车和燃料电池汽车这几种新能源汽车的发展趋势。

1. 纯电动车发展趋势

纯电动汽车发展中的影响因素主要有电池技术、充电基础设施建设和购买价格。它的技术发展方案主要有以下三种。

(1) 推广增程式技术方案

增程式电动汽车属于广义范围内的纯电动汽车，是一种配有车载供电功能的电动汽车，它的最大特点是以微型发动机作为辅助发电装置。

增程式方案兼顾了纯电动和串联式混合动力系统的优点，可同时解决纯电动车价格太贵、混合动力技术节油效果不理想的问题，增程式电动汽车的节油率可达 50%。增程式方案适用于新能源客车、物流车和环卫车。目前城市商用车和私人用车使用此类技术方案较多。

(2) 应用超级电容和蓄电池的混合动力方案

超级电容的比功率高，并可大电流充放电，且具有充放电反应时间迅速和循环寿命长的优点。能量型电池的缺点是不适于大倍率放电的工况。采用超级电容和蓄电池电—电混合的方案，超级电容辅助动力电池工作，可使动力电池始终工作于充放电效率较高区域。加速、爬坡等工况时由超级电容"削峰填谷"，综合发挥超级电容和动力电池的优点。

(3) 下一代纯电动汽车技术——电动轮技术方案

减速驱动型电动轮技术已经在部分矿用和军用车辆中得到了应用，但由于造价和技术问题，目前在客车和卡车中的应用还比较少；直接驱动型电动轮的电动机采用外转子，结构更加简单、紧凑，传动效率进一步提高，响应速度也变快，是下一代纯电动汽车的最佳技术方案之一。当前的电动轮技术并不能满足重载、起步和爬坡等工况的需求，此外在电子差速技术、各轮转矩协调控制技术等方面也有待完善。

2. 混合动力车发展趋势

尽管纯电动汽车的优点较多，但由于制造成本较高，市场竞争力较弱，国外并未进行大力研发。混合动力客车具有续驶里程长、容易被市场接受等优点，它适用于重卡、轻卡和客车等多种车型。随着混合动力技术的不断进步，插电式（plug-in）混合动力技术日益成熟，为混合动力技术的大面积推广应用创造了条件。逐渐提高混合度，实现传统能源向电气化转化；动力系统结构向更高的集成度发展，加快插电式混合动力技术的推广应用。

3. 燃料电池车发展趋势

在发展纯电动和混合动力技术的同时，应兼顾燃料电池技术的发展。尽管燃料电池技术成本高、技术尚不成熟，但德国和日本都把该项技术作为未来应用的核心技术。燃料电池技术近期还不能市场化，但由于战略意义十分重大，也应及时跟踪国内外燃料电池技术的发展。燃料电池汽车技术攻关的焦点是提高可靠性、耐久性，短期内突破比较困难。

模块二 动力电池、电驱动系统

一、动力电池

动力电池即为工具提供动力来源的电源，多指为电动汽车、电动列车、电动自行车、高尔夫球车提供动力的蓄电池，其不同于用在汽车发动机启动时的启动电池。动力电池的性能是目前制约电动车发展的关键因素，是科技攻关的重点之一。

（一）动力电池分类

新能源汽车用动力电池品种繁多。按照电池反应原理一般分为化学电池、物理电池和生物电池三大类。

1. 化学电池

化学电池是将化学能直接转变为电能的装置。主要部分是电解质溶液、浸在溶液中的正、负电极和连接电极的导线。

化学电池按工作性质可分为四类：一次电池（原电池）；二次电池（可充电电池）；储备电池；燃料电池。

(1)原电池(一次电池)是利用两个电极之间金属性的不同,产生电势差,从而使电子的流动,产生电流，又称非蓄电池，是化学电池的一种，其电化反应不能逆转，即是只能将化学能转换为电能，简单说就是不能重新储存电力，与蓄电池相对。原电池可分为：糊式锌锰电池、纸板锌锰电池、碱性锌锰电池、扣式锌银电池、扣式锂锰电池、扣式锌锰电池、锌空气电池、一次锂锰电池等。

(2) 蓄电池（二次电池）是将化学能直接转化成电能的一种装置，是按可再充电设计的电池，通过可逆的化学反应实现再充电。充电时利用外部的电能使内部活性物质再生，把电能储存为化学能，需要放电时再次把化学能转换为电能输出。常用的汽车用动力蓄电池主要包括铅酸蓄电池、锂离子电池、镍氢电池等，如图 4-2 所示为几种新能源汽车用化学电池，下面对几种典型的蓄电池进行简单介绍。

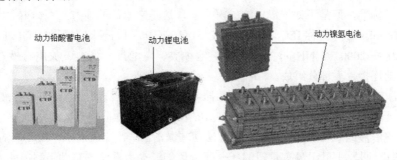

图 4-2 几种新能源汽车用化学电池

① 铅酸蓄电池

铅酸蓄电池的基本结构如图 4-3 所示。它由正负极板、隔板、电解液、溢气阀、外壳等部分组成。

② 锂离子电池

锂离子电池是指以锂离子嵌入化合物为正极材料电池的总称，也叫锂电池，是一种"绿色电池"。锂离子电池的充放电过程，就是锂离子的嵌入和脱嵌过程。在锂离子的嵌入和脱嵌过程中，同时伴随着与锂离子等当量电子的嵌入和脱嵌（习惯上正极用嵌入或脱嵌表示，而负极用插入或脱插表示）。在充放电过程中，锂离子在正、负极之间往返嵌入 / 脱嵌和插入 / 脱插，被形象地称为"摇椅电池"。圆柱形锂离子电池结构如图 4-4 所示。锂电池具有工作电压高、比能量高、寿命长、自放电小、无记忆效应、快充性好、可并联使用等特点。磷酸铁锂电池是指用磷酸铁锂作为正极材料的锂离子电池，比普通的锂电池具有更好的性能。

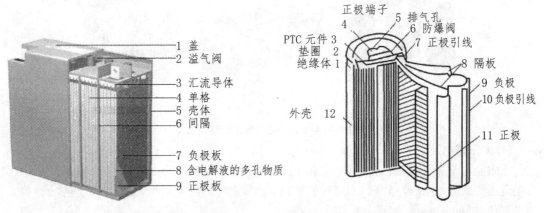

图 4-3 铅酸蓄电池的基本结构　　　　图 4-4 圆柱形锂离子电池结构示意图

2021 第五届深圳国际电池技术展览会（IBTE）于 12 月 1 日~12 月 3 日在深圳会展中心举行。IBTE 对中国电池行业的发展起到了积极的推动作用。

③ 镍氢电池

作为绿色高能二次电池之一的镍金属氢化物（Nickel/Metal Hydride）二次电池，一般简称为镍氢（NH/Ni）电池，是一种高能绿色环保电池，该电池以储氢合金材料替代金属镉，消除了对环境的污染，同时具有高能量密度、大功率、高倍率放电、快速充电能力、无明显记忆效应等特点，是近二十年来二次电池重点的发展方向之一。

和镍镉电池相比，镍氢电池具有显著的特点：能量密度高、无铬污染、充电效率高，改造方便、无明显的记忆效应、低温性能好等；尽管镍氢电池也能达到 500 次循环寿命和国际电工委员会的推荐标准，但是不如镍镉电池的寿命长，这是它不足的地方。根据 IEC（International Electrical Commission，简称 IEC）标准（IEC 61436：1998.1）及国家标准（GB/T 15100—1994 和 GB/T 18288—2000），NH/Ni 的标识由电池种类、电池尺寸资料、放电特性符号、高温电池符号、电池连接片五部分组成。

(3) 储备电池是一类特殊形式的原电池，储备电池是正、负极活性物质和电解液不直接接触，分开存放，无自放电，可长时间储存（5～10 年）而不需维护。当需要电池供电时，可用一定的机构使电解液或水（溶剂）或用其他方法使其激活，一次完成放电，如镁电池、热电池等。

(4) 燃料电池是 21 世纪最有希望的新一代绿色能源动力系统，有助于解决能源危机和环境污染等问题。燃料电池一般以氢气、碳、甲醇、硼氢化物、煤气或天然气为燃料作为负极，用空气中的氧作为正极。和一般电池的主要区别在于一般电池的活性物质是预先放入的，因而电池容量取决于储存的活性物质的量；而燃料电池的活性物质（燃料和氧化剂）是在反应的同时源源不断地输入的，因此，这类电池实际上是一个能量转换装置。

2. 物理电池

物理电池是利用光、热、物理吸附等物理能量发电的电池，主要有太阳能电池、超级电容器、飞轮电池三大类。图 4-5 所示是几种新能源汽车用物理电池，下面对这几种物理电池进行简要介绍。

太阳能电池　　　　　　超级电容器　　　　　　飞轮电池

图 4-5 几种新能源汽车用物理电池

(1) 太阳能电池

太阳能电池是通过光电效应或者光化学效应直接把光能转化成电能的装置。以光电效应工作的薄膜式太阳能电池为主流。只要被光照到，瞬间就可输出电压及电流。在物理学上称为太阳能光伏 (Photovoltaic，缩写为 PV)，简称光伏。

太阳能电池发展经历了三个阶段。以硅片为基础的"第一代"太阳能电池其技术发展已经成熟，第二代太阳能电池是基于薄膜材料的太阳电池。薄膜技术所需材料较晶体硅太阳能电池少得多，且易于实现大面积电池的生产，可有效降低成本。薄膜电池主要有非晶硅薄膜电池、多晶硅薄膜电池、碲化镉以及铜铟硒薄膜电池，其中以多晶硅为材料的太阳能电池最优。太阳能光电转换率的卡诺上限是 95%，远高于标准太阳能电池的理论上限 33%，表明太阳能电池的性能还有很大发展空间。第三代太阳能电池具有如下条件：薄膜化，转换效率高，原料丰富且无毒。目前第三代太阳能电池还处在概念和简单的试验研究。已经提出的主要有叠层太阳电池、多带隙太阳电池和热载流子太阳电池等。其中，叠层太阳能电池是太阳能电池发展的一个重要方向。目前，第三代太阳能电池由于成本的问题还不适于大量推广，有待于技术方面的进一步研究。

(2) 超级电容器

超级电容器是一种新型储能装置，它具有充电时间短、使用寿命长、温度特性好、节约能源和绿色环保等特点。超级电容器，又叫双电层电容器、电化学电容器，黄金电容、法拉电容，通过极化电解质来储能。它是一种电化学元件，但在其储能的过程并不发生化学反应，这种储能过程是可逆的，也正因为此超级电容器可以反复充放电数十万次。超级电容器可以被视为悬浮在电解质中的两个无反应活性的多孔电极板，在电极板上加电，正极板吸引电解质中的负离子，负极板吸引正离子，实际上形成两个容性存储层，被分离开的正离子在负极板附近，负离子在正极板附近。

超级电容器比同体积电解电容器容量大 2000 ~ 6000 倍，可以大电流充放电，充电效率高，充电循环次数可在 100 000 次以上，并且免维护，越来越受到各个厂家的重视。

(3) 飞轮电池

20 世纪 50 年代出现了飞轮储能系统，但是限于条件没有很大的进展，20 世纪 90 年代由于其他方面技术的突破性进展，才使得它有了新的契机和活力。飞轮储能技术取得突破性进展是基于下述三项技术的飞速发展：一是高能永磁及高温超导技术的出现；二是高强纤维复合材料的问世；三是电力电子技术的飞速发展。自此飞轮电池突破了化学电池的局限，用物理方法实现储能。众所周知，当飞轮以一定角速度旋转时，它就具有一定的动能。飞轮电池正是以其动能转换成电能的。高技术型的飞轮用于储存电能，就很像标准电池。

飞轮电池中有一个电机，充电时该电机以电动机形式运转，在外电源的驱动下，电机带动飞轮高速旋转，即用电给飞轮电池"充电"增加了飞轮的转速从而增大其功能；放电时，电机则以发电机状态运转，在飞轮的带动下对外输出电能，完成机械能（动能）到电能的转换。当飞轮电池发出电时，飞轮转速逐渐下降，飞轮电池的飞轮是在真空环境下运转的，转速极高（高达 200 000 r/min），使用的轴承为非接触式磁轴承。据称，飞轮电池比能量可达 150 W·h/kg，比功率达 5000 ~ 10 000 W/kg，使用寿命长达 25 年，可供电动汽车行驶 500 万公里。美国飞轮系统公司已用最新研制的飞轮电池成功地把一辆克莱斯勒 LHS 轿车改成电动轿车，一次充电可行驶 600 km，由静止到 96 km/h 加速时间为 6.5 秒。

3. 生物电池

生物电池（bio-fuel cells），是指将生物质能直接转化为电能的装置（生物质蕴涵的能量绝大部分来自于太阳能，是绿色植物和光合细菌通过光合作用转化而来的）。从原理上来讲，生物质能能够直接转化为电能主要是因为生物体内存在与能量代谢关系密切的氧化还原反应。这些氧化还原反应彼此影响，互相依存，形成网络，进行生物的能量代谢。生物电池主要有微生物电池、酶电池和生物太阳能电池等。

（二）动力电池性能指标术语

一般来说，动力电池的性能指标主要有：电压、内阻、容量、能量、功率、效率、自放电率、使用寿命等，下面对这些指标作简要介绍。电池种类不同，其性能指标也会有差异。除了这些指标，成本也是一个重要的指标，电动汽车发展的瓶颈之一就是电池价格高。

1. 电压

电压分端电压、电动势、额定电压、开路电压、终止电压、充电电压、放电电压和电压效率等。

(1) 端电压。电池的端电压是指电池正极与负极之间的电位差。

(2) 电动势。电池的电动势为组成电池的两个电极的平衡电位之差，也称为电池标准电压或理论电压。

(3) 额定电压。一般指该电化学体系的电池工作时公认的标准电压。如铅酸蓄电池为 2 V，镍镉电池为 1.2 V 等。

(4) 开路电压。电池的开路电压是无负荷情况下的电池电压。

(5) 工作电压。电池在某负载下实际的放电电压，通常是指一个电压范围。如锂离子电池的工作电压为 2.75~3.6 V。

(6) 终止电压。放电终止时的电压，与负载和使用要求有关。

(7) 充电电压。指外电路直流电压对电池充电的电压。一般充电电压要大于电池的开路电压，如，锂离子充电电压通常在 4.1~4.2 V。

(8) 电压效率。指电池的工作电压与电池电动势的比值。电池的电动势是从热力学函数计算而得到的，而电池的开路电压则是实际测量出来的。

2. 内阻

电池的内阻是指电流流过电池内部所受到的阻力。充电电池的内阻很小，需要用专门的仪器才可以测量到比较准确的结果。一般所知的电池内阻是充电态内阻，即指电池充满时的内阻（与之对应的是放电态内阻，指电池充分放电后的内阻。一般说来，放电态内阻比充电态内阻大，并且不太稳定）。电池内阻越大，电池自身消耗的能量越多，电池的使用效率越低。内阻很大的电池在充电时发热很厉害，使电池的温度急剧上升，对电池和充电器的影响都很大。随着电池使用次数的增多，由于电解液的消耗及电池内部化学位置活性的降低，电池的内阻会有不同程度的升高。

3. 容量

电池的容量可分为理论容量、实际容量、标称容量和额定容量等。理论容量是把活性物质的质量按法拉第定律计算而得到的最高理论值。实际容量电池在一定的放电条件下所能放出的电量称为电池的容量。常用单位安培小时（A·h），它等于放电电流与放电时间的乘积，其值小于理论容量。标称容量是用来鉴别电池的近似安时值。额定容量也叫保证容量，是按国家或有关部门颁布的标准，保证电流在一定的放电条件下应该放出的最低限度的容量。

4. 能量与比能量

电池的能量是指在一定放电制度下，电池所能输出的电能，通常用瓦特小时（W·h）来表示。电池的能量反映了电池做工能力的大小，也是电池放电过程中能量转换的量度，它影响电动汽车的行驶距离。能量分理论能量、实际能量、比能量。理论能量是电池的理论容量与额定电压的乘积,指一定标准所规定的放电条件下,电池所输出的能量;实际能量是电池实际容量与平均工作电压的乘积,表示在一定条件下电池所能输出的能量;比能量分质量比能量和体积比能量,常用比能量来比较不同的电池系统。质量比能量是指电池单位质量所能输出的电能,单位是 Wh/kg;体积比能量也称能量密度,是指电池单位体积所能输出的电能,单位是 Wh/L。

5. 功率和比功率

电池的功率是指电池在一定放电制度下,单位时间内所输出能量的大小,单位为 W 或 kW。电池的功率决定了电动汽车的加速性能和爬坡能力。电池的比功率分体积比功率和质量比功率。单位体积电池所能输出的功率称为体积比功率,也称功率密度,单位为 W/L 或 kW/L;单位质量电池所能输出的功率称为质量比功率,单位为 W/kg 或 kW/kg。

6. 效率

动力电池是汽车的能量存储器,充电时把电能转化为化学能储存起来,放电时把电能释放出来。在这个可逆的电化学转换过程中,有一定的能量损耗。通常用电池的容量效率和能量效率来表示。容量效率是指电池放电时输出的容量与充电时输入的能量之比;能量效率是指电池放电时输出的能量与充电时输入的能量之比。

7. 放电率和自放电率

放电率指放电时的速率,常用时率和倍率表示。时率是指以放电时间(单位是小时,h)表示的放电速率,即以一定的放电电流放完额定容量所需的时间。倍率是指电池在规定时间内放出额定容量所输出的电流值,数值上等于额定容量与放电电流的比值。

自放电率是指电池在存放期间容量的下降率,即电池无负荷时自身放电使容量损失的速度。自放电率用单位时间容量降低的百分数表示。

8. 使用寿命

使用寿命是指电池在规定条件下的有效寿命期限。电池发生内部短路或损坏而不能使用,以及容量达不到规范要求时电池使用失效,这时电池的使用寿命终止。

电池的使用寿命包括使用期限和使用周期,使用期限是指电池可供使用的时间,包括电池的存放时间。使用周期是指电池可供重复使用的次数。放电深度也对电池的寿命有所影响,一般在使用时应尽量避免深度放电。

(二)新能源汽车对动力电池的基本要求

(1) 比能量高。电动汽车安装电池的空间有限,但是又需要尽可能多的能量以便提高电动汽车的续驶里程。因此动力电池比能量越高越好。

(2) 比功率大。电动汽车要在加速、爬坡、负载等方面具有竞争力,就需要动力电池提供较大的比功率。

(3) 充电技术好。要求充电时间短、充电技术成熟且通用性好。在快速充电过程中保持性能的相对稳定。

(4) 放电率高、自放电率低。放电率高使得电池能够适应快速放电的要求,自放电率低使得电池能够长期存放。

(5) 安全可靠。电池应该不会引起自燃或燃烧,在发生碰撞等事故时,不会对乘坐人员造成伤害。

(6) 成本低,寿命长。除了降低电池的初始购买成本,在使用寿命期间减少维护和修理外,还要提高电池的使用寿命以延长其更换周期。

二、电驱动系统和控制策略

电驱动系统是电动汽车或混合动力电动汽车动力系统的重要组成部分。电驱动系统主要分电气和机械两大系统。电气系统由驱动电动机、功率变换器和控制器三个子系统组成；机械系统主要由机械传动装置和车轮组成。电驱动系统的组成如图 4-6 所示。能量源与电动机之间的能量流动通过功率转换器进行调节，电动机与车轮通过机械传动装置连在一起。电驱动系统是电动汽车的核心，下面简要介绍电气部分的重要部件。

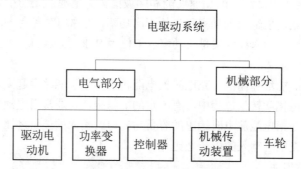

图 4-6 电驱动系统的组成

（一）驱动电动机

驱动电动机是电动汽车的关键部件。汽车行驶的特点是频繁地启动、加速、减速、停车等。在低速或爬坡时需要高转矩，在高速行驶时需要低转矩。电动机的转速范围应能满足汽车从零到最大行驶速度的要求，即要求电动机具有高的比功率和功率密度。电动汽车对电动机的要求比一般工业应用的电动机性能更高，主要有以下几点：

(1) 高电压，高转速，还要质量轻，体积小。

(2) 电动机应具有较大的启动转矩和较大范围的调速性能，以满足启动、加速、行驶、减速、制动等所需的功率与转矩。

(3) 电动汽车驱动电动机需要有 4～5 倍的过载，以满足短时加速行驶与最大爬坡度的要求，而工业驱动电动机只要求有 2 倍的过载就可以了。

(4) 电动汽车驱动电动机应具有较高的可控性、稳态精度、动态性能，以满足多部电动机协调运行，而工业驱动电动机只要求满足某一种特定的性能。

(5) 电动机应具有高效率、低损耗，并在车辆减速时，可进行制动能量回收。

(6) 电气系统安全性和控制系统的安全性应达到有关的标准和规定。

(7) 能够在恶劣条件下可靠工作。

(8) 结构简单，适合大批量生产，使用维修方便，价格便宜等。

从技术的观点来看，还应该注意：一个是单电动机或多电动机结构，两者各有优点，在新能源汽车上都有应用，但是目前以单电动机结构为主流；另一个是单速传动或多速传动问题，目前我国的新能源汽车行业，多采用多速传动，甚至采用无级变速传动装置，以弥补电机性能的不足。

图 4-7 所示为电动汽车驱动电动机的基本类型汇总。随着电子技术和自动控制技术的发展以及电动汽车技术要求的提高，无刷直流电动机、异步电动机、永磁同步电动机和开关磁阻电动机等在电动汽车中应用越来越广泛，几种常用的驱动电动机的外观图如图 4-8 所示。下面分别简要介绍几种常用的驱动电动机。

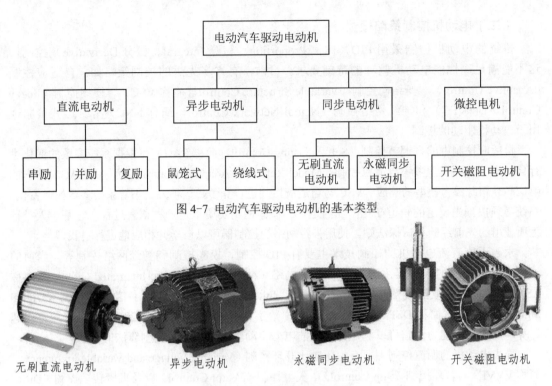

图 4-7 电动汽车驱动电动机的基本类型

无刷直流电动机　　　异步电动机　　　永磁同步电动机　　　开关磁阻电动机

图 4-8 几种常用的驱动电动机

1. 无刷直流电动机（Brushless Direct Current Motor，简称 BLDCM）

它是永磁式同步电机的一种，而并不是真正的直流电动机。区别于有刷直流电机，无刷直流电机不使用机械的电刷装置，采用方波自控式永磁同步电机，以霍尔传感器取代碳刷换向器，以钕铁硼作为转子的永磁材料，性能上相较一般的传统直流电机有很大优势，是当今最理想的调速电机，在电动汽车上有着广泛的应用前景。直流无刷电机的本质为采用直流电源输入，并用逆变器变为三相交流电源，带位置反馈的永磁同步电机。

2. 异步电动机（Asynchronous Motor，简称 AM）

又称"感应电动机"，即转子置于旋转磁场中，在旋转磁场的作用下，获得一个转动力矩，因而转子转动。在电动汽车上广泛应用。当异步电动机采用变频调速时，可以取消机械变速器、实现无级变速，使传动效率大为提高。另外，异步电动机很容易实现正反转，再生制动能量的回收也更加简单。当采用笼型转子时，异步电动机还具有结构简单、坚固耐用、价格便宜、工作可靠、效率高和免维护等优点。

3. 永磁同步电动机（Permanent Magnet Synchronous Motor，简称 PMSM）

它具有高效、高控制精度、高转矩密度、良好的转矩平稳性及低振动噪声的特点，通过合理设计永磁磁路结构能获得较高的弱磁性能，在电动汽车驱动方面具有很高的应用价值，受到国内外电动汽车界的高度重视，是最具竞争力的电动汽车驱动电动机系统之一。

4. 开关磁阻电动机（Switched Reluctance Drive，简称 SRD）

它是一种新型电动机，属于微控电动机，因其结构简单、坚固、工作可靠、效率高，集现代微电子技术、数字技术、电力电子技术、红外光电技术及现代电磁理论、设计和制作技术为一体的光、机、电一体化电动机。其调速系统运行性能和经济指标比普通的交流调速系统好，调速系统兼具直流、交流两类调速系统的优点，是继变频调速系统、无刷直流电动机调速系统的最新一代无级调速系统，被公认是一种极有发展前途的电动汽车驱动电动机。

（二）电动机控制策略概述

传统的电动机控制采用 PID（比例 Proportion、积分 Integral、微分 Derivative）控制，这不能满足高性能电动机驱动的苛刻要求。目前，有许多先进的控制策略如：自适应控制（Adaptive Control）、变结构控制（Variable Structure Control，简称 VSC）、模糊控制（Fuzzy Control，简称 FC）和神经网络控制（Neural Network Control，简称 NNC）等。这些策略适用于电动机驱动的控制。

自适应控制中的自调节控制（Self Adjusting Control，简称 SAC）可根据系统参数的变化进行自动调节，而模型参考自适应控制（Model Reference Adaptive Control，简称 MRAC）输出的响应必须跟踪参考模型的响应。VSC 与自适应控制进行竞争，这种方式不管系统参数如何变化，系统必须按预先设定的轨道在相平面内运行。模糊控制实质上是一种语言过程，它基于人类行为所使用的先前经验和试探法则。使用神经网络的控制器可以自学并相应地进行自我调整。

永磁无刷直流电动机的控制技术主要有 PID 控制、模糊控制和神经网络控制等。当前的无刷直流电动机的控制器主要有专用集成电路（Application Specific Integrated Circuit，简称 ASIC）控制器、微控制器（Micro Controller Unit，简称 MCU）和数字信号处理器（Digital Signal Processor，简称 DSP）三种方式，其中数字信号处理器如 TMS320C30、i860 具有快速计算浮点数据的能力，它可以满足高性能的电力驱动电动机的复杂控制算法的要求。

异步电动机的调速控制主要有恒压频比开环控制（Variable Voltage and Variable Frequency，简称 VVVF）、转差控制（Slip Control）、矢量控制（Vector Control）以及直接转矩控制（Direct Torque Control，简称 DTC）和智能控制（Intelligent Control）等。

永磁同步电动机的控制主要有恒压频比开环控制（VVVF）、矢量控制（VC）以及直接转矩控制（DTC）和智能控制等。

针对 SRM 自身参数控制，目前主要有：角度位置控制（The Angle Position Control 简称 APC）、电流斩波控制（Current chopping control，简称 CCC）和电压控制（Voltage control，简称 VC）。

（三）功率转换器

功率转换器一般随着功率器件的发展而发展，目的是要达到高功率密度、高效、高可控性和高可靠性。功率转换器可以是同频率的交流 - 直流（AC-DC）和交流 - 交流（AC-AC）转换，不同频率的 AC-AC 变换。直流 - 直流（DC-DC）或直流 - 交流（DC-AC）变换。DC-DC 转换器通常称为直流斩波器，用来驱动直流电动机；而 DC-AC 变换器通常称为逆变器，用来驱动交流电动机。两种转换器普遍选用绝缘栅双极晶体管（简称 IGBT）作为功率器件。四象限工作的直流斩波器可以用于直流电动机的可逆与再生制动。逆变器一般分电压型和电流型，电动汽车上主要使用电压型逆变器。近年来，人们开发出大量适合电压型逆变器的 PWM 开关方案。比较先进的电压 PWM 控制方案有自然的或正弦的 PWM、规则或统一的 PWM、清除谐波或最优的三角形 PWM、无载波或随机的 PWM 以及等面积的 PWM 等。电流 PWM 控制方案主要有 bang-bang 控制、用电压对电流进行瞬时控制的 PWM 以及空间矢量 PWM 等。这些都属于"硬开关技术"。

功率转换器也可以用软开关来代替硬开关。软开关的关键之处在于运用谐振回路来形成电流或电压波形，使功率开关器件处于零电压或零电流状态。具有效率高、功率密度高、可靠性高、抗干扰能力强，噪声小等优点；其缺点是增加了成本和复杂性。

模块三 部分新能源汽车简介

一、纯电动汽车概述与关键技术

（一）纯电动汽车概述

电动汽车是与燃油汽车相对应的，1859 年法国人 Plante 发明了蓄电池，即为电动车辆的实际应用开辟了道路，1873 年英国人 Robert Davidson 首次在马车的基础上制造出一辆电动三轮车，它有铁锌电池（一次电池）提供电力，由电机驱动，比内燃机汽车出现的要早 13 年。在 20 世界 20 年纪达到了鼎盛时期，1915 年，美国电动汽车的保有量达 5 万辆。

进入 20 世纪以后，由于内燃机技术的不断进步，燃油汽车开始普及，而电动汽车无论在整车质量、动力性能、行驶里程、机动性和灵活性方面越来越落后于燃油汽车，电动汽车被无情的岁月淘汰了。

20 世纪 70 年代石油危机的爆发，给世界各国政界一次不小的打击，开始考虑替代石油的其他能源，包括风能、太阳能、电能等可再生能源。此时从政治经济方面考虑，电动汽车迎来了第二次机遇，又一次让世人瞩目。

近年来，世界上除了已存在的能源问题之外，环境保护问题也逐渐成为各个方面所关心的重大课题，燃油汽车尾气的排放对人类健康和人们生活构成了严重威胁，再综合能源问题和全球温室效应问题的考虑，于是，在各国政府的重视下，随着各种高性能蓄电池和高效率电机不断出现，具有零排放污染的电动汽车被重新重视起来。电动汽车又一次获得发展的机遇。

以欧洲为例来说说人们对纯电动汽车的关注。在纯电动汽车方面，欧洲最成功的案例是纯电动标致 106，以镍镉电池组为动力源、电动机驱动，曾商业化生产。现阶段纯电动汽车技术开发已经相对完善，但由于面临充电等基础设施建设问题以及传统汽车工业的强大惯性，其推广应用仍处于示范运营阶段。现阶段纯电动汽车的应用研究致力于以公交车为主的定点、定线运行车辆、社区用车和特定用途的微型车。全球最大规模的纯电动车汽车研讨会 EVS34 于 2021 年 6 月 25 日 ~6 月 28 日在中国南京举办。本届大会恰逢我国实施"双碳"战略和《新能源汽车产业发展规划（2021—2035）》的开局之年，备受社会各界关注。新冠肺炎疫情还在全球肆虐，气候变化的负面影响日益明显，经济复苏仍然存在较大的不确定性，但由新能源汽车所引领的汽车产业的转型升级，为世界经济和社会可持续发展带来了新的希望。EVS34 的成功举办，为全球新能源汽车学术界、产业界搭建了高品质的技术和经验交流平台，对于加速"产学研用"的深度融合，推动各国深度参与全球汽车产业变革和国际标准的制定，持续引领全球汽车产业的创新发展和转型升级方向，助力"双碳"目标实现及绿色可持续发展具有重要作用和意义。

2021 年 6 月 4 日，第八届 G20-锂电峰会 CEO 会议在常州金坛区中航锂电研究院隆重举行，此次会议由中航锂电承办。此次 G20-锂电峰会 CEO 会议主题为——产业新周期下供应链"危"与"机"。本次峰会的深度交流对洞察行业发展方向，协同产业链上下游资源，推动新能源事业可持续发展具有深远影响。在乘用车领域，比亚迪已构建起传统燃油、混合动力、纯电动车全擎全动力产品体系，其新能源汽车销量连续 8 年中国第一，是首个进入"百万辆俱乐部"的中国品牌。

电动汽车是至少以一种动力源为车载电源，全部或部分由电机驱动，符合道路交通安全法规的汽车。而纯电动汽车是以车载蓄电池为动力的蓄电池电动汽车，以电动机为驱动系统的车辆。其优点是结构相对简单，生产工艺相对成熟；缺点是充电速度慢，续驶里程短。

（二）纯电动汽车的组成及其关键技术

纯电动汽车主要由电力驱动系统、电源系统和辅助系统三部分组成。其中辅助系统主要包含娱乐、通信、空调、灯光、人机交互等系统，与普通汽车类似，这里不再赘述。典型电动汽车组成框图如图4-9所示。纯电动汽车的关键技术主要包括电动机控制技术、电池管理技术、整车控制技术和整车轻量化技术。

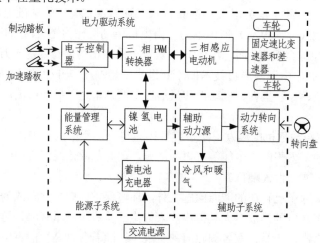

图4-9 典型电动汽车组成框图

电动汽车的工作原理：根据从制动踏板和加速踏板输入的信号，电子控制器发出相应的指令来控制功率转换器的功率装置的通断，功率转换器的功能是调节电动机和电源之间的功率流。

电动机采用三相交流感应电动机，相应功率转换器采用脉宽调制（PWM-Pulse Width Modem），机械变速传动系统一般采用固定速比的减速器或变速器与差速器、镍氢电池、铅酸蓄电池或锂离子电池是常见的三种电动汽车动力电池。

当电动汽车制动时，再生制动的动能被电源吸收，此时功率流的方向要反向。能量管理系统和电控系统一起控制再生制动系统及其能量的回收，能量管理系统和充电器一同控制充电并监测电源的使用情况。

辅助动力供给系统供给电动汽车辅助系统不同等级的电压并提供必要的动力，它主要给动力转向、空调、制动及其辅助装置提供动力。

1. 纯电动汽车的电力驱动系统

电动汽车电力驱动系统是电动汽车的心脏，其任务是在驾驶员的控制下，高效地将蓄电池的能量转化为车轮的动能，或者（刹车时）将车轮上的动能反馈到蓄电池中。

电动机驱动系统分为电气和机械两大部分。电气部分由电动机、功率转换器和电子控制器三个子系统组成；机械部分主要由机械传动装置（变速器和差速器）和车轮构成。电子控制器分为三个功能单元：传感器、中间连接电路和处理器。在驱动和能量再生过程中，能量源与电机之间的能量流动是通过功率转换器进行调节的。

2. 电源系统

电源系统包含电池本身及其管理系统（BMS）。电动汽车的电池一般称为动力电池，原因就是电动汽车对电池的功率密度与能量密度要求很高。动力电池一直是制约电动汽车发展的关键原因，目前进入实用阶段的是锂离子电池与传统的铅酸蓄电池，由于铅酸蓄电池的体积与比能量等参数比较差，一直没有称为主流的电动汽车动力源，所以目前发展比较快的是锂离子蓄电池技术。正在发展的其他电源还有钠硫电池、镍镉电池、燃料电池等，这些新型电源的应用，为电动汽车的发展开辟了广阔的前景。使用时要对电池的工作状态进行实时的监控与管理。电池是由若干个电池单体进行串并联组成，从而构成一定电压与工作电流的动力电池系统。

能量管理系统是电动汽车的智能核心。纯电动汽车能源管理系统包括：电池输入控制器、车辆运行状态参数、车辆操纵状态、能源管理系统 ECU、电池输出控制器、电机发电机系统控制。输入能源管理系统电控单元 ECU 的参数有各电池组的状态参数（如工作电压、放电电流和电池温度等）、车辆运行状态参数（如行驶速度、电动机功率等）和车辆操纵状态（如制动、启动、加速和减速等）等。能源管理系统具有对检测的状态参数进行实时显示的功能。ECU 对检测的状态参数按预定的算法进行推理与计算，并向电池、电动机等发出合适的控制和显示指令等，实现电池能量的优化管理与控制。

电池荷（充）电状态指示器是能源管理系统的一个重要组成。电动汽车蓄电池中储存有多少电能，还能行驶多少里程，是电动汽车行驶中必须知道的重要参数。与燃油汽车的油量表类似的仪表就是电池荷（充）电状态指示器，它是能源管理系统的一个重要装置。因此，在电动汽车中装备满足这一需求的仪表即电池荷（充）电状态指示器。

电池管理系统是能源管理系统的一个子系统。电动汽车电池携带的能量是有限的，也是非常宝贵的。为了增加电动汽车的续驶里程，对电池系统进行全面的、有效的管理是十分必要的。蓄电池管理系统在汽车运行过程中需完成的任务多种多样。其主要任务是保持电动汽车蓄电池性能良好，并优化各蓄电池的电性能和保存、显示测试数据等。

（三）电动汽车基础支撑系统——电动汽车充电站

除了购买价格、电池技术因素制约电动车发展，电动汽车充电站是制约纯电动汽车产业化的另一个主要障碍。电动汽车充电站是电动汽车的重要基础支撑系统，也是电动汽车商业化、产业化过程中的重要环节。充电站的建设需要根据电动汽车的充电需求，结合电动汽车充电模式进行相应的规划和设计。2015—2020 年，我国电动汽车充电桩数量逐年上升，其中公共充电桩由 5.8 万台上升至 80.7 万台，私人充电桩由 0.8 万台上升至 87.4 万台。2020 年公共充电桩中，交流充电桩占比 61.67%，直流充电桩占比 38.27%。从运营商充电桩数量来看，特来电、星星充电、国家电网充电桩数量均超过 10 万台，位居前三。从区域分布来看，北京、广东、上海、江苏、浙江公共充电桩和充电站数量均位居前五，公共充电桩主要分布在东部和中部部分地区。

1. 充电模式

根据电动汽车动力电池组的技术和使用特性，电动汽车的充电模式存在一定的差别。对于充电方案的选择，现今普遍存在常规充电、快速充电和电池组快速更换系统三种模式。

(1) 常规充电

蓄电池在放电终止后，应立即充电（在特殊情况下也不应超过 24 小时），充电电流相当低，大小约为 15 A，这种充电叫作常规充电（普通充电）。常规蓄电池的充电方法都采用小电流的恒压或恒流充电，一般充电时间为 5~8 小时，甚至 10~20 小时。

设计电动汽车的续驶里程尽可能大，需满足车辆一天运营需要仅仅利用晚间停运时间充电，由于常规充电以相当低的电流为蓄电池充电，因此在家里、停车场和公共充电站都可以进行；常规充电站一般规模较大，以便能够同时为多辆电动汽车进行充电。

常规充电模式的优点为：

① 尽管充电时间较长，但因为所用功率和电流的额定值并不关键，因此充电器和安装成本比较低；

② 可充分利用电力低谷时段进行充电，降低充电成本；

③ 可提高充电效率和延长电池的使用寿命。

常规充电模式的主要缺点为充电时间过长，当车辆有紧急运行需求时难以满足。

(2) 快速充电

常规蓄电池的充电方法一般时间较长，给实际使用带来许多不便。快速充电电池的出现，为纯电动汽车的商业化提供了技术支持。快速充电又称应急充电，是以较大电流短时间在电动汽车停车的 20 min~2 h 内，为其提供短时充电服务，一般充电电流为 150~400 A。

电动汽车续驶里程适中，即在车辆运行的间隙进行快速补充电，来满足运营需要；由于相应的大电流需求可能会对公用电网产生有害的影响，因而快速充电模式只适用于专用的充电站。

快速充电模式的优点为：

①充电时间短；

②充电电池寿命长（可充电 2000 次以上）；

③没有记忆性，可以大容量充电及放电，在几分钟内就可充 70%~80% 的电；

④由于充电在短时间内（为 10~15 min）就能使电池储电量达到 80%~90%，与加油时间相仿，因此，建设相应充电站时可不配备大面积停车场。

缺点在于：

①充电器充电效率较低，且相应的工作和安装成本较高；

②由于采用快速充电，充电电流大，这就对充电技术方法以及充电的安全性提出了更高的要求；

③计量收费设计需特别考虑。

(3) 机械充电

机械充电即电池组快速更换系统，是通过直接更换电动汽车的电池组来达到为其充电的目的。由于电池组较重，更换电池的专业化要求较强，需配备专业人员借助专业机械来快速完成电池的更换、充电和维护。

采用这种模式，具有如下优点：

① 电动汽车用户可租用充满电的蓄电池，更换已经耗尽的蓄电池，有利于提高车辆使用效率，也提高了用户使用的方便性和快捷性；

② 对更换下来的蓄电池可以利用低谷时段进行充电，降低了充电成本，提高了车辆运行经济性；

③ 从另一个侧面来看，也解决了充电时间乃至蓄存电荷量、电池质量、续驶里程长及价格等难题；

④ 可以及时发现电池组中单电池的问题，进行维修工作，对于电池的维护工作将具有积极意义，电池组放电深度的降低也将有利于提高电池的寿命。这种模式应用面临的几个主要问题是电池与电动汽车的标准化；电动汽车的设计改进、充电站的建设和管理，以及电池的流通管理等。

车辆电池组设计标准化和易更换；车辆运营中需要及时更换电池来满足运行，充电站中电池充电和车辆可实现专业化快速分开；由于电池组快速更换需要专业化进行，因而电池组快速更换模式只适用于专用的充电站。

综上所述，以上三种充电模式各有自身的特点和适用范围。因此，在应用中，可以将上述三种方法进行有机结合，以达到实际的行驶要求。

2. 充电站方案

电动汽车要上路，首先要解决充电的问题。目前充电方式按实际使用情况来分可分为两大类，一种是采用公用充电站来充电，另一种则是通过家用充电设施进行私家车的充电。

(1) 公用充电站

公用的电动汽车充电站是指为电动汽车充电的站点，与现在的加油站相似。电动汽车充电站是电动汽车行业发展的主要环节之一，必须与电动汽车其他领域实现共同协调发展。同时还应该从长远发展来充分考虑多方面的因素。如：充电站的布局规划和路网规划，预测充电负荷，充电站周围当前电网状况以及未来发展趋势，考虑其选址与其他相关配套设施的状况。

2015年，国务院办公厅印发《关于加快电动汽车充电基础设施建设的指导意见》（以下简称《意见》），部署加快推进电动汽车充电基础设施建设工作。《意见》指出，大力推进充电基础设施建设，有利于解决电动汽车充电难题，是发展新能源汽车产业的重要保障，对于打造大众创业、万众创新和增加公共产品、公共服务"双引擎"，实现稳增长、调结构、惠民生具有重要意义。2018年国家能源局出台的《2018年能源工作指导意见》也指出，统一电动汽车充电设施标准，优化电动汽车充电设施建设布局，建设适度超前、车桩相随、智能高效的充电基础设施体系。截至2020年6月底，全国各类充电桩保有量达132.2万个，其中公共充电桩55.8万个、数量位居全球首位。国家能源局正在会同相关部门，加强《提升新能源汽车充电保障能力行动计划》的督促实施，积极支持充电商业模式创新，推动充电服务平台整合发展；鼓励开展V2G等新技术应用，依托"互联网＋"智慧能源提升充电智能化水平；加快解决居民小区有序充电、老旧小区充电设施建设难、充电设施安全隐患等热点问题，切实提升充电保障能力。2020年的政府工作报告提出，要加强新型基础设施建设（新基建），发展新一代信息网络，拓展5G应用，建设充电桩，推广新能源汽车，激发新消费需求，助力产业升级。这是自2009年新能源汽车"十城千辆"工程推广以来，与其相伴相生发展的充电桩第一次被写进政府工作报告。国家能源局也于2020年6月印发了《2020年能源工作指导意见》，提出要加强充电基础设施建设，提升新能源汽车的充电保障能力。

国外在充电站的建设方面走在前列，已形成政府主导，车企、电厂合力开发的景象。在日本，日本最大电力公司东电与各汽车厂商建立了密切伙伴合作关系。该电力公司在不久前成功地开发了大型快速充电站，使得充电时间大大缩短，每10 min完整充电，所能行驶的路程为60km。同时计划通过一项大型基础设备建设工程，在超市停车场、便利店及邮政局等公共场所附近陆续建设充电站。使人们在下车购物、办事之余完成为汽车补充能源的任务。这些都大大推动了电动车的普及。在法国，以法国电力公司为主导的电力公司每年编制超过1.1亿法郎的预算（占该公司营业收入0.05%），投入电池、充电装置的研发。在巴黎设有几百个充电站，凡重要停车场都设有充电站，配置电动汽车充电的专用插头。

(2) 私家车库充电

在私家车库里使用普通插座慢速充电，利用夜间充电，持续7～8小时。夜间给电动车充电可以享受用电量低谷期的电价折扣，既省时又经济；慢速充电还能延长电池寿命。用户与所在小区物业进行沟通，并且向相关部门提交了资料后，是允许在地下车库安装充电桩的。用户还可以申请单独安装电表，与自家用电分开，以享受低谷用电的优惠及阶梯电价。根本不需要为纯电动汽车增设额外的发电设施，获得国家和个人的双赢。公共场所和大型住宅停车库充电站可设置快慢两种充电模式，但充电站设施应当智能化，解决峰谷分时段计费、安全报警和防盗等问题。

3. 充电站的结构

(1) 充电站组成部分

充电站包括以下组成部分。

① 停车场及电源插头

为满足使用自带电池和不急于更换电池的顾客充电需要，应开辟车辆充电停放地及相应电源插头。同样，在其他各地停车场也应设置带电表计费的充电接头，使用后交付停车费及电费，这种电费要比换电池电费略便宜些。

② 电池更换及周转接待处

蓄电池沉重，更换须用半自动小型吊车或吊架装置，可由现有汽车修配厂等处常用的类似设备改装或专门设计批量生产。电池须用专门的（多层）周转车或传送带进出充电库房，在专门台架上或周转车上接上电源充电。

③ 电池充电及存放的库房

充电站内可采用电脑控制的大型充电设备，可同时为几十至几百个不同型号电池按各自最佳的标准化电流程序同时充电，手动或自动识别电池种类，按电荷量计费。小型充电站可采用较简单的充电设备，但必须保证能对各类型电池充足电。

工作人员休息和操作监控室及车辆检修站。

由于电池的易取放也使充电与修车能很方便地分开同时进行。

④ 维护车间

维护车间包括筛选和维护、充电间以及备用电池库。电池进入维护车间后，首先进行电池的筛选，确定电池的好坏。不能使用的电池进行恰当处理，避免污染环境；可以继续使用的电池进行维护和活化。维护完的电池送充电间充满电后，进行装箱和编组。

(2) 充电站主体结构

充电站的主体是一封闭式充电间。充电间的主要部分及功能如下：

① 配电站

充电站的配电站包括高压配电和照明及其他用电配电两部分。前者将 10kV 供电电网通过变压器等设备供给充电机充电；后者用于满足照明、控制设备的供电。配电站要配备计量设备以计量输入电量。

② 监控室

监控室用于监控充电机的运行情况、数据库管理、报表打印等。

③ 充电机

充电机完成电池能量的补给，既可以满足应急性整车充电要求，也支持日常地面补充充电。

④ 充电平台

此平台用于摆放卸载下来的电池。内有充电插座、电池管理系统供电、电池管理系统内部网络、与充电机之间的通信网络等接口。

电动汽车是未来新能源汽车的主要发展方向，而充电体系的建立是其发展的前提和基础。没有充电体系的保障，必然影响电动汽车的推广。虽然充电站的建设刚刚起步，但是明确充电站的充电模式和充电站的内部结构对于未来规划和建设充电站有一定的实际应用价值。

图 4-10 所示是电动汽车家用与停车场充电桩。

图 4-10 电动汽车家用与停车场充电桩

尽管充电基础设施建设在国内外普遍得到高度重视，但是目前世界各国都面临着相关技术标准与运营模式不明确等一系列问题，我国亟待在试点基础上加大研究和创新力度，探索一条适合我国国情的充电基础设施发展道路。

二、混合动力汽车概述与关键技术

（一）混合动力汽车概述

1. 定义

混合动力汽车是为解决纯电动汽车续驶里程短而提出的一种折中方案。它既有发动机，又有电动机，可单独由电动机驱动或发动机参与电动机驱动。虽然系统的复杂性增加，但是改善了发动机的工作状况而具有很高的燃油利用率，通常也把它归入电动汽车。

混合动力汽车是指车辆驱动系由两个或多个能同时运转的单个驱动系联合组成的车辆，车辆的行驶功率依据实际的车辆行驶状态由单个驱动系单独或共同提供。因各个组成部件、布置方式和控制策略的不同，形成了多种分类形式。混合动力车辆的节能、低排放等特点引起了汽车界的极大关注并成为汽车研究与开发的一个重点。

广义上说，混合动力汽车是指拥有至少两种动力源，使用其中一种或多种动力源提供部分或者全部动力的车辆。但是，在实际生活中，混合动力汽车多半采用传统的内燃机和电动机作为动力源，通过混合使用热能和电力两套系统开动汽车。使用的内燃机既有柴油机又有汽油机，因此可以使用传统汽油或者柴油，也有发动机经过改造使用其他替代燃料，例如压缩天然气、丙烷和乙醇燃料等。使用的电动力系统中包括高效强化的电动机、发电机和蓄电池。蓄电池使用的有铅酸电池、镍锰氢电池和锂电池，将来应该还能使用氢燃料电池。

2. 分类

(1) 根据混合动力驱动的联结方式，混合动力系统主要分为以下三类：

① 串联式混合动力系统（Series Hybrid）

串联式混合动力系统一般由内燃机直接带动发电机发电，产生的电能通过控制单元传到电池，再由电池传输给电机转化为动能，最后通过变速机构来驱动汽车。在这种联结方式下，电池就像一个水库，只是调节的对象不是水量，而是电能。电池对在发电机产生的能量和电动机需要的能量之间进行调节，从而保证车辆正常工作。这种动力系统在城市公交上的应用比较多，轿车上很少使用。

② 并联式混合动力系统（Parallel Hybrid)

并联式混合动力系统有两套驱动系统：传统的内燃机系统和电机驱动系统。两个系统既可以同时协调工作，也可以各自单独工作驱动汽车。这种系统适用于多种不同的行驶工况，尤其适用于复杂的路况。该联结方式结构简单，成本低。本田的 Accord 和 Civic 采用的是并联式联结方式。

③ 混联式混合动力系统

混联式混合动力系统的特点在于内燃机系统和电机驱动系统各有一套机械变速机构，两套机构或通过齿轮系，或采用行星轮式结构结合在一起，从而综合调节内燃机与电动机之间的转速关系。与并联式混合动力系统相比，混联式动力系统可以更加灵活地根据工况来调节内燃机的功率输出和电机的运转。此联结方式系统复杂，成本高。Prius 采用的是混联式联结方式。

图 4-11 所示为混合动力的三种连接方式。

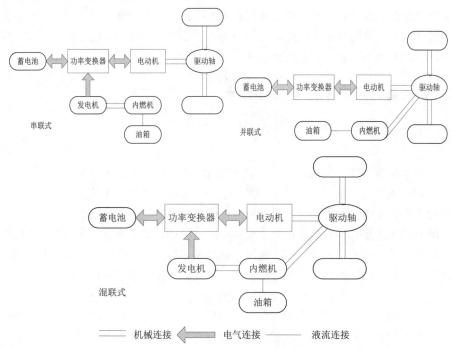

图 4-11 混合动力的三种连接方式

(2) 根据在混合动力系统中，电机的输出功率在整个系统输出功率中占的比重，也就是常说的混合度的不同，混合动力系统还可以分为以下四类：

① 微混合动力系统

这种混合动力系统在传统内燃机上的启动电机（一般为 12 V）上加装了皮带驱动启动电机（也就是常说的 Belt-alternator Starter Generator，简称 BSG 系统）。该电机为发电启动（Stop-Start）一体式电动机，用来控制发动机的启动和停止，从而取消了发动机的怠速，降低了油耗和排放。从严格意义上来讲，这种微混合动力系统的汽车不属于真正的混合动力汽车，因为它的电机并没有为汽车行驶提供持续的动力。在微混合动力系统里，电机的电压通常有两种：12 V 和 24 V。其中 24 V 主要用于柴油混合动力系统。

② 轻混合动力系统

该混合动力系统采用了集成启动电机（也就是常说的 Integrated Starter Generator，简称 ISG 系统）。与微混合动力系统相比，轻混合动力系统除了能够实现用发电机控制发动机的启动和停止，还能够实现：在减速和制动工况下，对部分能量进行吸收；在行驶过程中，发动机等速运转，发动机产生的能量可以在车轮的驱动需求和发电机的充电需求之间进行调节。轻混合动力系统的混合度一般在 20% 以下。

③ 中混合动力系统

该混合动力系统同样采用了 ISG 系统。与轻度混合动力系统不同，中混合动力系统采用的是高压电机。另外，中混合动力系统还增加了一个功能：在汽车处于加速或者大负荷工况时，电动机能够辅助驱动车轮，从而补充发动机本身动力输出的不足，更好地提高整车性能。这种系统的混合程度较高，可以达到 30% 左右，技术已经成熟，应用广泛。

④ 完全混合动力系统

该系统采用了 272 ～ 650 V 的高压启动电机，混合程度更高。与中混合动力系统相比，完全混合动力系统的混合度可以达到甚至超过 50%。技术的发展将使得完全混合动力系统逐渐成为混合动力技术的主要发展方向。

3. 特点

(1) 采用复合动力后可按平均需用的功率来确定内燃机的最大功率，此时处于油耗低、污染少的最优工况下工作。需要大功率内燃机功率不足时，由电池来补充；负荷少时，富余的功率可发电给电池充电，由于内燃机可持续工作，电池又可以不断得到充电，故其行程和普通汽车一样。

(2) 因为有了电池，可以十分方便地回收制动时、下坡时和怠速时的能量。

(3) 在繁华市区，可关停内燃机，由电池单独驱动，实现"零排放"。

(4) 有了内燃机可以十分方便地解决耗能大的空调、取暖、除霜等纯电动汽车遇到的难题。

(5) 可以利用现有的加油站加油，不必再投资。

(6) 可让电池保持在良好的工作状态，不发生过充、过放，延长其使用寿命，降低成本。

（二）混合动力汽车关键技术

对于混合动力电动汽车，动力耦合及动力总成控制系统、电机及控制系统、动力电池及管理系统是三项最为关键核心技术，同时与混合动力汽车相关的发动机、电力电子、制动、转向、空调技术也是需要解决的主要技术问题。

1. 动力耦合系统

动力耦合系统最关键的技术是它的布置方案，不同结构的动力耦合方式不仅决定了混合动力系统的工作模式，而且也是制定动力分配策略的基础，它对整车的动力性、经济性、排放性和制造成本都有重大影响。结构合理、制造容易、效率高的混合动力耦合机构，能够将燃油汽车与电动汽车的优点有机地结合起来，体现混合动力汽车的优越性。目前采用的动力耦合方式有转矩耦合、速度耦合和功率耦合三种方式。

转矩耦合系统的输出转速与发动机及电机转速之间成固定比例关系，而系统的输出转矩是发动机和电动汽车电机转矩的线性组合。转矩耦合方式可以通过齿轮耦合、磁场耦合、链或带耦合等多种方式实现。转矩耦合方式的特点是发动机的转矩可控，而发动机转速不可控。通过控制电机转矩的大小来调节发动机转矩，使发动机工作在最佳油耗曲线附近。转矩耦合方式结构简单，传动效率高，而且无须专门设计耦合机构，便于在原车基础上改装。

转速耦合系统的输出转矩与发动机和电机转矩成固定比例关系，系统的输出转速是发动机和电机转速的线性组合，其特点是发动机的转矩不可控，发动机的转速可以通过对电机的转速调整而得到控制。

功率耦合方式的输出转矩与转速分别是发动机与电机转矩和转速的线性组合，因此发动机的转矩和转速都可控。在采用功率耦合方式的混合动力汽车中，发动机的转矩和转速都可以自由控制，而不受汽车工况的影响。因此，理论上可以通过调整电机的转速和转矩，使发动机始终处在最佳油耗点工作。但实际上，频繁调整发动机工作点也可能会使经济性有所下降，因此通常的做法是将发动机的工作点限定在经济区域内，缓慢调整发动机的工作点，使发动机工作相对稳定，经济性能提高。采用功率耦合方式的混合动力电动汽车理论上不需要离合器和变速器，而且可实现无级变速。与前两种耦合系统相比，功率耦合方式无论是对发动机工作点的优化，还是在整车变速方面，都更具优越性。

目前动力耦合系统以功率耦合方式为主要发展方向，具体结构方面，由变速器耦合、离合器耦合、主减速器耦合等向行星轮耦合方向发展。

2. 动力总成控制系统

汽车动力总成控制系统是车辆行驶的核心单元。混合动力电动汽车的控制需要根据驾驶人操纵状态、车速、电池荷电状态和相关设备的状态确定发动机与电机的功率分配策略，以保证满足汽车动力性、经济性、排放性等性能指标要求。混合动力汽车发动机和电机要相互配合工作，并根据运行工况适时控制发动机启动和关闭，这使得发动机始终工作在低油耗区的整个控制过程十分复杂，因此需要用成熟可靠的动力耦合装置以及先进的控制策略实现功率的合理分配，以达到油耗低和动力性好的目标。

3. 电机及控制系统

用于混合动力汽车的驱动电机类型主要有交流感应电机、永磁电机和开关磁阻电机。对电机的要求包括在较宽的速度范围内具有高转矩密度、高功率密度，高效率、高可靠性、良好的控制性能，能够适应发动机频繁启停和电机电动／发电状态的切换。目前国外以永磁同步电机为主，国内应用较多的是交流感应电机，需要开发高效率永磁电机来满足需求。电机控制系统也很关键，一是保证电机在基速以下时，能够输出大转矩以适应汽车加速和爬坡时的驱动力需求；在基速以上时，能够以恒功率、宽范围运行以满足最高车速需要。二是保证系统在电机运行范围内的效率最优化。

4. 动力电池及其管理系统

混合动力系统的动力电池需要频繁充放电，在充放电过程中，电压、电流会有较大变化。针对这种使用特点，混合动力系统对动力电池有如下特别要求：一是具有大功率充放电能力和较高的比功率，以满足汽车加速和爬坡时的大功率需求；同时电池还要具有快速充电能力，以满足制动时的大功率能量回收需要。二是充放电效率，高的充放电效率对保证整车效率具有至关重要的作用。三是电池在快速充放电的工况条件下保持性能的相对稳定。此外，还必须考虑热能控制管理、荷电状态判定、充放电模式选择、电池充放电均衡、电池过充电或过放电控制、电池组的工作温度控制等，这些都是电池管理系统的任务。整车能量管理策略的实施要依赖电动汽车电池管理系统对电池状态的判别和对电池性能的维护。

5. 混合动力系统专用发动机

经过 100 多年的发展，车用发动机在动力性、经济性及排放控制方面获得了很大改善。近年来，电控燃油喷射、排气再循环、增压中冷、可变进气涡轮、高压共轨和催化后处理等技术的应用，使汽车性能快速提高。作为一种成熟的动力设备，发动机在混合动力汽车上的应用难度不大，但仍然是影响混合动力整车效率和性能的关键部分。

在混合动力系统中，由于发动机的工况可以控制在一定范围内，因而可以进行优化设计，进一步提高其燃油经济性，降低排放。目前采用发动机的混合动力系统基本上都对其发动机进行了重新设计或重大改进。另外由于电机承担了车辆的功率调峰作用，发动机可以追求经济工作区的更高效率。

6. 仿真分析技术

在混合动力电动汽车开发过程中，需要建立先进的驱动系统数学模型，这是计算机仿真和分析的基础。在研究和开发混合动力汽车的部件和选择结构时，需要很快缩小研究范围，找到技术的突破口。在系统选择上，可依靠高效的建模工具，通过交替使用候选的子系统进行模拟仿真，从而找到最佳的方案。计算机模型为每个候选子系统提供了详细规格和设计参数，从而提高设计效率，而且还有助于为设计和制造样车制定工程目标和计划。

三、燃料电池汽车概述

燃料电池汽车，是电动汽车的一种，其核心部件燃料电池的电能是通过氢气和氧气的化学作用，而不是经过燃烧，直接变成电能。图4-12所示为一款燃料电池汽车。

图4-12 燃料电池汽车（奔腾B70 FCV）

燃料电池汽车的工作原理是，使作为燃料的氢在汽车搭载的燃料电池中，与大气中的氧发生化学反应，产生出电能发动电动机，由电动机带动汽车中的机械传动结构，进而带动汽车的前后万象轴、后桥等行走机械结构，转动车轮驱动汽车。

核心部件燃料电池采用的能源间接来源是甲醇、天然气、汽油等烃类化学物质，通过相关的燃料重整器发生化学反应间接地提取氢元素；直接来源就是石化裂解反应提取的纯液化氢。

燃料电池的反应结果将会产生极度少的二氧化碳和氮氧化物，这类化学反应除了电能外的副产品主要产生水，因此燃料电池汽车被称为绿色的新型环保汽车。燃料电池的能量转换效率比内燃机要高2～3倍，因此从能源的利用和环境保护方面，燃料电池汽车是一种理想的车辆。

燃料电池汽车的氢燃料能通过几种途径得到。有些车辆直接携带着纯氢燃料，另外一些车辆有可能装有燃料重整器，能将烃类燃料转化为富氢气体。

单个的燃料电池必须结合成燃料电池组，以便获得必需的动力，满足车辆使用的要求。

与传统汽车相比，燃料电池汽车具有以下优点：

(1) 符合环保要求

燃料电池电动汽车仅排放热和水——高效、环境友好的清洁汽车。

(2) 减少了机油泄漏带来的水污染。

(3) 降低了温室气体的排放。

(4) 提高了燃油经济性。

(5) 提高了发动机燃烧效率。

燃料电池汽车路试时可以达到40%～50%的效率而普通汽车只有10%～16%。燃料电池汽车总效率比混合动力汽车要高。

(6) 运行平稳、无噪声。

(7) 可持续发展，燃料电池可以节省石油。

目前使用燃料电池面临的主要问题是：

(1) 燃料问题

氧气可以直接从空气中获得，比较省力；氢气则需要消耗电能以电解水或在催化剂的作用下重组碳氢化合物这两种方法获取。但也有人认为氢可以从天然气中产生，其成本同生产汽油相当。如将燃料电池高效率因素考虑进来，使用氢将比汽车更加经济。

(2) 安全问题

氢气是易燃气体，使用时要防止泄漏，爆炸等危险情况的发生。阻碍燃料电池推广应用的关键问题还有成本高、寿命短、体积大等，归根结底还是技术问题。

在全球温室效应与能源问题逐渐受到各国政府的重视下，大部分国家的污染法规渐趋严格，因此对低污染车辆之需求势必增加。因而汽车业界近年来一直致力于开发氢燃料电池车。2020年，上汽集团发布了氢能源战略，计划在2025年之前推出至少十款氢燃料电池汽车，市场占有率要达到10%。广汽集团的首款氢燃料电池车也在2020年正式亮相。而在2020年3月，长城汽车发布氢能源战略，表示今年推出全球首款C级氢燃料电池SUV，并计划到2025年在全球氢能市场占有率位居前三。2022年1月5日，海马汽车在互动平台表示，公司氢燃料电池汽车第三代样车已投入研发，首款车型为七座MPV车型。

国际上因为氢能源研发成本高、安全性能差等问题退出氢能源领域的车企也不在少数。韩国、日本和挪威等国家的部分车企已经停止了氢能源汽车的相关销售。

燃料电池汽车要产业化推广亟待解决以下问题：

①整车的开发设计。

②车用燃料氢，其制备、储存和分配等环节都存在问题。

③电池系统性能有待提高，有小型化和轻型化要求。

④成本高，现有50 kW质子交换膜燃料电池发动机的成本为300美分/kW，是内燃机的10倍。

四、氢发动机汽车概述

1. 氢发动机汽车的特点

氢发动机汽车，也有称氢燃料发动机汽车，和氢燃料电池汽车不同，氢燃料发动机是氢气在气缸内燃烧推动活塞做功，前面章节讲过氢燃料电池是氢气与氧化剂发生电化学反应产生电流。百度百科和一些资料上说其是一种真正实现零排放的交通工具，排放出的是纯净水，其具有无污染，零排放，储量丰富等优势，因此，氢发动机汽车是传统汽车最理想的替代方案。但是，这只是一种理想的情况，是商家宣传的罢了。理论上讲，采用氢气作为燃料，它与氧气发生反应，生成的产物只有水。目前氢气主要是从天然气中制取，不可避免地含有其他成分；而且氢燃料发动机吸入的是空气，而不是纯氧，空气中含有大量的氮气。氮气在高温富氧的情况下就能被氧化成NO_x，而氢燃料发动机内的确存在高温富氧的条件，所以氢燃料发动机会产生NO_x也是不可避免的。所以现实情况是氢燃料发动机除了水蒸气、NO_x以外，还会生成什么？还会有CO、CO_2、HC，以及未燃烧的H_2。但是由于这些指标远小于传统汽车，所以把它归为"绿色环保"动力。

不管是氢发动机，还是氢燃料电池，氢燃料的存储都是必须面对的一大难题。除了考虑安全问题外，还要不断提高存储效率问题。氢燃料箱及涉及氢气安全性的各项措施也将提高整车的成本。

2. 氢发动机汽车的发展现状及趋势

人类一直都在寻找替代汽油的清洁能源。氢被众多汽车厂家及行业专家认为是最具可行性的替代能源之一。除了在氢燃料电池方面大力开发外，氢发动机也是各大汽车厂商研究的热点。

1874 年，儒勒·凡尔纳就预言：氢和氧将长期地保障地球的能源供应。早在 1984 年宝马公司就着手开发以氢为燃料的氢内燃机，宝马研制了第一款氢燃料动力汽车 745i Turbo。1999 年，第一家液态加氢站在慕尼黑运营。经过 20 多年的努力，宝马集团开发出了多款氢发动机汽车。2004 年，宝马 H2R 氢燃料发动机创造 9 项世界纪录。2006 年底宝马公司新款 7 系氢内燃机轿车的推出，标志着世界上第一辆氢能驱动、几乎零排放的家用轿车的诞生。该车装载氢气（8 kg 液态氢），具有氢与汽油两用的燃料发动机，可通过仪表盘上的转换开关实现自由切换，当氢燃料驱动时，0~100 km/h 加速时间为 9.5 s，最高车速为 230 km/h。与目前造价上百万美元的燃料电池发动机相比，氢内燃机在成本方面有着巨大的竞争优势。

福特汽车公司成为世界首个正式生产氢燃料发动机的汽车制造商。该发动机排量为 6751 cc，压缩比为 9.4，功率为 172.84 kW/4000 转 / 分（235 马力 /4000 转 / 分），升功率为 25.37 kW（34.5 马力），最大增压压力位 124.02~137.80 kPa。

图 4-13 所示为福特增压式 6.8 升 V-10 氢内燃发动机。氢燃料发动机是通过氢气和氧的燃烧化学反应产生功率转化成机械能，排泄物是水，因此可称之为"最干净"的发动机。

图 4-13 福特增压式 6.8 升 V-10 氢内燃发动机

上汽荣威 950 氢动力汽车是由上汽自主开发的，集成中等容量动力蓄电池和小型加压燃料电池系统并配备可插电技术的燃料电池电动轿车。两个 70 MPa、共重 4.18 kg 的氢燃料罐代替了原有的汽油箱，续航里程也达到了 400 公里。

奥迪 h-tron quattro 采用了氢燃料电池作为能量来源，电动机可以输出给前轮 120 Ps、后轮 188 Ps。可在 4 分钟内充满氢气。其概念车续航里程可达 600 km。可在 7 秒内加速至 100 km/h。

BMW H2R 在法国 Miramas 高速试车场创下氢燃料内燃动力汽车的 9 项全球速度记录。BMW 集团清楚地表明坚信氢燃料可以完全取代传统燃料。这台氢燃料发动机以 BMW760i 汽油发动机为基础，与改造之前相比，最大的区别在于氢燃料喷射阀的集成和燃烧室内材料的选择。氢燃料实现了更高的效率。

氢能由于具有清洁、高效、可再生等特点被誉为 21 世纪理想能源，但许多关键技术尚未成熟，而且生产成本极其高昂，短期内很难实现产业化。科技人员正在对氢发动机的结构模式和特殊元器件进行优化，预计氢发动机汽车很快可以实现 100 公里消耗 1 公斤的氢气。科技人员余下来的任务是从经济和安全上实现氢气的生产、储存和配送。

五、太阳能汽车概述

太阳能汽车是利用太阳能电池将太阳能转换为电能，并利用该电能作为能源驱动行驶的汽车，它是电动汽车的一种。

1. 太阳能汽车的基本结构

太阳能汽车一般由太阳能电池板、电力系统、电能控制系统、电动机、机械系统等组成。

（1）太阳能电池板

太阳能电池板是太阳能汽车的能源产生装置。太阳能电池板有阵列形式和薄膜形式。阵列是由许多光电池板组成。阵列的类型受到太阳能汽车车身的尺寸和制造费用等的限制。一般情况下，汽车在行驶过程中，被转换的太阳能用于直接驱动车轮。但有时电池板提供的能量要大于电动机需求的电力，多余的电量就会被蓄电池储存起来，作为后备能源使用。

(2) 电力系统

电力系统是整个太阳能汽车的核心部件，它由蓄电池和电能组成，电力系统控制器管理全部电力的供应和收集工作。蓄电池组就相当于普通汽车的油箱。一个太阳能汽车使用蓄电池组来储存电能以便在必要时使用。蓄电池的电能可以通过太阳能电池板来充电，也可以通过其他的外部电源充电。

(3) 电能控制系统

电能控制系统可以说是整个太阳能汽车的大脑，主要用于整车电能的分配、电压电量控制等。电能控制系统包括峰值电能监控仪、电机控制器和数据采集系统。电能系统最基本的功能就是控制和管理整个系统中的电能。峰值电力监控仪电力来源于太阳能光伏阵列，光伏阵列把能量传递给另外的蓄电池用于储存或直接传递给电动机控制器用于推动电动机。

(4) 电动机

太阳能汽车中的电动机相当于普通汽车中的发动机。现在的车用驱动电动机中有很多类型，在电动车中都可以应用。类型的选择主要是根据设计者的要求来定。太阳能汽车使用的电动机多数是双线圈无刷直流电动机。太阳能汽车一般不采用齿轮机构进行调速。

(5) 机械系统

机械系统主要包括车身系统、底盘系统和操纵系统等。电动汽车的机械系统与普通汽车基本相同，但又有自身的特点。太阳能汽车最具魅力的可以说是车身了。在满足汽车的安全和外形尺寸要求外，汽车的外形是没有其他限制的。一般来说，太阳能汽车的外形设计要使行驶过程中的风阻尽量小，同时又要使太阳能电池板的面积尽量大。太阳能汽车要求底盘的强度和安全度达到最大，而且重量尽量轻。

2. 太阳能汽车的基本工作原理

太阳能汽车的基本工作原理是：太阳能电池板在太阳光的照射下产生电能，通过峰值功率跟踪仪以及蓄电池的充电控制器输送至驱动电机或者输送到蓄电池进行储存。在太阳能汽车行驶过程中，如果日照充足，电能将直接输送给驱动电机。多余的能量或通过蓄电池控制器传输到蓄电池进行储存。如果日照条件不好，太阳能电池板产生的能量不能够支持太阳能汽车的行驶，这时蓄电池的能量也会用于驱动电机。在太阳能汽车停止时，太阳能电池板所产生的能量，全部储存到蓄电池中。其能量流动如图4-14所示。

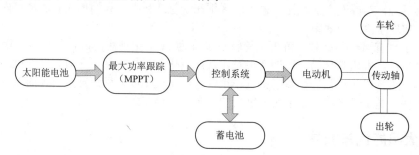

图 4-14 太阳能汽车能量流动图

3. 太阳能汽车的特点

太阳能汽车的能源来自太阳，是真正的绿色能源汽车。其特点如下：

(1) 节约能源。

(2) 能源利用率高：太阳能汽车很少通过齿轮机构传递能量，可以防止能量损耗。同时又通过驱动电机的能量利用率又非常高。

(3) 减少环境污染：太阳能汽车消耗的能源是电能，不产生废气。

(4) 灵活、操控性好：由于太阳能汽车中很多部件都是电子部件，所以可以保证很好的可操作性。

4. 太阳能汽车的发展现状与趋势

太阳能汽车是随着太阳能电池技术的发展而产生。1987 年 11 月，澳大利亚举行了一次世界太阳能汽车拉力大赛，有 7 个国家的 25 辆太阳能汽车参加了比赛。赛程全长 3200 km，几乎纵贯整个澳大利亚国土。

1995 年 5 月，巴西圣保罗大学的科研人员设计出一款新型太阳能汽车。汽车全部使用太阳能作为能源，发动机和车轮之间没有传输装置，最高时速超过 100 km。

在澳大利亚 2003 年太阳能汽车比赛上，由荷兰制造的"Nuna II"太阳能汽车取得了冠军，它以 30 小时 54 分钟的时间跑完了 3010 公里的路程，创造了太阳能汽车最高时速 170 km 的新世界纪录，标志着人们在转化太阳能的道路上又迈出了坚实的一步。

我国在太阳能汽车的研发起步于 20 世纪 80 年代。在 1984 年 9 月，我国首次研制的"太阳号"太阳能汽车试验成功，并开进了北京中南海的勤政殿。

1996 年，清华大学参照日本能登竞赛规范，研制了"追日号"太阳能汽车。重 800 公斤左右，最高车速 80 km/h，造价为 7.8 万美元。其采用的电池板是我国第五代产品，太阳能转化率只能达到 14%。

2001 年，全国高校首辆载人太阳能汽车 – "思源号"在上海交通大学诞生。"思源号"完全依靠太阳能汽车的电能，只要在阳光下晒三四个小时，便能轻松跑上 10 多公里。

2006 年，我国首辆太阳能轿车在南京亮相，这辆可以直接切换能源方式的太阳能汽车行驶速度最高可达 88 km/h。如果加上蓄电池的电能，这辆车晚上能跑 220 km，白天可跑 290 km。

由此可见，目前研发的太阳能汽车主要用于实验或竞赛。实用型的太阳能汽车还比较少。制约太阳能汽车发展的主要因素是太阳能电池的转换效率低，今后，太阳能汽车的研究主要集中在提高太阳能电池的转换效率、最大功率跟踪技术和蓄电池充放电技术等。由于太阳能汽车面临的困难很多，目前太阳能汽车的发展前景很不明朗。图 4-15 所示为两款太阳能汽车。

图 4-15 两款太阳能汽车

思考题

1. 简述新能源汽车的基本定义和分类。
2. 简述新能源汽车的国内外发展现状。
3. 简述动力电池的性能指标术语。
4. 简述纯电动汽车的结构。
5. 简述混合动力汽车的结构。

单元五

物联网概述

模块一 认识物联网

随着信息技术、通信技术、智能嵌入技术、网络技术的快速发展和广泛应用，我们的生活发生了翻天覆地的变化。在今天，信息通信的发展已经开始使过去只有人和人之间的信息交换，扩展到人和物之间、物和物之间的全新通信形式。信息技术和通信技术的世界加入了新的维度，创造出一个全新的、动态的网络——物联网。如今，全球物联网应用进入实质推动阶段，初入端倪已给生产、生活、社会管理等带来深刻变化，物联网技术将会带来一场新的技术革命。人们坚信，物联网将是继计算机、互联网之后成为世界信息产业发展的第三次浪潮。

一、什么是物联网

物联网是计算机技术、网络技术、软件技术、传感技术、通信技术等多种技术的融合，不同的研究领域基于不同的研究出发点对物联网概念有着不同的描述。国际电信联盟（ITU）《ITU互联网报告 2005：物联网》（以下简称 ITU2005 报告）给出的定义是，物联网（The Internet of things）就是通过射频识别（RFID）、红外感应器、全球定位系统、激光扫描器等信息传感设备，按约定的协议，把任意物品与互联网连接起来，进行信息交换和通信，以实现智能化识别、定位、跟踪、监控和管理的一种网络。顾名思义，物联网就是一个将所有物体连接起来所组成的物物相连的互联网络，即"物物相连的互联网"。这一概念有两层含义：第一，物联网的核心和基础仍然是互联网，是在互联网基础上延伸和扩展的网络；第二，其用户端延伸和扩展到了任意物品与物品之间进行信息交换和通信。

ITU2005 报告中指出，在物联网中，一只牙刷、一个轮胎、一座房屋，甚至是一张纸巾都可以作为网络的终端，即世界上的任何物品都能连入网络；物与物之间的信息交互不再需要人工干预，物与物之间可实现无缝、自主、智能的交互。

从广义上讲，物联网是未来的互联网发展的前景，能够实现人在任何时间、地点，使用任何网络与任何人与物的信息交换。从狭义上讲，物联网是物品之间通过传感器连接起来的局域网，不论接入互联网与否，信息交互都是实时的。

二、物联网的发展

（一）物联网的起源

物联网概念起源于比尔·盖茨 1995 年《未来之路》一书，在《未来之路》中，比尔·盖茨已经提及物联网概念，只是当时受限于无线网络、硬件及传感设备的发展，并未引起重视。

1998 年，麻省理工学院（MIT）提出基于 RFID 技术的唯一编号方案，即产品电子代码（EPC），并以 EPC 为基础，研究从网络上获取物品信息的自动识别技术。在此基础上，1999 年，美国自动识别技术（AUTO-ID）实验室首先提出物联网的概念。研究人员利用物品编码和 RFID 技术对物品进行编码标识，再通过互联网把 RFID 装置和激光扫描器等各种信息传感设备连接起来，实现物品的智能化识别和管理。当时对物联网的定义还很简单，主要是指把物品编码、RFID 与互联网技术结合起来，通过互联网实现物品的自动识别和信息共享。

2005 年 11 月 17 日，在突尼斯举行的信息社会世界峰会（WSIS）上，ITU2005 报告综合了二者内容，正式提出了前面所述的物联网概念。这时物联网的定义和范围已经发生了变化，覆盖范围有了较大的拓展，提出物品的 3A 化互联，即任何时刻（Any Time）、任何地点（Any Where）、任何物体（Any Thing）之间的互联，所涉及的技术领域也从 RFID 技术扩展到传感器技术、纳米技术、智能嵌入技术等。

（二）物联网的发展现状

物联网作为一种新兴技术资源逐渐被世界各国重视，各国普遍认识到物联网所蕴含的无限社会、经济、国防等发展契机，把物联网作为未来战略产业的重点之一。欧、美、日、韩等发达国家都在积极加快对物联网研发、应用的步伐，以争取占有这一领域的国际领先地位。我国也积极参与其中，并在标准制定和相关技术研究方面取得了阶段性的成果。

1. 国外发展现状

美国作为物联网技术的主导国之一，最早展开了物联网及相关技术与应用的研究。1999 年，在美国召开的移动计算和网络国际会议提出了"传感网是下一个世纪人类面临的又一个发展机遇"。2003 年，美国《技术评论》提出传感网络技术将是未来改变人们生活的十大技术之首。2007 年，美国率先在马萨诸塞州剑桥城打造全球第一个全城无线传感网。2009 年 1 月 IBM 首席执行官彭明盛提出"智慧地球"的概念，其核心是指以一种更智慧的方法——利用新一代信息通信技术改变政府、公司和人们相互交互的方式，以便提高交互的明确性、效率、灵活性和速度。具体地说，就是将新一代信息技术运用到各行各业，即把传感器嵌入和装备到全球范围内的计算机、铁路、桥梁、隧道、公路等附着的监控计算机中，并相互连接，形成"物联网"，然后再通过超级计算机和云计算平台的相互融合，实现实时、可靠、智能的管理生产和生活，最终实现"智慧地球"。"智慧地球"的提出，立刻引起了全球对物联网的广泛关注，美国总统奥巴马也对"智慧地球"构想提出积极回应，并提升到国家级发展战略。当年，美国将新能源和物联网列为振兴经济的两大重点。

欧盟委员会为了主导未来物联网的发展，近年来一直致力于鼓励和促进欧盟内部物联网产业的发展。早在 2006 年，欧盟委员会就成立了专门的工作组进行 RFID 技术研究，并于 2008 年发布《2020 年的物联网——未来路线》，对未来物联网的研究与发展提出展望。2009 年 6 月，欧盟委员会发表《欧盟物联网行动计划》（Internet of Thing——An Action Plan for Europe），提出要加强对物联网的管理、完善隐私和个人数据保护、提高物联网的可信度、推广标准化、推广物联网应用等行动建议。该行动计划的目的是希望欧盟通过构建新型物联网管理框架来引领世界"物联网"的发展，同时，也是为了尽快普及物联网，使物联网为尽快摆脱经济危机发挥作用。

日本也是最早展开物联网研究的国家之一。自 20 世纪 90 年代中期以来，相继推出了 e-Japan、u-Japan 和 i-Japan 等一系列国家信息技术发展战略。旨在以信息基础设施建设为主的前提下，不断发展和深化与信息技术相关的应用研究，大力发展电子政府和电子地方自治体，推动医疗、健康和教育的电子化。同时，计划构建一个个性化的物联网智能服务体系，充分调动日本电子信息企业积极性，开拓支持日本中长期经济发展的新产业，大力发展以绿色信息技术为代表的环境技术和智能交通系统等重大项目，确保日本信息技术领域的国家竞争力始终处于全球领先的地位。

韩国积极推动物联网产业化发展，不断加大对物联网核心技术以及微机电系统（MEMS）传感器芯片、宽带传感设备的研发。目前，韩国物联网产业主要集中在首尔、京畿道和大田地区，其中首尔集中了全国 60% 以上的物联网企业。韩国物联网的优势在于其消费类智能终端、

RFID、NFC 产品与相应的技术解决方案。

2009 年欧盟委员会发布《物联网——欧洲行动计划》，提出了包括芯片、技术研发等在内的 14 项框架内容。欧盟在技术研发、指标制定、应用领域、管理监控、未来目标等方面陆续出台了较为全面的报告文件，建立了相对完善的物联网政策体系。尤其在智能交通应用方面，欧盟依托其车企的传统优势，通过联盟协作在车联网的研究应用中遥遥领先。

2. 国内发展现状

物联网技术在我国也得到了高度重视，对物联网的研究起步也较早。1999 年，中国科学院就启动了传感网的研究。《国家中长期科学与技术发展规划（2006—2020 年）》和"新一代宽带移动无线通信网"重大专项中均将传感网列入重点研究领域。2009 年 9 月 11 日"传感器网络标准工作组成立大会暨'感知中国'高峰论坛"在北京举行，会议提出传感网发展相关政策，成立传感器网络标准工作组。2010 年，物联网技术发展已被列入中国国家级重大科技专项，与新能源、绿色制造等并列为国家五大新兴战略性产业。2011 年"十二五"规划中明确了战略性新兴产业是国家未来重点扶持的对象，其中包含物联网在内的新一代信息技术被确立为七大战略性新兴产业之一，中国高校也在这一年纷纷申请物联网作为高校专业。2012 年 2 月，工信部颁布中国的第一个物联网五年规划——《物联网"十二五"发展规划》。2013 年 2 月中国政府网公布的《国务院关于推进物联网有序健康发展的指导意见》提出，到 2015 年，实现物联网在经济社会重要领域的规模示范应用，突破一批核心技术，初步形成物联网产业体系，安全保障能力明显提高。近年来，我国企业一步步壮大发展物联网。2015 年，小鹏汽车成立，智能门锁、丰巢快递柜纷纷紧跟其后；2016 年，是属于 ofo 共享单车的辉煌的一年；2017 年，天猫精灵、小爱同学等智能语音发布，同年，共享充电宝开始融资；2018 年，ofo 被时代抛弃；2019 年，小米进军世界 500 强，年底小米 OTO 平台连接设备数达 2348 亿台；2020 年，物联网载体的各个产业开始了巅峰时期；2021 年，华为智联鸿蒙出世。

与此同时，我国物联网技术研究也取得了一些突破性进展。在无线智能传感器网络通信技术、微型传感器、传感器终端机、移动基站等方面取得了重大进展，并且形成了从材料、技术、器件、系统到网络的完整产业链，我国的传感器标准体系的研究已形成初步框架。目前，物联网关键技术在城市安全监控系统、电子票证与身份识别、智能交通与车辆管理、食品与药品安全监管、煤矿安全管理、电子通关与路桥收费、运输物流、工业生产线管理、动物识别等领域都已有了实际应用。

（三）物联网发展面临的问题

物联网作为新技术新产业，对我国来说是机遇也是挑战，其发展主要面临以下几个问题。

1. 知识产权

核心技术，我国掌握的还是不多，比如说高端的 RFID 传感器 80% 左右都是进口的。缺乏 RFID 等关键技术的自主知识产权是限制中国物联网发展的关键因素之一。

2. 技术标准

物联网发展过程中，传感、传输、应用各个层面会有大量的技术出现，可能会采用不同的技术标准。物联网标准太散乱，相互无法连通，不能进行联网，难以成为规模，难以推广。加紧物联网相关技术标准化的研究，加快物联网相关技术的标准化进程，成为物联网发展的迫切任务。

3. 产业链条

物联网的产业化必然需要芯片商、传感设备商、系统解决方案厂商、移动运营商等上下游厂商通力配合，加快电信网、广电网、互联网三网融合的进程。产业链的合作需要兼顾各方的利益，而在各方利益机制及商业模式尚未成型的背景下，物联网普及之路仍相当漫长。

4.行业协作

物联网应用领域十分广泛，遍布众多行业，但这些行业分属于不同的政府职能部门，要发展物联网这种以传感技术为基础的信息化应用，在产业化过程中必须加强各行业主管部门的协调与互动，以开放的心态展开通力合作，打破行业、地区、部门之间的壁垒，促进资源共享，加强体制优化改革，才能有效地保障物联网产业的顺利发展。

5.管理平台

在物联网时代大量信息需要传输和处理。假如没有一个与之匹配的网络体系，就不能进行管理与整合，物联网也将是空中楼阁。因此，建立一个全国性的、庞大的、综合的管理平台，把各种传感信息进行收集，进行分门别类的管理和有指向性的传输，这是物联网能否被推广的一个关键问题。而建立一个如此庞大的网络体系是各个企业望尘莫及的，由此，必须要有专门的机构组织开发管理平台。

6.运营模式

物联网分为感知、网络、应用三个层面，每一层面都将有多种选择去开拓市场。这样，在未来生态环境的建设过程中，运营模式变得异常关键。对于任何一次信息产业的革命来说，出现一种新型而且成熟的商业盈利模式是必然的结果，可是这一点至今还没有在物联网的发展中体现出来，也没有任何产业可以在这一点上统一引领物联网的发展浪潮。目前物联网发展直接带来的一些经济效益主要集中在与物联网有关的电子元器件领域，如射频识别装置、感应器等。而庞大的数据传输给网络运营商带来的机会以及对最下游的如物流及零售等行业所产生的影响还需要相当长时间。

7.安全问题

在物联网中，传感网的建设要求RFID标签预先被嵌入任何与人息息相关的物品中。可是人们在观念上似乎很难接受自己周围的生活物品甚至包括自己时刻都处于一种被监控的状态，这直接导致嵌入标签势必会使个人的隐私权受到侵犯。因此，如何确保标签物的拥有者个人隐私不受侵犯，便成为射频识别技术以及物联网推广的关键问题；如果政府在这方面和国外的大型企业合作，如何确保企业商业信息、国家机密等不会泄露也至关重要。所以说在这一点上，物联网的发展不仅仅是一个技术问题，更有可能涉及政治法律和国家安全问题。

任何新技术的发展都不是一蹴而就的，物联网的发展也是一样，必然会经历一段坎坷、曲折的漫长历程，在这一历程中，伴随着社会需求与科学技术相互影响、相互促进，历经多次探索思考，必将逐步解决物联网发展面临的问题，迎来物联网的广阔发展前景。

三、物联网的特征

物联网是互联网的应用拓展，其核心和基础仍然是互联网，是各种有线和无线网络与互联网的有机融合，是一种建立在互联网上的泛在网络。和传统的互联网相比，物联网的用户端延伸和扩展到了任何物品与物品之间，通过各种感知技术的广泛应用，进行信息交换和通信；物联网本身也具有智能处理的能力，能够对物体实施智能控制；另外，物联网不拘泥于任何场合、任何时间能够提供更及时的数据采集和分析建议，提供更自如的工作和生活，是通往智能生活的物理支撑。

与传统的互联网相比，物联网具有以下三个主要特征。

1. 全面感知

"感知"是物联网的核心。物联网是由具有全面感知能力的物品和人所组成的。为了使物品具有感知能力，需要在物品上安装不同类型的识别装置，例如电子标签、条形码与二维码等，或者通过传感器、红外感应器等感知其物理属性和个性化特征。利用这些装置或设备，可随时随地获取物品信息，实现全面感知。

2. 可靠传递

数据传递的稳定性和可靠性是保证物物相连的关键。为了实现物与物之间信息交互，就必须约定统一的通信协议。由于物联网是一个异构网络，不同的实体间协议规范可能存在差异，需要通过相应的软硬件进行转换，保证物品之间信息的实时、准确传递。

3. 智能处理

物联网的目的是实现对各种物品（包括人）进行智能化识别、定位、跟踪、监控和管理等功能，这需要智能信息处理平台的支撑。通过云计算、人工智能等智能计算技术，对海量数据进行存储、分析和处理，针对不同的应用需求，对物品实施智能化的控制。

四、物联网的体系结构

物联网的感知层、网络层和应用层这三层结构的具体体系结构如图 5-1 所示。

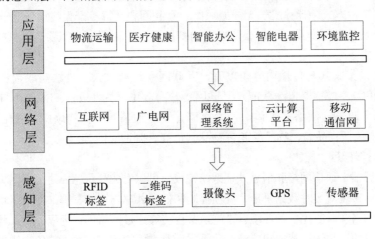

图 5-1 物联网体系结构

感知层是物联网发展和应用的基础。由各种传感器构成，包括 RFID 标签、二维码标签、摄像头、GPS、传感器等感知终端，用于对物体身份标识、位置信息、音频、视频等数据的采集与感知。

感知层又分为数据采集与执行、短距离无线通信两个部分。数据采集与执行主要是运用智能传感器技术、身份识别以及其他信息采集技术，对物品进行基础信息采集，同时接收上层网络送来的控制信息，完成相应执行动作。短距离无线通信能完成小范围内的多个物品的信息集中与互通功能。

网络层是整个物联网的中枢。网络层建立在现有的移动通信网络和互联网基础上，包括互联网、广电网、网络管理系统和云计算平台等，对感知层采集上传的数据基于感知数据决策和行为进行存储、查询、分析、挖掘、理解，并负责把信息可靠、安全地传送出去，使物品能够进行全球范围内的通信。它作为物联网的重要组成部分，承前启后，为应用层提供各类服务基础。

现有的公众网络是针对人的应用而设计的，当物联网大规模发展之后，能否完全满足物联网数据通信的要求还有待验证。即便如此，在物联网的初期，借助已有公众网络进行广域网通信也是必然的选择，如同 20 世纪 90 年代中期在 ADSL 与小区宽带发展起来之前，用电话线进行拨号上网一样，也发挥了巨大的作用，完成了其应有的阶段性历史任务。

应用层是物联网发展的目的，是物联网和用户的接口，完成物品信息的汇总、协同、共享、互通、分析、决策等功能，相当于物联网的控制层、决策层。应用层将前面两层收集的物品的信息进行统一分析、决策，用于支撑跨行业、跨应用、跨系统之间的信息协同、共享、互通，提高信息的综合利用度，实现物联网的智能应用，最大限度地为人类服务。软件开发、智能控制等技术将会为用户提供丰富多彩的物联网应用，如智能交通、智能医疗、智能家居、智能物流、智能电网等。

五、物联网的认识误区

1. 物联网与互联网

从系统的接入方式看，互联网接入分有线接入和无线接入。有线接入有 3 种方式：计算机一网卡一局域网一企业／校园网一地区主干网一国家／国际主干网一互联网；计算机一 ADSL 设备一电话交换网一互联网；计算机一 Cable Modem 设备一有线电视网一互联网等。

无线接入有 2 种方式：计算机一无线城域网一互联网和计算机一无线局域网一互联网。

物联网应用系统运行于互联网核心交换结构基础上，并根据自身需要选择 RFID 或无线传感网络的接入方式。

从网络数据采集方式与传输内容角度看，互联网系统通过人工方法获取数据信息，而物联网则是通过 RFID、传感器自动获取。互联网传输内容主要为 Telnet、E-mail、FTP、Web、IP11v、P2P、电子政务、网络多媒体、搜索引擎、即时通信等，而物联网的传输内容主要为 RFID 数据信息，包括物品名、物品编码、物品制造商、制造时间等。

2. 物联网与传感网

传感网由传感器、通信网络和信息处理系统构成，可以看成是传感模块加组网模块共同构成的一个网络，能够实现对实时数据采集、反馈控制和信息共享与存储管理，使网络功能得到极大拓展，可以通过网络实时监控各种环境、设施，甚至能够通过网络进行远程控制。传感网以数据的采集和传输为目的，它仅仅感知到信号，并不强调对物体的标识，并不具备物体到物体的连接能力，更不具备与系统连接并控制系统的能力。如传感网可以让温度传感器感知到森林的温度，但并不一定需要标识哪根树木。但传感网的相关技术在一定程度上可支撑物联网的开发与应用。

物联网的概念比传感网相对大一些。物联网不仅仅是宏观控制，更注重微观管理，这体现在对某一具体物体的识别上。这种感知、标识物体的手段，除了有传感网，还可以有二维码、RFID 等。如用二维码、RFID 标识物体之后，就形成了物联网，但二维码、RFID 并不在传感网的范畴。

3. 物联网与泛在网

泛在网是指基于个人和社会的需求，利用现有的和新的网络技术，实现人与人、人与物、物与物之间按需进行的信息获取、传递、存储、认知、决策、使用等服务，泛在网网络具备超强的环境感知、内容感知及智能性，为个人和社会提供泛在的、无所不含的信息服务和应用。泛在网的概念反映了信息社会发展的远景和蓝图，具有比"手机也可以是物联网"更广泛的内涵。物联网、泛在网概念的出发点和侧重点不完全一致，但其目标都是突破人与人通信的模式，建立物与物、物与人之间的通信。而对物理世界的各种感知技术，即传感器技术、RFID 技术、二维码、摄像等，是构成物联网、泛在网的必要条件。

4. 物联网与 M2M

M2M 是 Machine to Machine 的简称，即"机器对机器"的缩写，也可理解为人对机器（Man to Machine）、机器对人（Machine to Man）等。它的实质是基于智能机器终端，以多种通信方式为介入手段，为客户提供信息化解决方案，用于满足客户对监控、指挥调度、数据采集和测量等方面的应用需求，旨在通过通信技术来实现人、机器和系统三者之间的智能化、交互式无缝连接，实现业务流程的自动化。

M2M 通信与物联网的核心理念一致，不同之处是物联网的概念、所采用的技术及应用场景更宽泛。在物联网框架下，M2M 的应用范围会更加广泛，M 既可以是机器（Machine），也可以是人（Man），又可以是任何自然事物。但是 M2M 只是物联网的一部分，或者说，M2M 是现阶段物联网发展的具体表现形式。当 M2M 技术得到大规模的普及和推广，并在彼此之间通过网络实现智能的融合和通信后，才能形成物联网。所以彼此孤立的 M2M 不是物联网，但 M2M 是物联网的构成基础，是物联网应用的一种主要方式，M2M 发展的最终目标是物联网。

模块二　物联网的关键技术

物联网是一次技术的革命，是多种技术的融合。如无线射频识别（RFID）技术连接日常用品和设备并导入至大型数据库和网络；传感器技术探测物体物理状态的改变，实现数据收集；小型化技术和纳米技术的优势意味着体积越来越小的物体能够进行交互和连接。物联网融合前面的各种技术和功能，来搭建一个完全可交互的、可反馈的网络环境。

物联网是连接数字世界和物理世界的桥梁，学科综合性强。物联网技术涉及计算机、半导体、网络、通信、光学、微机械、化学、生物、航天、医学、农业等众多学科领域。物联网所涉及的较为重要的关键技术为自动识别技术、传感器技术、通信技术、纳米技术以及支撑技术，下面进行简要介绍。

一、自动识别技术

自动识别技术是指条码、射频、传感器等通过信息化手段将与物品有关的信息自动输入计算机系统的技术总称。自动识别技术在 20 世纪 70 年代初步形成规模，它帮助人们快速地进行海量数据的自动采集，广泛应用在商业、工业、交通运输业、邮电通信业、物资管理、仓储等行业。自动识别技术包括条码识别技术（包括一维条码、二维条码、三维条码）、射频识别技术、生物特征识别技术、语音识别技术、图像识别技术、光学字符识别技术等。

1. 条码识别技术

(1) 条码识别技术简介

条码是由宽度不同、反射率不同的黑条（简称条）和白条（简称空）按照一定的编码规则组合起来的符号，用以代表一定的字母、数字等资料。在进行辨识的时候，是用条码阅读机（即条码扫描器又叫条码扫描枪或条码阅读器）扫描，得到一组反射光信号，此信号经光电转换后变为一组与线条、空白相对应的电子讯号，经解码后还原为相应的信息资料，再传入计算机。

条码识别技术是在计算机应用和实践中产生并发展起来的一种广泛应用于商业、邮政、图书管理、仓储、工业生产过程控制、交通等领域的自动识别技术，具有输入速度快、准确度高、成本低、可靠性强等优点，在当今的自动识别技术中占有重要的地位。

条码技术最早出现在 20 世纪 40 年代。当时美国两位工程师研究用条码表示信息，并于 1949 年获得世界上第一个条码专利。这种最早的条码由几个黑色和白色的同心圆组成，被形象地叫作牛眼式条码。这个条码与我们广泛应用的一维条码在原理上一致，它们都是用深色的条和浅色的空来表示二进制数的 1 和 0。

1966 年 IBM 和 NCR 两家公司在调查了商店销售结算口使用扫描器和计算机的可行性基础上推出了世界上首套条码技术应用系统。这个系统把物品价格记录在物品包装的磁条上，当物品通过扫描器时，扫描器就读出了磁条上的信息。

1970 年美国食品杂货工业协会发起组成了美国统一代码委员会（简称 UCC），UCC 的成立标志着美国工商界全面接受了条码技术。1972 年 UCC 组织将 UPC 条码作为统一的商品代码，用于商品标识，并且确定通用商品代码 UPC 条码作为条码标准在美国和加拿大普遍应用。这一措施为今后商品条码统一和广泛应用奠定了基础。

1973 年欧洲的法国、英国、联邦德国、丹麦等 12 个国家的制造商和销售商发起并筹建了欧洲的物品编码系统。并于 1997 年成立欧洲物品编码协会，简称 EAN 协会。EAN 协会推出了与 UPC 条码兼容的商品条码：EAN 条码。这一新生事物在欧洲一出现，立刻引起世界上许多国家的制造商和销售商的兴趣。世界上许多非欧美地区的国家也纷纷加入了 EAN 协会。1981 年，欧洲物品编码协会改名为国际物品编码协会，简称 IAN，由于习惯叫法，直到今天仍然称 EAN 组织。

我国于 1988 年成立中国物品编码协会，并于 1991 年 4 月正式加入 EAN 组织。目前我国商品使用的前缀码就是 EAN 国际组织分配给我国的 690、691、692、693。

由于条码技术与计算机技术结合使用有很多优点，所以它不但在商品流通领域得到广泛应用，在其他领域如邮电、银行、图书馆、物流管理、甚至当今最热门的电子商务、产供销一体化的供应链管理中都得到广泛的应用。所以还有很多用于管理的条码也应运而生，比如 128 条码，39 码、交叉二五码、CODABAR 码等，这些条码都是用于管理系统的一维条码。

随着条码技术应用领域的扩大，人们对条码技术的需求层次也在不断提高，人们不但要求条码技术能够解决计算机的数据输入速度、数据输入正确性等问题，而且希望条码技术还能解决将更多信息印刷在更小面积上等其他一些问题。到了 20 世纪 80 年代后期，一种能够在更小面积上表示更多信息的新条码产生了，这就是二维条码。由于二维条码在平面的横向和纵向上都能表示信息，所以与一维条码比较，二维条码所携带的信息量和信息密度都提高了几倍，二维条码可表示图像、文字、甚至声音。二维条码的出现，使条码技术从简单地标识物品转化为描述物品，它的功能起到了质的变化，条码技术的应用领域也就扩大了。

现如今条码辨识技术已相当成熟，其读取的错误率约为百万分之一，首读率大于 98%，是一种可靠性高、输入快速、准确性高、成本低、应用面广的资料自动收集技术。世界上约有 225 种以上的一维条码，每种一维条码都有自己的一套编码规格，规定每个字母（可能是文字或数字）是由几个线条及几个空白组成，以及字母的排列。一般较流行的一维条码有 39 码、EAN 码、UPC 码、128 码，以及专门用于书刊管理的 ISBN、ISSN 等。

(2) 识别原理

由于不同颜色的物体，其反射的可见光的波长不同，白色物体能反射各种波长的可见光，黑色物体则吸收各种波长的可见光，所以当条形码扫描器光源发出的光经光栅及凸透镜1后，照射到黑白相间的条形码上时，反射光经凸透镜2聚焦后，照射到光电转换器上，于是光电转换器接收到与白条和黑条相应的强弱不同的反射光信号，并转换成相应的电信号输出到放大整形电路，整形电路把模拟信号转化成数字电信号，再经译码接口电路译成数字字符信息。

白条、黑条的宽度不同，相应的电信号持续时间长短也不同。但是，由光电转换器输出的与条形码的条和空相应的电信号一般仅 10 mV 左右，不能直接使用，因而先要将光电转换器输出的电信号送放大器放大。放大后的电信号仍然是一个模拟电信号，为了避免由条形码中的疵点和污点导致错误信号，在放大电路后需加一整形电路，把模拟信号转换成数字信号，以便计算机系统能准确判读。

整形电路的脉冲数字信号经译码器译成数字、字符信息。它通过识别起始、终止字符来判别出条形码符号的码制及扫描方向；通过测量脉冲数字信号0、1的数目来判别出条和空的数目。通过测量0、1信号持续的时间来判别条和空的宽度。这样便得到了被辨读的条形码符号的条和空的数目及相应的宽度和所用码制，根据码制所对应的编码规则，便可将条形符号换成相应的数字、字符信息，通过接口电路送给计算机系统进行数据处理与管理，便完成了条形码辨读的全过程。

(3) 系统组成

为了阅读出条形码所代表的信息，需要一套条形码识别系统，它由条形码扫描器、放大整形电路、译码接口电路和计算机系统等部分组成。

(4) 技术优点

条形码是迄今为止最经济、实用的一种自动识别技术。条形码技术具有以下几个方面的优点：

①输入速度快：与键盘输入相比，条形码输入的速度是键盘输入的 5 倍，并且能实现"即时数据输入"。

②可靠性高：键盘输入数据出错率为三百分之一，利用光学字符识别技术出错率为万分之一，而采用条形码技术误码率低于百万分之一。

③采集信息量大：利用传统的一维条形码一次可采集几十位字符的信息，二维条形码更可以携带数千个字符的信息，并有一定的自动纠错能力。

④灵活实用：条形码标识既可以作为一种识别手段单独使用，也可以和有关识别设备组成一个系统实现自动化识别，还可以和其他控制设备连接起来实现自动化管理。

另外，条形码标签易于制作，对设备和材料没有特殊要求，识别设备操作容易，不需要特殊培训，且设备也相对便宜。

(5) 常见码制

条码识别技术包括一维条码、二维条码和三维条码，下面进行简单介绍。

①一维条码

EAN 码：EAN 码是国际物品编码协会制定的一种商品用条码，通用于全世界。EAN 码符号有标准版（EAN-13）和缩短版（EAN-8）两种，我国的通用商品条码与其等效。我们日常购买的商品包装上所印的条码一般就是 EAN 码。

UPC 码：UPC 码是美国统一代码委员会制定的一种商品用条码，主要用于美国和加拿大地区，我们在美国进口的商品上可以看到。

39 码：39 码是一种可表示数字、字母等信息的条码，主要用于工业、图书及票证的自动化管理，使用极为广泛。

库德巴（Codabar）码：库德巴码也可表示数字和字母信息，主要用于医疗卫生、图书情报、物资等领域的自动识别。

②二维条码

一维条码所携带的信息量有限，如商品上的条码仅能容纳 13 位（EAN-13 码）阿拉伯数字，更多的信息只能依赖商品数据库的支持，离开了预先建立的数据库，这种条码就没有意义了，因此在一定程度上也限制了条码的应用范围。基于这个原因，在 20 世纪 90 年代发明了二维条码。二维条码除了具有一维条码的优点外，同时还有信息量大、可靠性高，保密、防伪性强等优点。

二维条码主要有 PDF 417 码、Code 49 码、Code 16k 码、Data Matrix 码、MaxiCode 码等，主要分为堆积或层排式和棋盘或矩阵式两大类。

二维条码技术是在计算机技术与信息技术基础上发展起来的一门集编码、印刷、识别、数据采集和处理于一身的新兴技术。二维条码技术的核心内容是利用光电扫描设备识读条码符号，从而实现机器的自动识别，并快速准确地将信息录入到计算机进行数据处理，以达到自动化管理之目的。

二维条码作为一种新的信息存储和传递技术，从诞生之时就受到了国际社会的广泛关注。经过几年的努力，现已应用在国防、公共安全、交通运输、医疗保健、工业、商业、金融、海关及政府管理等多个领域。

二维条码依靠其庞大的信息携带量，能够把过去使用一维条码时存储于后台数据库中的信息包含在条码中，可以直接通过阅读条码得到相应的信息，并且二维条码还有错误修正技术及防伪功能，增加了数据的安全性。

二维条码可把照片、指纹编制于其中，可有效地解决证件的可机读和防伪问题。因此，可广泛应用于护照、身份证、驾驶证、军人证、健康证、保险卡等。

美国亚利桑那州等十多个州的驾驶证、美国军人证、军人医疗证等在几年前就已采用了PDF417 技术。将证件上的个人信息及照片编在二维条码中，不但可以实现身份证的自动识读，而且可以有效防止伪冒证件事件发生。菲律宾、埃及、巴林等许多国家也已在身份证或驾驶证上采用了二维条码，我国香港特区护照上也采用了二维条码技术。

另外在海关报关单、长途货运单、税务报表、保险登记表上也都有使用二维条码技术来解决数据输入及防止伪造、删改表格的例子。

在我国部分地区注册会计师证和汽车销售及售后服务等方面，二维条码也得到了初步的应用。

③三维条码

进入 20 世纪 80 年代以来，人们围绕如何提高条形码符号的信息密度进行了研究工作，多维条码成为研究、发展与未来应用的方向。128 码、93 码等都属于多维条码。

三维条码又叫 3D Barcode、多维条码、万维条码，或者叫作数字信息全息图。相对二维条形码，三维条码能表示计算机中的所有信息。

2. 射频识别技术

(1) RFID 概念

射频识别技术（Radio Frequency Identification，RFID）又称无线射频识别，是一种通信技术，可通过无线电信号识别特定目标并读写相关数据，而无须在识别系统与特定目标之间建立机械或光学接触。与条形码不同的是，射频标签不需要处在识别器视线之内，也可以嵌入被追踪物体之内。

无线电的信号是通过调成无线电频率的电磁场，把数据从附着在物品上的标签上传送出去，以自动辨识与追踪该物品。某些标签在识别时从识别器发出的电磁场中就可以得到能量，并不需要电池；也有标签本身拥有电源，并可以主动发出无线电波（调成无线电频率的电磁场）。标签包含了电子存储的信息，数米之内都可以识别。

常用的有低频（125 kHz~134.2 kHz）、高频（13.56 MHz）、超高频，微波等技术。RFID读写器也分移动式的和固定式的，目前RFID技术应用很广，如图书馆、门禁系统、食品安全溯源等。

从概念上来讲，RFID类似于条码扫描，对于条码技术而言，它是将已编码的条码附着于目标物并使用专用的扫描读写器利用光信号将信息由条形磁传送到扫描读写器；而RFID则使用专用的RFID读写器及专门的可附着于目标物的RFID标签，利用频率信号将信息由RFID标签传送至RFID读写器。

(2) RFID组成

从结构上讲RFID是一种简单的无线系统，只有两个基本器件，该系统用于控制、检测和跟踪物体。系统由一个询问器和很多应答器组成。

应答器：由天线，耦合元件及芯片组成，一般来说都是用标签作为应答器，每个标签具有唯一的电子编码，附着在物体上标识目标对象。最初在技术领域，应答器是指能够传输信息回复信息的电子模块。近些年，由于射频技术发展迅猛，应答器有了新的说法和含义，又被叫作智能标签或标签。

阅读器：由天线、耦合元件及芯片组成，读取（有时还可以写入）标签信息的设备，可设计为手持式RFID读写器（如：C5000W）或固定式读写器。RFID电子标签的阅读器通过天线与RFID电子标签进行无线通信，可以实现对标签识别码和内存数据的读出或写入操作。RFID技术可识别高速运动物体并可同时识别多个标签，操作快捷方便。

(3) RFID主要功能

RFID技术的主要功能是采集数据，特点为自动识别、无须人工干预。RFID技术以其标签小型化、应用领域多元化、产品可重复使用、可携带数据量大、标签ID唯一、穿透性好等特点，在世界范围内发展迅猛，并作为一种数据采集技术，在物联网发展的大态势下，逐渐呈现有规模、有体系的全面发展。RFID并不是一项新技术，以RFID相关产品取代传统的商品标签很早就在国外有了应用。随着物联网时代的开启，RFID的灵活便携和无线识别同物联网的基本应用需求非常吻合，并以其特殊的性能在物联网中占据了重要地位，依托其而产生的工程需求越来越广，基于RFID的各种应用也得到了足够的重视。

(4) RFID应用场合

目前RFID技术广泛应用于交通、军事、医疗、生产、零售、物流、航空、资产管理、食品安全、动物识别等各个行业。尽管RFID技术在某些国家、某些领域的应用还不是很成熟，但其广阔的应用前景是不容置疑的。

许多行业都运用了射频识别技术。将标签附着在一辆正在生产中的汽车，厂方便可以追踪此车在生产线上的进度，仓库可以追踪药品的所在。射频标签也可以附于牲畜与宠物上，方便对牲畜与宠物的积极识别（积极识别意思是防止数只牲畜使用同一个身份）。射频识别的身份识别卡可以使员工得以进入锁住的建筑部分，汽车上的射频应答器也可以用来征收收费路段与停车场的费用。

某些射频标签附在衣物、个人财物上，甚至植入人体之内。由于这项技术可能会在未经本人许可的情况下读取个人信息，这项技术也会有侵犯个人隐私忧患。

(5) RFID 产品简介

RFID 技术中所衍生的产品大概有三大类：无源 RFID 产品、有源 RFID 产品、半有源 RFID 产品。

无源 RFID 产品是发展最早，也是发展最成熟、市场应用最广的一类产品。比如，公交卡、食堂餐卡、银行卡、宾馆门禁卡、二代身份证等，这个在我们的日常生活中随处可见，属于近距离接触式识别类。其产品的主要工作频率有低频 125 kHz、高频 13.56 MHz、超高频 433 MHz、超高频 915 MHz。

有源 RFID 产品是最近几年慢慢发展起来的，其远距离自动识别的特性，决定了其巨大的应用空间和市场潜质。在远距离自动识别领域，如智能监狱、智能医院、智能停车场、智能交通、智慧城市、智慧地球及物联网等领域有重大应用。有源 RFID 在这个领域异军突起，属于远距离自动识别类。产品主要工作频率有超高频 433 MHz、微波 2.45 GHz 和 5.8 GHz。

有源 RFID 产品和无源 RFID 产品，其不同的特性，决定了不同的应用领域和不同的应用模式，也有各自的优势所在。介于有源 RFID 和无源 RFID 之间的称为 RFID 产品，该产品集有源 RFID 和无源 RFID 的优势于一体，在门禁进出管理、人员精确定位、区域定位管理、周界管理、电子围栏及安防报警等领域有着很大的优势。

半有源 RFID 产品，结合有源 RFID 产品及无源 RFID 产品的优势，在低频 125 kHz 频率的触发下，让微波 2.45 GHz 发挥优势。半有源 RFID 技术，也可以叫作低频激活触发技术，利用低频近距离精确定位，微波远距离识别和上传数据，来解决单纯的有源 RFID 和无源 RFID 没有办法实现的功能。简单来说，就是近距离激活定位，远距离识别及上传数据。

(6) RFID 的优点与发展局限性

射频识别系统最重要的优点是非接触识别，它能穿透雪、雾、冰、涂料、尘垢和条形码无法使用的恶劣环境阅读标签，并且阅读速度极快，大多数情况下不到 100 ms。有源式射频识别系统的速写能力也是重要的优点，可用于流程跟踪和维修跟踪等交互式业务。

制约射频识别系统发展的主要问题是不兼容的标准。射频识别系统的主要厂商提供的都是专用系统，导致不同的应用和不同的行业采用不同厂商的频率和协议标准，这种混乱和割据的状况已经制约了整个射频识别行业的增长。许多欧美组织正在着手解决这个问题，并已经取得了一些成绩。标准化必将刺激射频识别技术的大幅度发展和广泛应用。

3. 生物特征识别技术

生物特征识别技术，目前比较成熟并大规模使用的方式主要为指纹、虹膜、脸、耳、掌纹、手掌静脉等。近年来，语音识别、脑电波识别、唾液提取 DNA 等研究也有突破，有望进入商用阶段。

生物特征识别技术通常按照扫描、数字化处理、分析、特征提取、存储、匹配分类几个步骤处理。目前扫描数字化处理已经相对成熟，主要的研究集中在分析和特征提取方面。

生物特征识别技术的应用相当广泛，在计算机应用领域居重要地位。在计算机安全学中，生物特征识别是认证（Authentication）的重要手段，生物测定（Biostatistics）则被广泛地应用在安全防范领域，国家公共安全领域中也有广泛的应用。

4. 语音识别技术

语音识别技术所涉及的领域包括：信号处理、模式识别、概率论和信息论、发声机理和听觉机理、人工智能等等。

语音识别技术的应用包括语音拨号、语音导航、室内设备控制、语音文档检索、简单的听写数据录入等。语音识别技术与其他自然语言处理技术如机器翻译及语音合成技术相结合，可以构建出更加复杂的应用，例如语音到语音的翻译。

5. 图像识别技术

人的图像识别能力是很强的。图像距离的改变或图像在感觉器官上作用位置的改变，都会造成图像在视网膜上的大小和形状的改变。即使在这种情况下，人们仍然可以认出他们过去知觉过的图像。甚至图像识别可以不受感觉通道的限制。例如，人可以用眼看字，当别人在他背上写字时，他也可认出这个字来。

图像识别技术是以图像的主要特征为基础的。每个图像都有它的特征，如字母 A 有个尖、P 有个圈、而 Y 的中心有个锐角等。对图像识别时眼动的研究表明，视线总是集中在图像的主要特征上，也就是集中在图像轮廓曲度最大或轮廓方向突然改变的地方，这些地方的信息量最大。而且眼睛的扫描路线也总是依次从一个特征转到另一个特征上。由此可见，在图像识别过程中，知觉机制必须排除输入的多余信息，抽出关键的信息。同时，在大脑里必定有一个负责整合信息的机制，它能把分阶段获得的信息整理成一个完整的知觉映像。

在人类图像识别系统中，对复杂图像的识别往往要通过不同层次的信息加工才能实现。对于熟悉的图形，由于掌握了它的主要特征，就会把它当作一个单元来识别，而不再注意它的细节了。这种由孤立的单元材料组成的整体单位叫作组块，每一个组块是同时被感知的。在文字材料的识别中，人们不仅可以把一个汉字的笔画或偏旁等单元组成一个组块，而且能把经常在一起出现的字或词组成组块单位来加以识别。

6. 光学字符识别技术

光学字符识别（Optical Character Recognition，OCR）是指电子设备（例如扫描仪或数码相机）检查纸上打印的字符，通过检测暗、亮的模式确定其形状，然后用字符识别方法将形状翻译成计算机文字的过程，即对文本资料进行扫描，然后对图像文件进行分析处理，获取文字及版面信息的过程。如何除错或利用辅助信息提高识别正确率，是 OCR 最重要的课题，ICR（Intelligent Character Recognition）的名词也因此而产生。衡量一个 OCR 系统性能好坏的主要指标有拒识率、误识率、识别速度、用户界面的友好性、产品的稳定性、易用性及可行性等。

自动识别技术是物联网重要支撑技术之一，通过自动识别技术，实现将各种实体物品与虚拟的物（环境）链入网络的功能，构建万事万物相互连接的物联网，为物联网应用提供技术支撑。

二、传感器技术

传感器技术主要研究关于从自然信源获取信息，并对之进行处理（变换）和识别的一门多学科交叉的现代科学与工程技术。传感器技术同计算机技术与通信技术一起被称为信息技术的三大支柱。"物联天下，传感先行"，传感器技术是物联网技术的首要环节，是物物相连的基础，是获取信息的主要途径与手段。物联网的发展将引发传感技术升级、传感器产品换代、传感器生产组织形式变化，引起传感器质和量的飞跃。

（一）传感器概述

1. 传感器概念

国家标准 GB/T 7665—2005 对传感器下的定义是："能感受规定的被测量并按照一定的规律转换成可用信号的器件或装置，通常由敏感元件和转换元件组成"。传感器能感受到被测量的信息，并能将检测感受到的信息，按一定规律变换成为电信号或其他所需形式的信息输出，以满足信息的传输、处理、存储、显示、记录和控制等要求。

简单说传感器就是一种将外界信号转换为电信号的测量装置，它的输入量是某一被测量，可能是物理量，也可能是化学量、生物量等；它的输出量是某种物理量，这种量要便于传输、转换、处理、显示，可以是气、光、电等物理量，主要是电物理量，如电压、电流、电阻、电容等；传感器的输出输入有一定的对应关系，且应有一定的精确程度。传感器的作用，一是感受被测信息，二是传送出去。

通常，传感器由敏感元件和转换元件组成，传感器结构如图 5-2 所示。其中，敏感元件是传感器中能直接感受或响应被测量，并输出与被测量成确定关系的某一物理量的元件；转换元件是传感器中将敏感元件感受或响应的被测量转换成适于传输或测量的电信号的元件。此外，还包括将传感器输出信号进行放大、隔离、运算、调制等作用的基本转换电路和供电电源。

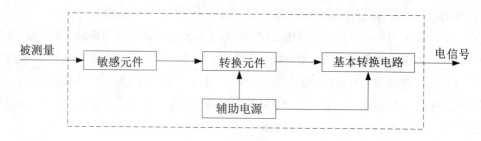

图 5-2 传感器结构

2. 传感器分类

传感器种类繁多，可以根据它们的工作原理、被测对象、工作机理、输出信号类型、能量传递方式以及制造材料和工艺等进行分类。

(1) 根据工作原理分类

传感器根据工作原理可以分为以下几种。

① 电学式传感器

电学式传感器是非电量检测技术中应用范围较广的一种传感器，常用的有电阻式传感器、电容式传感器、电感式传感器、磁电式传感器及电涡流式传感器等。

② 磁学式传感器

磁学式传感器是利用铁磁物质的一些物理效应而制成的，主要用于位移、转矩等参数的测量。

③ 光电式传感器

光电式传感器是利用光电器件的光电效应和光学原理制成的，主要用于光强、光通量、位移、浓度等参数的测量。光电式传感器在非电量电测及自动控制技术中占有重要的地位。

④ 电势型传感器

电势型传感器是利用热电效应、光电效应、霍尔效应等原理制成的，主要用于温度、磁通、电流、速度、光强、热辐射等参数的测量。

⑤ 电荷传感器

电荷传感器是利用压电效应原理制成的，主要用于力及加速度的测量。

⑥ 半导体传感器

半导体传感器是利用半导体的压阻效应、内光电效应、磁电效应、半导体与气体接触产生物质变化等原理制成的，主要用于温度、湿度、压力、加速度、磁场和有害气体的测量。

⑦ 谐振式传感器

谐振式传感器是利用改变电或机械的固有参数来改变谐振频率的原理制成的，主要用来测量压力。

⑧ 电化学式传感器

电化学式传感器是以离子导电为基础制成的。根据其电特性的形成不同，电化学传感器可分为电位式传感器、电导式传感器、电量式传感器、极谱式传感器和电解式传感器等。电化学式传感器主要用于分析气体、液体或溶于液体的固体成分、液体的酸碱度、电导率及氧化还原电位等参数的测量。

(2) 根据被测试对象分类

根据被测对象的不同，传感器可分为温度传感器、湿度传感器、压力传感器、位移传感器和加速度传感器等。

① 温度传感器

温度传感器利用物质的各种物理性质随温度变化的规律将温度转换为电量。温度传感器有接触式和非接触式两种；按照传感器材料及电子元件特性又可分为热电阻和热电偶两类。

② 湿度传感器

湿度传感器感受气体中水蒸气含量，并将其转换成电信号。湿度传感器核心器件是湿敏元件，它主要有电阻式和电容式两类。湿敏电阻是在基片上覆盖一层用感湿材料制成的膜，当空气中的水蒸气吸附在感湿膜上时，元件的电阻率和电阻值都发生变化，利用这一特性测量湿度。湿敏电容则是用高分子薄膜电容制成，常用的高分子材料有聚苯乙烯、聚酰亚胺、酪酸醋酸纤维等。

③ 压力传感器

压力传感器利用压电材料的压电效应将压力转换成电信号。压电材料可以因机械变形产生电场，也可以因电场作用产生机械变形，这种固有的机—电耦合效应使得压电材料在传感器中得到广泛应用。

④ 位移传感器

位移传感器又称为线性传感器，是把机械位移量转换成电信号，又分为电感式位移传感器、电容式位移传感器、光电式位移传感器、超声波式位移传感器、霍尔式位移传感器等。许多物理量，例如压力、流量、加速度等，在测量时常常需要先变换为位移，然后再将位移变换成电量，因此位移传感器是一类重要的基本传感器。

⑤ 加速度传感器

加速度传感器是一种能够测量加速度的电子设备。其基本原理是由于加速度使介质产生变形，通过测量其变形量并用相关电路转化成电信号。加速度传感器又分为压阻式加速度传感器、电容式加速度传感器、伺服式加速度传感器等。

除上述介绍的传感器外，还有流量传感器、液位传感器、力传感器、转矩传感器等。

(3) 根据传感器的工作机理分类

按传感器的工作机理分类，可分为结构型和物性型两大类。

结构型传感器是利用物理学中场的定律和运动定律等构成的。物理学中的定律一般是以方程式给出。对于传感器来说，这些方程式也就是许多传感器在工作时的数学模型。这类传感器特点是传感器的性能与它的结构材料没有多大关系。以差动变压器为例，无论使用坡莫合金或铁氧体做铁芯，还是使用铜线或其他导线做绕组，都是作为差动变压器而工作。

物性型传感器是利用物质法则构成的。物质法则是表示物质某种客观性质的法则，这种法则大多数以物质本身的常数形式给出。这些常数的大小，决定了传感器的主要性能。因此，物性型传感器的性能随材料的不同而异。如所有的半导体传感器，以及所有利用各种环境变化而引起的金属、半导体、陶瓷、合金等性能变化的传感器都是物性型传感器。物性型传感器又可以分为三类。

① 物理型传感器

它是利用外界信息使材料的某些物理性质发生明显变化的特性制成的，如半导体的力、热、光传感器。

② 化学型传感器

它是利用外界信息使材料的化学性质发生明显变化的特性制成的，如 Fe_2O_3 气体传感器。

③ 生物型传感器

它是利用外界信息使生物或微生物的生物物质发生变化的特性制成的，如酶传感器。

(4) 根据输出信号分类

根据传感器输出信号的性质可分为模拟式传感器和数字式传感器。模拟式传感器输出模拟信号，数字式传感器输出数字信号。

模拟式传感器发出的是连续信号，用电压、电流、电阻等表示被测参数的大小。比如温度传感器、压力传感器等都是常见的模拟式传感器；数字式传感器是指将传统的模拟式传感器经过加装 A/D 转换模块，使其输出信号为数字量的传感器，主要包括放大器、A/D 转换器、微处理器、存储器、通信接口电路等。同模拟式传感器相比，数字式传感器具有更好的稳定性、可靠性、电磁兼容性、兼容性等动静态特性，是传感器的主要发展方向之一。

(5) 根据能量传递方式分类

根据传感器工作时能量传递方式可分为有源传感器和无源传感器。有源传感器将非电量转换为电能量，如电动势、电荷式传感器等；无源传感器不起能量转换作用，只是将被测非电量转换为电参数的量，如电阻式、电感式及电容式传感器等。

此外，传感器根据制造材料类别分为金属、聚合物、陶瓷、混合物传感器；根据制造材料的物理性质分为导体、绝缘体、半导体、磁性材料传感器；根据制造材料的晶体结构分为单晶、多晶、非晶材料传感器；按照制造工艺可分为集成传感器、薄膜传感器、厚膜传感器、陶瓷传感器等。

3. 传感器应用与发展

传感器检测外部信号的变化，对外部信号的变化及时做出反应，是构成物联网技术系统的主要内容之一，是自动检测和控制的前提。目前，传感器已渗透到诸如工业生产、宇宙开发、海洋探测、环境保护、资源调查、医学诊断、生物工程、甚至文物保护等极其广泛的领域。从茫茫的太空到浩瀚的海洋，从各种复杂的工程系统到人们的日常生活，几乎每一个现代化项目，都离不开各种各样的传感器。

社会需求是传感器技术发展的强大动力。随着微电子技术、计算机技术、通信技术、纳米材料等技术的飞速发展，传感器技术成为当今世界迅猛发展的高新技术之一。

(1) 开发新型传感器

传感器的工作机理是基于各种效应和定律，由此启发人们进一步探索具有新效应的敏感功能材料，并以此研制出具有新原理的新型物性型传感器件，这是发展高性能、多功能、低成本和小型化传感器的重要途径。结构型传感器发展得较早，目前日趋成熟。结构型传感器，一般说它的结构复杂，体积偏大，价格偏高。物性型传感器大致与之相反，具有不少诱人的优点，加之过去发展也不够。世界各国都在物性型传感器方面投入大量人力、物力加强研究，不断探索新的原理，并把物理效应化学反应用到传感器中，研制出新一代传感器。

(2) 开发新材料

新型传感器敏感元件材料是研制新型传感器的重要物质基础。材料科学的巨大进步，新的功能材料的开发导致新型传感器将不断出现。例如高分子聚合物薄膜的研制成功，将使机器人的触觉系统更接近人的触觉材料；记忆合金作为敏感原件和执行原件的集合件，将在自动化的系统中显示独特的作用；酶或活体组织的一部分作为敏感原件对特定的化学物质具有高度的选择性，可测量各种分子量和结构的化学材料以及食品的新鲜度。其他新型传感器敏感材料还包括光导纤维、半导体敏感材料、陶瓷材料、磁性材料、智能材料等等。用复杂材料来制造性能更加良好的传感器是今后的发展方向之一。

(3) 采用新工艺

在发展新型传感器中，离不开新工艺的采用。新工艺的含义范围很广，这里主要指与发展新型传感器联系特别密切的微细加工技术。该技术又称微机械加工技术，是近年来随着集成电路工艺发展起来的，它是离子束、电子束、分子束、激光束和化学刻蚀等用于微电子加工的技术，目前已越来越多地用于传感器领域。例如利用光刻、扩散以及各向异性腐蚀等方法，可以制造出微型化集成化传感器；利用薄膜工艺制造出快速响应的气敏、湿敏传感器。

(4) 集成化和多功能化

传感器的集成化一般包含两方面含义，其一是将传感器与其后级的放大电路、运算电路、温度补偿电路等制成一个组件，实现一体化；其二是将同一类传感器集成在同一芯片上构成二维阵列式传感器。传感器的集成化和多功能化不但可以同时进行多种参数的测量，还可以对测量结果进行综合处理和评价，以反映出被测系统的整体状态。

(5) 智能化

智能传感器是测量技术、半导体技术、计算技术、信息处理技术、微电子学和材料科学互相结合的综合密集型技术。智能传感器与一般传感器相比具有自补偿能力、自校准能力、自诊断能力、数值处理能力、双向通信能力、信息存储、记忆和数字量输出功能。这种传感器具有与主机互相对话的功能，可以自行选择最佳方案，能将已获得的大量数据进行分割处理，实现远距离、高速度、高精度传输等。

智能传感器是传感器技术与大规模集成电路技术相结合的产物，它的实现取决于传感技术与半导体集成化工艺水平的提高与发展。这类传感器具有多功能、高性能、体积小、适宜大批量生产和使用方便等优点，是传感器重要的发展方向之一。

(6) 数字化与网络化

数字传感器将模拟信号转换成数字输出，提高了传感器输出信号抗干扰能力，特别适用于电磁干扰强，信号距离远的工作现场。传感器网络化是传感器领域发展的一项新兴技术，利用 TCP/IP 协议，使工作现场测控数据能就近登录网络，并与网络上的节点直接进行通信，实现数据的实时发布与共享。

传感器技术在发展经济、推动社会进步方面的重要作用，是十分明显的。世界各国都十分重视这一领域的发展。相信不久的将来，传感器技术将会出现一个飞跃，达到与其重要地位相称的新水平。

（二）无线传感器网络

1. 认识 WSN

科技发展的脚步越来越快，人类已经置身于信息时代。而作为信息获取最重要和最基本的技术——传感器技术，也得到了极大的发展。传统的传感器正逐步实现微型化、智能化、信息化、网络化，正经历着一个从传统传感器向智能传感器到嵌入式 Web 传感器的内涵不断丰富的发展过程。随着 MEMS 系统、片上系统（System on Chip，SoC）、无线通信和低功耗嵌入式技术的飞速发展，无线传感器网络（WirelessSensorNetworks，WSN）孕育而出，并以其低功耗、低成本、分布式和自组织的特点带来了信息感知的一场变革，极大地推动了物联网的发展。

无线传感器网络综合了微电子技术、传感器技术、嵌入式计算技术、现代网络及无线通信技术、分布式信息处理技术等先进技术，能够协同地实时监测、感知和采集网络覆盖区域中各种环境或监测对象的信息，并对其进行处理，处理后的信息通过无线方式发送，并以自组多跳的网络方式传送给观察者。传感器、感知对象、观察者是构成 WSN 的三要素。

无线传感器网络的概念最早由美国军方提出，起源于 1978 年美国国防部高级研究计划局（Defense Advanced Research Projects Agency，DARPA）资助卡耐基—梅隆大学进行分布式传感器网络的研究项目。1993~1999 年 DARPA 资助加州大学洛杉矶分校（UCLA）承担 WINS 项目；1999~2001 年 DAPRA 资助加州大学伯克利分校（UC Berkeley）承担 Smart Dust 项目；1998~2002 年 DARPA 资助加州大学伯克利分校等 25 个机构联合承担 Sens IT 计划。美国交通部 1995 年提出了"国家智能交通系统项目规划"，预计到 2025 年全面投入使用。该计划试图有效集成先进的信息技术、数据通信技术、传感器技术、控制技术及计算机处理技术并运用于整个地面交通管理，建立一个大范围全方位的实时高效的综合交通运输管理系统。这种新型系统将有效地使用传感器网络进行交通管理。日本、英国、意大利、巴西等国家也对无线传感器网络表现出了极大的兴趣，纷纷展开该领域的研究工作。

我国的无线传感器网络研究在上个世纪末开始启动。1999 年，无线传感器网络首次正式出现于中国科学院《知识创新工程试点领域方向研究》的信息与自动化领域研究报告中，是该领域提出的五个重大项目之一。我国在国家"十一五"规划和《国家中长期科技发展纲要》中将"传感器网络及信息处理"列入其中。目前国内一些研究机构与高等院校已积极开展无线传感器网络的相关研究工作。

随着无线传感器网络应用的日益发展与不断深入，支持无线传感器网络的无线通信网络技术、超微型嵌入式实时操作系统等若干关键技术逐渐成为研究热点。无线传感网在国际上被认为是继互联网之后的第二大网络，2003 年美国《技术评论》杂志评出对人类未来生活产生深远影响的十大新兴技术，无线传感器网络被列为第一。

无线传感器网络是一种跨学科技术，就是由部署在监测区域内大量的廉价微型传感器节点组成，通过无线通信方式形成的一个多跳自组织网络。无线传感器网络所具有的众多类型的传感器，可探测包括地震、电磁、温度、湿度、噪声、光强度、压力、土壤成分、移动物体的大小、速度和方向等周边环境中多种多样的现象。广泛应用于军事、航空、反恐、防爆、救灾、环境、医疗、保健、家居、工业、商业等领域，具有广阔的应用前景。

2. WSN 体系结构

无线传感器网络体系结构如图 5-3 所示，包括传感器借点、汇聚节点和管理节点。

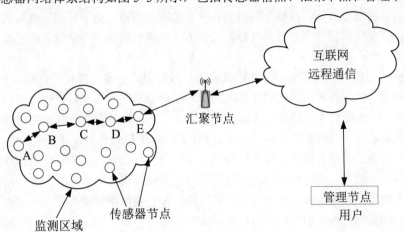

图 5-3 无线传感器网络体系结构

传感器节点部署在要监测的区域中，由大量具有感知、计算及无线通信能力的微小节点组成，采集指定区域内的信息数据，以自组织的形式构成网络，通过多跳中继方式将监测数据传送到汇聚节点供分析。传感器节点一般由传感模块、处理模块、无线通信模块和能量供应模块组成，做得非常小，称为智能尘埃（Smart Dust），传感器节点结构如图 5-4 所示。传感器模块负责采集监测区域内的信息，经过模数转换后传输给处理器模块；处理器模块由微处理器和微存储器构成，分别负责节点数据的控制盒存储；无线通信模块负责传感器节点间及传感器节点与汇聚节点间数据通信；电源模块为传感器各节点提供电能，一般都采用微型电池供电。从网络功能上看，每个传感器节点除了进行本地信息收集和数据处理外，还要对其他节点转发来的数据进行存储、管理和融合，并与其他节点协作完成一些特定任务。

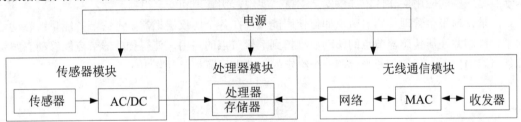

图 5-4 传感器节点结构

由于传感器网络常部署于地面，受地面障碍物、植被等干扰，无线通信的距离一般较短，通信干扰大，链路质量差，传输速率低。大部分传感器节点靠小容量电池供电，能量非常有限，而庞大的节点数目以及节点部署的环境（如野外、内嵌建筑物内）往往使得更换电池不可能，因此传感器节点的能量水平决定了网络的寿命。传感器节点微小的体积也导致了它的计算能力和存储容量很有限，不能进行复杂的计算和存储大量的数据，节点的无线通信带宽通常也只有几百 kbps。传感器网络中各种协议及算法的设计都必须以节能为第一要旨，其中特别重要的是要尽量减少网络中的通信量，因为通信消耗的能量最大。因此传感器节点处理能力、存储能力和通信能力相对较弱，一般需要在监视区域中放置大量的节点，通过节点的冗余部署来提高网络的生存能力和可用性。

此外，各种原因都可能导致无线传感器网络的拓扑发生改变，如出于节能和减少传输冲突的考虑，传感器节点定期在工作状态和睡眠状态之间切换；节点可能因故障、电源耗尽、链路中断等原因与其他节点断连；网络中可能会补充一些新的节点。由于传感器网络通常缺乏集中式控制机制，因此传感器节点必须具有自组织能力，能够自动完成网络的初始化过程并适应网络拓扑的改变。

汇聚节点的处理能力、存储能力和通信能力相对较强，它是连接传感器网络与 Internet 等外部网络的网关，实现两种协议间的转换，同时向传感器节点发布来自管理节点的监测任务，并把 WSN 收集到的数据转发到外部网络上。汇聚节点既可以是一个具有增强功能的传感器节点，有足够的能量供给和更多的 Flash 和 SRAM 中的所有信息传输到计算机中，通过汇编软件，可很方便地把获取的信息转换成汇编文件格式，从而分析出传感节点所存储的程序代码、路由协议及密钥等机密信息，同时还可以修改程序代码，并加载到传感节点中。

管理节点用于动态地管理整个无线传感器网络。传感器网络的所有者通过管理节点访问无线传感器网络的资源。同样的，用户可以通过管理节点进行命令的发布，告知传感器节点收集监测信息。

3. WSN 网络结构

WSN 协议栈由应用层、传输层、网络层、数据链路层和物理层 5 层协议构成，与以太网协议栈的五层协议相对应。另外，协议栈还包括能量管理平台、移动管理平台和任务管理平台。这些管理平台使得传感器节点能够按照能源高效的方式协同工作，在节点移动的传感器网络中转发数据，并支持多任务和资源共享。WSN 协议栈结构如图 5-5 所示。

物理层提供信号调制和无线收发，负责数据收集、采样、发送、接收，以及信号的调制解调；数据链路层负责数据成帧、帧检测、差错控制、媒体接入控制、网络节点间可靠通信链路的建立，为邻节点提供可靠的通信通道；网络层主要负责路由生成与路由选择；传输层负责数据流的传输控制、流量控制、差错控制，是保证通信服务质量的重要部分；应用层包括一系列基于监测任务的应用层软件，提供安全支持，实现密钥管理和安全组播。

能量管理平台管理传感器节点如何使用能源，在各个协议层都需要考虑节省能量；移动管理平台检测并注册传感器节点的移动，维护到汇聚节点的路由，使得传感器节点能够动态跟踪其邻节点的位置；任务管理平台在一个给定的区域内平衡和调度监测任务。

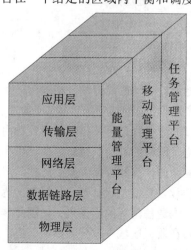

图 5-5 WSN 协议栈结构

经过多年发展，已出现了大量的 WSN 协议，如 MAC 层的 S-MAC、T-MAC、BMAC、XMAC、ContikiMAC 等，路由层的 AODV、LEACH、DYMO、HiLOW、GPSR 等。这些均属于私有的协议，均针对特定的应用场景进行优化，适用范围较窄，由于缺乏标准，推广十分困难。因此，制定适用于多行业的、低功耗的、短距离无线自组网协议标准尤为重要。

三、通信技术

本单元为了完整地展示物联网所涉及的技术，对通信技术加以简单介绍。单元六部分对通信技术有较为详细的介绍。

物联网是把任何物品与互联网连接起来，进行信息交换和通信，以实现智能化识别、定位、跟踪、监控和管理的一种网络。在物联网海量信息交换和通信中，通信技术起着至关重要的作用。通信技术通过广泛的互联功能，实现感知信息高可靠性、高安全性进行传送。通信技术是物联网的关键技术，没有通信，物联网感知的大量信息就无法进行有效的交换与共享，使物品能够进行全球范围内的通信，从而也就不能使用这些信息产生丰富的物联网应用。

物联网通信技术主要包含有线通信技术、远距离无线通信技术、近距离无线通信技术和 Internet 技术等。物联网通信系统中，利用有线通信技术和近距离无线通信技术组成局域网，实现感知信息的汇聚，利用 Internet 技术实现感知信息的交换与共享，利用远距离无线通信技术可以深入到野外偏远地区。这些技术的交互使用，为物联网数据的信息传输提供了可靠的传送保证。

1. 有线通信技术

有线通信技术是局域网、城域网和广域网的常用组网技术。在面向物联网的应用中，常被用在局域网与 Internet 网络的互联。近年来，随着无线通信技术的大力发展和普及，大有无线技术代替有线技术的趋势。但是二者各有其优势和局限，在网络安全性、可靠性和传输速率上，有线通信技术还具有无线通信无可比拟的优势。特别是光纤通信技术的发展，充分保证了有线通信技术的高带宽、低误码率、抗干扰能力强等优点，保证了物联网大量信息的传送对高性能的网络环境的需求，为物联网大规模实际应用奠定坚实的基础。

2. 远距离无线通信技术

远距离无线通信技术包括卫星通信技术、移动通信技术和微波通信技术。远距离无线通信技术具有传输距离远、覆盖面广等特点，特别适合野外、偏远地区、海岛等近距离通信技术无法涉及的区域，以及移动中的、需要实时通信的境况。远距离无线通信技术与 Internet 技术相结合，成为物联网通信系统必要的、有益的补充。

3. 近距离无线通信技术

近距离无线通信技术是指传输距离在数十米或数百米范围内，使用较低发射功率（小于 100 mW）的无线通信技术。近距离无线通信技术有紫蜂（ZigBee）技术、蓝牙（Bluetooth）技术、无线局域网 Wi-Fi 技术、红外数据传输（IrDA）技术、射频识别（RFID）、超宽带（Ultra-Wide Band，UWB）无线通信技术、近场通信（NFC）技术等。近距离无线通信技术以其方便、快捷、高效率的特点成为物联网数据传输的重要载体，也是目前发展最为迅猛的通信技术之一。

(1) 蓝牙（Bluetooth）技术是一种支持设备短距离通信（一般 15 m 内）的无线电技术。能在包括移动电话、PDA、无线耳机、笔记本电脑、相关外设等众多设备之间进行无线信息交换。蓝牙的标准是 IEEE802.15，最高速度可达 723.1kb/s。Bluetooth 无线技术是当今市场上支持范围最广泛，功能最丰富且安全的无线标准。但蓝牙技术遭遇最大的障碍在于传输范围受限，抗干扰能力不强、信息安全等问题也是制约其进一步发展和大规模应用的主要因素。

(2) 无线局域网 Wi-Fi（Wireless Fidelity，无线保真）技术与蓝牙技术一样，同属于短距离无线技术，可以将个人电脑、手持设备（如 PDA、手机）等终端以无线方式互相连接的技术。Wi-Fi 标准是 IEEE 802.11，是一个更加快速的协议，覆盖范围更大。虽然两者使用相同的频率范围，但是 Wi-Fi 需要更加昂贵的硬件。蓝牙设计被用来在不同的设备之间创建无线连接，而 Wi-Fi 是个无线局域网协议。在物联网应用中，Wi-Fi 将作为无线和有线相连接、短距离与长距离通信相衔接的桥梁，发挥更大的作用。

(3) 红外数据传输（IrDA）是一种利用红外线进行点对点通信的技术，是第一个实现无线个人局域网的技术。在小型移动设备，如 PDA、手机上广泛使用。IrDA 的主要优点是无须申请频率的使用权且成本低廉、功耗低、连接方便、简单易用。IrDA 的不足在于它是一种视距传输，数据传输必须在可视范围内，只能用于两台设备之间的连接。

(4) 紫蜂（ZigBee）技术基于 802.15.4 协议，提供低功耗、低成本和轻量路由协议，是一种近距离、低复杂度、低功耗、低速率、低成本的双向无线通信技术。主要用于距离短、功耗低且传输速率不高的各种电子设备之间进行数据传输以及典型的有周期性数据、间歇性数据和低反应时间数据传输的应用。与蓝牙相比，ZigBee 更简单、速率更慢、功率及费用也更低。它的基本速率是 250 kb/s，当降低到 28 kb/s 时，传输范围可扩大到 134 m，并获得更高的可靠性。另外，它可与 254 个节点联网。与 IrDA 相比，ZigBee 有大的网络容量，每个 ZigBee 网络最多可支持 255 个设备，也就是说每个 ZigBee 设备可以与另外 254 台设备相连接。与 Wi-Fi 相比，ZigBee 低功耗和低成本有非常大的优势，因为 ZigBee 数据传输速率低，协议简单，所以大大降低了成本。ZigBee 技术由于成本低、组网能力强，最适合成为物联网技术。

(5) 超宽带（Ultra-Wide Band，UWB）无线通信技术是一种无载波通信技术，利用纳秒（ns）至皮秒（ps）级的非正弦波窄脉冲传输数据。UWB 的传输距离都是在十米之内，传输速率高达 480 Mbps，是蓝牙的 159 倍，是 Wi-Fi 标准的 18.5 倍，非常适合多媒体信息的大量传输。UWB 具有抗干扰性能强、传输速率高、带宽极宽、消耗电能小、发送功率小等诸多优势，主要应用于室内通信、高速无线 LAN、家庭网络、无绳电话、安全检测、位置测定、雷达等领域。有人称它为无线电领域的一次革命性进展，认为它将成为未来短距离无线通信的主流技术。

(6) 近场通信（NFC）技术是一种短距离的高频无线通信技术，允许电子设备之间进行非接触式点对点数据交换。NFC 使用 13.56 MHz 频段，在 10 cm 左右的距离内可实现最大约 400 kb/s 的数据通信。NFC 最初仅仅是遥控识别和网络技术的合并，但现在已发展成无线连接技术。它具有快速自动地建立无线网络的特点，能为蜂窝设备、蓝牙设备、Wi-Fi 设备提供一个"虚拟连接"，使电子设备可以在短距离范围进行通信。有了 NFC，两个设备如数码相机、PDA、机顶盒、电脑、手机等之间的无线互连、彼此交换数据或服务都将有可能实现。

无线通信技术已深入到人们生活和工作的各个方面。总体来讲，无线通信技术始终都在向移动、宽带、高速的方向演进。

各种通信技术在传输带宽、距离、功耗等方面有其自身特点，在网络的扩展性、安全性、适用场合等方面也有所偏重。各种通信技术的互补应用为物联网信息交换与共享提供了可靠的保障。但是众多的通信协议也是制约物联网广泛应用发展的瓶颈。物联网把普通事物通过网络连接起来，从而更方便地为用户提供各种各样全新的服务。想要让这些设备能够进行互相通信，通常需要一个或多个"协议"，或者有专门的语言来处理这些特定的任务。而目前，各地的物联网都各有自己的标准，这就导致不同的物联网项目难以互通，难以体现出物联网的真正意义。因此，创建统一的通信协作语言，制定统一的协议标准在物联网通信系统发展中尤为重要。

总之，作为为物联网提供信息传递和服务支撑的基础通道，如何通过增强现有网络通信技术的专业性与互联功能，实现信息安全、可靠的传送，是物联网研究的一个重点。

四、纳米技术

纳米技术（Nanotechnology）是用单个原子、分子制造物质的科学技术，通常研究结构尺寸在 0.1 至 100 纳米范围内材料的性质和应用。纳米技术是 20 世纪 90 年代出现的一门新兴技术，是现代科学和现代技术结合的产物。纳米技术和信息产业科技、生物科技是现在世界上前沿科学领域的三大主要方向。

所谓纳米（Nano）是一种长度单位（nm），原称毫微米，就是 10 的 -9 次乘方米（10 亿分之一米）。1 纳米大体上相当于 4 个原子的直径，将一纳米的物体与一个乒乓球比较，就相当于一个乒乓球和地球比较。一根头发直径大约 50 微米，把它分成 1 纳米 1 根，可以分成 5 万根。

当材料结构尺寸在纳米范围内时，称为纳米材料。纳米材料具有传统材料所不具备的奇异或反常的物理、化学特性，这就是纳米材料的纳米效应，如原本导电的铜到某一纳米级界限就不导电，原本绝缘的二氧化硅、晶体等，在某一纳米级界限时开始导电。纳米材料主要有以下三个特性。

（一）表面效应

球形颗粒的表面积与直径的平方成正比，其体积与直径的立方成正比，故其比表面积（表面积／体积）与直径成反比。随着颗粒直径变小，比表面积将会显著增大，说明表面原子所占的百分数将会显著地增加。直径大于 0.1 微米的颗粒表面效应可忽略不计，当颗粒尺寸小于 0.1 微米时，其表面原子百分数激剧增长，甚至 1 克超微颗粒表面积的总和可高达 100 平方米，这时的表面效应将不容忽略。超微颗粒的表面与大块物体的表面是十分不同的，利用表面活性，金属超微颗粒可望成为新一代的高效催化剂和贮气材料以及低熔点材料。

（二）小尺寸效应

当颗粒的尺寸与德布罗意波长相当或更小时，晶体周期性的边界条件将被破坏，表面层原子排列混乱，从而导致材料仕热学、光学、磁学及力学等方面都有很多新奇的特性，这种出于颗粒尺寸变小所引起的宏观物理性质的变化称为小尺寸效应。

(1) 特殊的光学性质

金属超微颗粒对光的反射率很低，通常可低于 1%，大约几微米的厚度就能完全消光。例如，当黄金被细分到小于光波波长的尺寸时，即失去了原有的富贵光泽而呈黑色。利用这个特性可以作为高效率的光热、光电等转换材料，可以高效率地将太阳能转变为热能、电能。此外又有可能应用于红外敏感元件、红外隐身技术等。

(2) 特殊的热学性质

固态物质在其形态为大尺寸时，其熔点是固定的，超细微化后却发现其熔点将显著降低，当颗粒小于 10 纳米量级时尤为显著。例如，银的常规熔点为 670℃，而超微银颗粒的熔点可低于 100℃。超微颗粒熔点下降的性质对粉末冶金工业具有一定的吸引力。例如，在钨颗粒中附加 0.1% ～ 0.5% 重量比的超微镍颗粒后，可使烧结温度从 3000℃ 降低到 1200 ～ 1300℃，以致可在较低的温度下烧制成大功率半导体管的基片。

(3) 特殊的磁学性质

纳米颗粒的磁性与大块材料的磁性有显著的不同，磁性纳米颗粒具有高矫顽力。当纯铁颗粒尺寸减小到一定程度（二十个纳米）时，其矫顽力可显著增加；尺寸减小到 6nm 时，其矫顽力反而降低到零，呈现出超顺磁性。利用磁性超微颗粒具有高矫顽力的特性，已做成高贮存密度的磁记录磁粉，大量应用于磁带、磁盘、磁卡以及磁性钥匙等。利用超顺磁性，人们已将磁性超微颗粒制成用途广泛的磁性液体。

(4) 特殊的力学性质

陶瓷材料在通常情况下呈脆性，然而由纳米超微颗粒压制成的纳米陶瓷材料却具有良好的韧性。因为纳米材料具有大的界面，界面的原子排列是相当混乱的，原子在外力变形的条件下很容易迁移，因此表现出甚佳的韧性与一定的延展性，使陶瓷材料具有新奇的力学性质。美国学者报道氟化钙纳米材料在室温下可以大幅度弯曲而不断裂。研究表明，人的牙齿之所以具有很高的强度，是因为它是由磷酸钙等纳米材料构成的。呈纳米晶粒的金属要比传统的粗晶粒金属硬 3～5 倍。至于金属—陶瓷等复合纳米材料则可在更大的范围内改变材料的力学性质，其应用前景十分宽广。超微颗粒的小尺寸效应还表现在超导电性、介电性能、声学特性以及化学性能等方面。

（三）宏观量子隧道效应

宏观量子隧道效应，即微观粒子能够穿过比它动能更高势垒的物理现象。形象的来讲，在两层金属之间夹上一薄层绝缘材料，电子可以穿过绝缘层，这便是宏观量子隧道效应。扫描隧道电子显微镜就是利用一电子在金属探针与待测物体表面之间的隧穿形成隧道电流，来观测物体表面的形貌的。

纳米材料的新颖的物理、化学和生物学特性，使纳米材料具有广阔的应用空间。如，在化纤中加入少量的金属纳米颗粒，就可摆脱摩擦引起的静电现象；在食品中采用纳米技术，可提高肠胃的吸收功能；在涂料中运用纳米技术，可使外墙涂料的耐洗刷性从一千多次提高到一万多次，老化时间延长两倍多；许多化妆品因为加入纳米微粒，而具备防紫外线功能；利用纳米技术可生产出色彩鲜艳、抗折性极高的彩色轮胎；利用纳米粉末，可使废水变清。另外，纳米在医药保健、计算机、化学和航天等领域都会引起新的技术性革命。如作为纳米技术重要方面的碳纳米管，韧性很高，导电性极强，场发射性能优良，兼具金属性和半导体性。其强度比钢高 100 倍，比重只有钢的 1/6，称之为未来的超级纤维。它可制成极好的微细探针和导线、加强材料及储氢材料，并在将来可替代硅芯片。纳米芯片体积更小、容量更大、重量更轻，将在纳米电子学中扮演极重要角色，并引发计算机行业的革命。美国国家科学基金会的纳米技术高级顾问米哈伊尔·罗科预言："由于纳米技术的出现，在今后 30 年中，人类文明所经历的变化将会比刚刚过去的整个 20 世纪都要多得多。"钱学森院士预言："纳米左右和纳米以下的结构将是下一阶段科技发展的特点，会是一次技术革命，从而将是 21 世纪的又一次产业革命"。

纳米技术在物联网中的应用主要是用单个的原子或分子来制造各种物质，使体积越来越小的物体能够接入到物联网当中。还可以利用纳米技术来制造超微型的传感器，重量更轻，体积更小，价格更低，能耗更低，并将其嵌入到各种物品内，构建出看不见的传感网络，使物联网从宏观走向微观，应用到之前从未想象到的领域。

国际电信联盟在《ITU 互联网报告 2005：物联网》中指出，小型化技术和纳米技术的优势意味着体积越来越小的物体能够进行交互和连接。纳米技术成为物联网的关键技术之一。

五、物联网支撑技术

（一）云计算

物联网是一个物物相连的网络，其目的是通过感知层的各种感知设备对物体数据进行采集与感知，网络层对采集数据进行存储、查询、分析、挖掘、传送，为应用层提供各类服务，这就需要一个强大的智能信息处理平台的支撑。这个平台要能适于处理物联网中地域分散、数据海量、动态性和虚拟性强的应用场景，对海量数据进行存储、分析处理和共享，进行有针对性的调优，再通过一定的反馈机制作用于物理世界，使其更加智慧而有效地运行。云计算就能为物联网提供这样一个支撑平台。

云计算是物联网的核心平台，使物联网中数以兆计的各类物品进行实时动态管理和智能分析变得可能。物联网的发展依赖于云计算，没有为海量物联信息的集中数据处理和整合提供可能的云计算平台的支撑，物联网只能是局域的、初级的；云计算能将所有的计算资源集中起来，为连接到云上设备终端提供强大的、高效的、动态的、可以大规模扩展的技术资源处理能力，以降低终端本身的复杂性。可以说，云计算为物联网提供了使其发挥效用的核心能力，物联网为云计算提供了宽广而前景光明的应用舞台。

云计算是继个人计算机变革和互联网变革之后的第三次IT浪潮，也是中国战略性新兴产业的重要组成部分。它将带来生活、生产方式和商业模式的根本性改变，成为当前全社会关注的热点。

1. 什么是云计算

云计算（Cloud Computing）是一种基于互联网的计算方式，通过这种方式，共享的软硬件资源和信息可以按需求提供给计算机和其他设备。云是网络、互联网的一种比喻说法，用来表示互联网和底层基础设施的抽象，通常为一些大型服务器集群，包括计算服务器、存储服务器、宽带资源等等。云计算由一系列可动态升级、自我维护和管理的被虚拟化的资源组成，这些资源被所有云计算的用户共享并且可以方便地通过网络访问。狭义云计算指IT基础设施的交付和使用模式，指通过网络以按需、易扩展的方式获得所需资源；广义云计算指服务的交付和使用模式，指通过网络以按需、易扩展的方式获得所需服务。这种服务可以是IT和软件、互联网相关，也可是其他服务。它意味着计算也可作为一种商品通过互联网进行流通。

云计算（Cloud Computing）是网格计算（Grid Computing）、分布式计算（Distributed Computing）、并行计算（Parallel Computing）、效用计算（Utility Computing）、网络存储（Network Storage Technologies）、虚拟化（Virtualization）、负载均衡（Load Balance）等传统计算机技术和网络技术发展融合的产物。它旨在通过网络把多个成本相对较低的计算实体整合成一个具有强大计算能力的完美系统，并借助SaaS（Software-as-a-service，软件即服务）、PaaS（Platform-as-a-Service，平台即服务）、IaaS（Infrastructure as a Service，基础设施即服务）、MSP（Managed Service Provider，管理服务提供商）等先进的商业模式把这强大的计算能力分布到终端用户手中。云计算的一个核心理念就是通过不断提高"云"的处理能力，进而减少用户终端的处理负担，最终使用户终端简化成一个单纯的输入输出设备，并能按需享受"云"的强大计算处理能力。

云计算是继20世纪80年代大型计算机到客户端-服务器的大转变之后的又一种巨变。用户不再需要了解"云"中基础设施的细节，不必具有相应的专业知识，也无须直接进行控制，只需要按照个人或者团体的需要租赁云计算的资源。掌握云计算其实也是一种利用互联网上的软件和数据的能力。云计算描述了一种基于互联网的新的 IT 服务增加、使用和交付模式，通常涉及通过互联网来提供动态易扩展而且经常是虚拟化的资源。

最简单的云计算技术在网络服务中已经随处可见，例如搜索引擎、网络信箱等，使用者只要输入简单指令即能得到大量信息。未来如手机、GPS 等行动装置都可以透过云计算技术，发展出更多的应用服务。云计算时代，我们可以抛弃硬盘、U 盘等存储设备，只需要登录云计算平台，在平台上进行相应的文字处理、技术开发、网络游戏、网上购物、新闻阅读等内容，而不需担心存储容量不足、数据丢失等问题。

云计算是一种新兴的共享基础架构的方法，可以将巨大的系统池连接在一起以提供各种 IT 服务。云计算就像天边的云雾，具有弥漫性、无所不在的分布性和社会性，具有以下特点。

(1) 超大规模

"云"具有相当的规模。Google 云计算已经拥有 100 多万台服务器，Amazon、IBM、微软、Yahoo 等的"云"均拥有几十万台服务器，企业私有云也要拥有数百上千台服务器。正是"云"的超大规模，"云"才能赋予用户前所未有的计算能力。

(2) 虚拟化

云计算支持用户在任意位置、使用各种终端获取应用服务。所请求的资源来自"云"，而不是固定的有形的实体。应用在"云"中某处运行，但实际上用户无须了解、也不用担心应用运行的具体位置。只需要一台笔记本或者一个手机，就可以通过网络服务来实现我们需要的一切，甚至包括超级计算这样的任务。

(3) 高可靠性

"云"使用了数据多、副本容错、计算节点同构可互换等措施来保障服务的高可靠性，使用云计算比使用本地计算机可靠。

(4) 通用性

云计算不针对特定的应用，在"云"的支撑下可以构造出千变万化的应用，同一个"云"可以同时支撑不同的应用运行。

(5) 高可扩展性

"云"的规模可以动态伸缩，满足应用和用户规模增长的需要。

(6) 按需服务

"云"是一个庞大的资源池，你按需购买；"云"可以像自来水，电，煤气那样计费。

(7) 极其廉价

由于"云"的特殊容错措施可以采用极其廉价的节点来构成"云"，"云"的自动化集中式管理使大量企业无须负担日益高昂的数据中心管理成本，"云"的通用性使资源的利用率较之传统系统大幅提升，因此用户可以充分享受"云"的低成本优势，经常只要花费较少资金、几天时间就能完成以前需要花费大量费用、数月时间才能完成的任务。

(8) 潜在的危险性

云计算服务除了提供计算服务外，还必然提供了存储服务。但是云计算服务当前垄断在私人机构（企业）手中，而他们仅仅能够提供商业信用。对于政府机构、商业机构（特别像银行这样持有敏感数据的商业机构）对于选择云计算服务应保持足够的警惕。一旦商业用户大规模使用私人机构提供的云计算服务，无论其技术优势有多强，都不可避免地让这些私人机构以"数据（信息）"的重要性挟制整个社会。对于信息社会而言，"信息"是至关重要的。另一方面，云计算中的数据对于数据所有者以外的其他云计算用户是保密的，但是对于提供云计算的商业机构而言确是毫无秘密可言。所有这些潜在的危险，是商业机构和政府机构选择云计算服务、特别是国外机构提供的云计算服务时，不得不考虑的一个重要的前提。

2. 云计算的发展

云计算的出现并非偶然，早在 20 世纪 60 年代，麦卡锡（John McCarthy）就提出了把计算能力作为一种像水和电一样的公用事业提供给用户的理念，这成为云计算思想的起源。在 20 世纪 80 年代网格计算、90 年代公用计算，21 世纪初虚拟化技术、SOA（Service-Oriented Architecture，面向服务的体系结构）、SaaS 应用的支撑下，云计算作为一种新兴的资源使用和交付模式逐渐被重视，各国政府积极构建云计算发展战略。2011 年 2 月美国政府发布的《联邦云计算战略》，规定在所有联邦政府信息化项目中云计算优先。欧盟制定了"第 7 框架计划（FP7）"，推动云计算产业发展。英国开始实施政府云（G-Cloud）计划，所有的公共部门都可以根据自己的需求通过 G-Cloud 平台来挑选和组合所需服务。日本提出了霞关云计划，计划在 2015 前建立一个大规模的云计算基础设施，实现电子政务集中到一个统一的云计算基础设施之上，以提高运营效率、降低成本。IBM、Microsoft、Google、Sun、Amazon 等电子信息公司也相继推出云计算产品和服务，Intel、Cisco 等传统硬件厂商也纷纷向云计算服务商转型。

我国政府高度重视云计算产业发展，国务院《关于加快培育和发展战略性新兴产业的决定》（国发〔2010〕32 号），把促进云计算研发和示范应用作为发展新一代信息技术的重要任务。2010 年 10 月，国家发改委和工信部印发了《关于做好云计算服务创新发展试点示范工作的通知》，确定首先在北京、上海、深圳、杭州、无锡等五个城市先行开展云计算服务创新发展试点示范工作。目前已有多个城市开展云计算相关研究和项目建设，加强对云计算产业的研究与部署，加强云计算基础设施建设。中国电信、移动、联通三大电信运营商和 IT 龙头企业大举向云计算转型。中国移动从 2007 年起建立云计算实验室，探索和构建自己的云计算产品 BigCloud。中国电信从 2009 年启动云计算，至 2011 年 8 月正式对外高调发布名为"天翼云"的云计算战略、品牌及解决方案，2012 年 9 月已正式对外提供云主机和云存储服务，成为三大运营商中对外提供 IaaS 服务的第一家。中国联通的云计算品牌为"沃云"，包括云系统和云服务两支体系。云系统主要面向联通企业内部，完成内部电信支撑系统的云化；云服务主要面向外部的政府、企业和个人提供的云服务。

3. 云计算的架构

随着云计算的不断发展成熟，不同的云计算供应商及研究机构提出了不同的云计算体系架构。但总的来说，可以归纳为基础层、管理层和服务层三层架构。如图 5-6 所示。

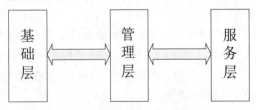

图 5-6　云计算体系架构

基础层为用户提供云计算所必需的存储器、网络设备等物理资源和虚拟化的数据资源，是云计算的基础。管理层一方面对云计算架构系统进行运维管理和安全管理，保障云架构的稳定和可靠；对云计算的数据资源进行管理，对大量应用任务进行调度，使得资源能够高效、安全地为用户服务；另一方面对用户进行管理，包括用户身份管理、用户许可管理、用户请求管理、计费管理等，是云计算架构向用户提供服务的根本。管理层是云计算的核心。服务层是云计算面向用户服务的接口，主要是用以交互性的动态页面等友好的方式展现用户所需的内容和服务体验，是云计算的终极目标。

4. 云计算的关键技术

云计算架构为用户提供多种服务体验，涉及虚拟化、数据存储、数据管理、编程计算等多种技术。

(1) 虚拟机技术

虚拟机，即服务器虚拟化是云计算底层架构的重要基石。在服务器虚拟化中，虚拟化软件需要实现对硬件的抽象，资源的分配、调度和管理，虚拟机与宿主操作系统及多个虚拟机间的隔离等功能，目前典型的实现（基本成为事实标准）有 Citrix Xen、VMware ESX Server 和 Microsoft Hype-V 等。

(2) 数据存储技术

云计算系统需要同时满足大量用户的需求，并行地为大量用户提供服务。因此，云计算的数据存储技术必须具有分布式、高吞吐率和高传输率的特点。目前数据存储技术主要有 Google 的 GFS（Google File System，非开源）以及 HDFS（Hadoop Distributed File System，开源），目前这两种技术已经成为事实标准。

(3) 数据管理技术

云计算的特点是对海量的数据存储、读取后进行大量的分析，如何提高数据的更新速率以及进一步提高随机读速率是未来的数据管理技术必须解决的问题。云计算的数据管理技术最著名的是谷歌的 BigTable 数据管理技术，同时 Hadoop 开发团队正在开发类似 BigTable 的开源数据管理模块。

(4) 分布式编程与计算

为了使用户能更轻松地享受云计算带来的服务，让用户能利用该编程模型编写简单的程序来实现特定的目的，云计算上的编程模型必须十分简单。必须保证后台复杂的并行执行和任务调度向用户和编程人员透明。当前各 IT 厂商提出的"云"计划的编程工具均基于 Map-Reduce 的编程模型。

5. 云计算的服务形式

目前业界公认的第三方的对于云计算的定义和解释是 NIST（National Institute of Standards and Technology，美国国家标准和技术研究院）的说法，其对于云计算的服务形式的说明如下。

(1)SaaS（软件即服务）

提供给消费者的服务是运营商运行在云计算基础设施上的应用程序，消费者可以在各种设备上通过客户端界面访问，如浏览器（例如基于 Web 的邮件）。消费者不需要管理或控制任何云计算基础设施，包括网络、服务器、操作系统、存储，甚至独立的应用能力等等，消费者仅仅需要对应用进行有限的、特殊的配置。

(2)PaaS（平台即服务）

提供给消费者的服务是把客户使用支持的开发语言和工具（例如 Java、Python、.Net 等）开发的或者购买的应用程序部署到供应商的云计算基础设施上。消费者不需要管理或控制底层的云基础设施，包括网络、服务器、操作系统、存储等，但客户能够控制部署的应用程序，也可能控制运行应用程序的托管环境配置。

(3)IaaS（基础架构即服务）

提供给消费者的服务是处理能力、存储、网络和其他基本的计算资源，用户能够利用这些计算资源部署和运行任意软件，包括操作系统和应用程序。消费者不能管理或控制任何云计算基础设施，但能控制操作系统、存储、部署的应用，也有可能获得有限制的网络组件（例如，防火墙、负载均衡器等）的控制。

简单来说，IaaS 提供的是远程的登录终端界面（虚拟服务器）或者 Web Service 接口（云存储）；PaaS 提供的是数据库连接串或者中间件部署界面，或者是应用的部署管理界面；IaaS 提供的就是访问应用的客户端或者 Web 界面。

随着云计算与物联网的融合，将会使物联网呈现出多样化的数据采集端、无处不在的传输网络、智能的后台处理的特征。

（二）GPS 全球定位系统

对于物联网我们最关注的应该就是物物之间的时间、地点等状态信息，然后根据一系列的状态信息来确定下一步我们该去做些什么。GPS 恰好就占了两个主要优势：什么时间，什么地点。

1. 什么是 GPS

GPS（Global Positioning System，全球定位系统）是指利用 GPS 定位卫星，在全球范围内实时进行定位、导航的系统。GPS 在空间定位技术方面已经引起了革命性的变化，将定位技术从陆地和近海扩展到整个地球空间和外层空间，从静态扩展到动态，从单点定位扩展到局部和广域范围，从事后处理扩展到定位、实时与导航。GPS 成为物联网中一个重要的感知部分，提供泛在的智能的位置服务。

GPS 的前身是美国军方研制的一种子午仪卫星定位系统（Transit），1958 年研制，1964 年正式投入使用。该系统用 5 到 6 颗卫星组成的星网工作，每天最多绕行地球 13 次，并且无法给出高度信息，在定位精度方面也不尽如人意。然而，子午仪系统使得研发部门对卫星定位取得了初步的经验，并验证了由卫星系统进行定位的可行性，为 GPS 的研制做好了铺垫。

20 世纪 70 年代，美国陆海空三军联合研制了新一代卫星定位系统 GPS，它由 28 颗轨道卫星组成。1978 年 2 月首次发射，1995 年底形成初步的定位能力。GPS 的建设历经 20 年，耗资超过 300 亿美元，是继阿波罗登月计划和航天飞机计划之后的第三项庞大的空间计划。这个系统可以保证在任意时刻，地球上任意一点都可以同时观测到 4 颗卫星，以保证卫星可以采集到该观测点的经纬度和高度，以便实现导航、定位、授时等功能。除 GPS 系统以外，其他全球定位系统还有欧盟的"伽利略（Galileo）"卫星定位系统、俄罗斯"格洛纳斯（GLONASS）"卫星定位系统与我国的"北斗"全球卫星定位与通信系统（CNSS）。

与其他感知设备相比，GPS 具有以下特点：

(1) 全球全天候定位

GPS 卫星的数目较多，且分布均匀，保证了地球上任何地方任何时间至少可以同时观测到 4 颗 GPS 卫星，确保实现全球全天候连续的导航定位服务。

(2) 定位精度高

应用实践已经证明，GPS 相对定位精度在 50 km 以内可达 6~10 m，100~500 km 可达 7~10 m，1000 km 可达 9~10 m。在 300~1500 m 工程精密定位中，误差小于 1 mm。

(3) 高效快速

随着 GPS 系统的不断完善，软件的不断更新，目前，20km 以内相对静态定位，仅需

15~20 分钟；快速静态相对定位测量时，当每个流动站与基准站相距在 15km 以内时，流动站观测时间只需 1~2 分钟；采取实时动态定位模式时，每站观测仅需几秒钟。

(4) 应用广泛

随着 GPS 的发展，GPS 在测量、导航、测速、测时、监控等多方面得到了广泛的应用，而且其应用领域还在不断扩大。

通过 GPS 模块我们可以轻松搞定时间和地点信息，而其他的状态信息我们可以通过加装传感器、红外装置来获得。这样一来对于在感知层组建物联网就打下了坚实的基础。

2. GPS 定位原理

GPS 定位的基本原理是首先测得 GPS 信号接收机与三个 GPS 卫星之间的距离，然后通过三点定位方式确定接收机的位置，如图 5-7 所示。计算公式如下：

$$\begin{cases} d_1^2 = (x - x_1)^2 + (y - y_1)^2 + (z - z_1)^2 \\ d_2^2 = (x - x_2)^2 + (y - y_2)^2 + (z - z_2)^2 \\ d_3^2 = (x - x_3)^2 + (y - y_3)^2 + (z - z_3)^2 \end{cases} \tag{5-1}$$

式（5-1）中，d_1、d_2、d_3——信号接收机与三个 GPS 卫星之间的距离；

x、y、z——接收机位置坐标；

x_i、y_i、z_i——第 i 个卫星坐标。

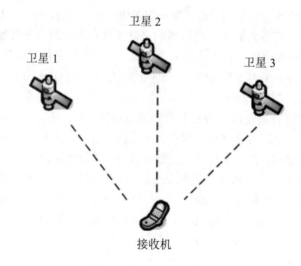

图 5-7 GPS 定位原理图

如何测得接收机与 GPS 卫星间的距离？每一颗 GPS 工作卫星都在不断地向外发送信息，每条信息中都包含有信息发出的时刻，以及卫星在该时刻的坐标。接收机会接收这些信息，同时根据自己的时钟记录下接收到信息的时刻。这样，用接收到信息的时刻，减去信息发出的时刻，就得到信息在空间中传播所用的时间。将这个时间乘上信息传播的速度（信息通过电磁波传递，其速度为光速），就得到了接收机到信息发出时的卫星坐标之间的距离。

根据 GPS 的工作原理，可以看出时钟的精确度对定位的精度有着极大的影响。目前 GPS

工作卫星上搭载的是铯原子钟，精度极高，140 万年才会出现 1 秒的误差。然而，受限于成本，接收机上面的时钟不可能拥有和星载时钟同样的精度，而即使是微小的计时误差，乘上光速之后也会变得不容忽视。因此，还要计算出这个微小的计时误差值，才能够准确定位。这就需要用 4 个方程才能求解 4 个未知数。因此，尽管理论上三颗卫星就已足够进行定位，但是实际中 GPS 定位需要借助至少四颗卫星。换句话说，所处的位置必须至少能接收到四颗卫星的信号，方可以应用 GPS 来进行定位。这极大地制约了 GPS 的适用范围，当处于室内环境时，由于电磁遮蔽的效应，往往难以接收到 GPS 的信号，因此 GPS 这种定位方式主要在室外场景施展拳脚。

3. GPS 的应用

GPS 以其全球性、全能性、全天候性的导航定位、授时、测量优势在诸多领域中得到越来越广泛的应用。

导航方面，GPS 广泛用于陆地、海洋、航空航天定位导航，如车辆导航、突发事件应急指挥、大气物理观测、远洋船只最佳航程航线测定、船只实时调度与导航、船舶远洋导航和进港引水、海洋救援、飞机导航、航空遥感姿态控制、低轨卫星定轨、导弹制导、航空救援和载人航天器防护探测等；测量方面，GPS 可以用于地球物理资源勘探、工程测量、精细农业、地壳运动监测、水文地质测量、海洋平台定位与海平面升降监测等；授时校频方面，GPS 可以用于电力、邮电、通信等网络的时间同步、准确时间的授入、准确频率的授入等。

（三）GIS 地理信息系统

物联网中接入的大量的基础物理设备和事件都具有空间点位信息，GIS 可以对这些设备和发生的事件进行成图和分析，通过 GIS 空间信息处理平台显示和管理，这是 GIS 最擅长的领域。

地理信息系统（Geographic Information System，GIS）是以地理空间数据为基础，在计算机硬、软件环境支持下，采用地理模型分析方法，对各种地理空间信息进行收集、存储、管理、分析和可视化表达，为地理研究、综合评价、科学管理、定量分析和决策服务的计算机技术系统。

简单来说，GIS 是一种同时管理地理空间信息和数据库属性数据的信息系统。在传统的信息系统中，保存在数据库中的数据主要以文字或表格形式表现出来，形式呆板，而且很难发现隐藏在文字背后隐含的重要的信息。如果利用 GIS 提供的数据的地理属性，就可以将这些数据分层、分类叠加在电子地图上，并且地图对象与数据库属性数据建立连接关系，这样通过 GIS 就可以轻松实现地图与数据库的双向查询。不仅可以将数据在地图上进行直观的、可视化的分析和查询，而且还可以发掘隐藏在文本数据之中的各种潜在的联系，为用户提供一种崭新的决策支持方式。

地理信息系统分为专题地理信息系统、区域信息系统和地理信息系统工具三大类。专题地理信息系统，是具有有限目标和专业特点的地理信息系统，为特定的专门目的服务。例如，森林动态监测信息系统、水资源管理信息系统。区域信息系统，主要以区域综合研究和全面的信息服务为目标，可以有不同的规模，如国家级的、地区或省级的、市级和县级等为各不同级别行政区服务的区域信息系统；也可以按自然分区或流域为单位的区域信息系统。如加拿大国家信息系统、中国黄河流域信息系统等。

地理信息系统工具，是一组具有图形图像数字化、存储管理、查询检索、分析运算和多种输出等地理信息系统基本功能的软件包。它们或者是专门设计研制的，或者在完成了实用地理信息系统后抽取掉具体区域或专题的地理系空间数据后得到的，具有对计算机硬件适应性强、数据管理和操作效率高、功能强且具有普遍性的实用性信息系统。

模块三　物联网的应用

物联网的问世打破了传统思维，实现了人类社会和物理系统的整合，在这个整合的网络中具有能力超强的中心计算机群，能够对整个网络内的人员、机器、设备和基础设施实时管理和控制。在此基础上，人们可以更加精细地管理生产和生活，达到"智慧"状态，提高资源利用率和生产力水平，改善人与自然的关系，神奇的物联网给人们带来许许多多的惊喜和便利。物联网的应用是极为广泛的，其领域遍及智能交通、智能物流、智能电网、智能环境监测、智能医疗、智能家居、智能楼宇等多个领域。

一、智能交通

随着经济的发展，城市人口、车辆急剧膨胀，城市交通承受的压力也越来越大，而现有的城市交通管理基本是自发进行的，每个驾驶者根据自己的判断选择行车路线，交通信号标志仅仅起到静态的、有限的指导作用，城市道路资源未能得到最高效率的运用，导致道路拥堵、交通事故等不断出现。据北京市交通发展研究中心发布的北京市交通发展年度报告，做出一份评估报告显示，交通拥堵让北京市年损失 1056 亿元，相当于北京 GDP 的 7.5%。倘若平摊到每辆机动车上，每年每辆车的平均经济损失达 21 957 元。在巴黎，每个家庭因拥堵造成的损失每年达 997 欧元，驾车者因拥堵浪费的时间为每年 60 小时。美国得克萨斯州运输研究所对美国 39 个主要城市进行研究，估算美国每年因交通拥堵而造成的经济损失大约为 410 亿美元，12 个最大城市每年的损失均超过 10 亿美元，预计到 2020 年，因交通问题而造成的损失每年将超过 1500 亿美元。据加拿大交通部 2005 年发布的城市交通运行报告表明，加拿大每年因交通拥堵造成的经济损失达 60 亿加元。在日本，东京每年因交通拥堵造成交通参与者的时间损失价值 123 000 亿日元。交通拥堵不仅给出行者造成时间上的延误、机动车燃料消耗增加、居民健康风险增加，还给整个社会造成了巨大的生态环境污染、资源浪费、道路事故率增加等无谓损失。

物联网为解决城市拥堵问题提供了治理良策。在物联网相关技术应用的背景下，遍布于道路基础设施和车辆中的传感器和 RFID 可以对车辆进行识别和定位，了解车辆的实时运行状态和路线，了解实时交通流量和交通状况，通过智能的交通管理和调度机制充分发挥道路基础设施的效能，最大化交通网络流量并提高安全性，优化人们的出行体验，方便车辆管理和交通监控，为出行者和交通监管部门提供实时交通信息，有效缓解交通拥堵，快速响应突发状况。可以实现交通工具全程追踪，保证运输的安全。还可以利用自动识别实现高速公路的不停车收费、公交车电子票务等，提高交通管理效率。车辆能够自动获得更丰富的路况信息，实现自动驾驶等。展望一下未来的交通，所有的车辆都能够预先知道并避开交通堵塞，沿最快捷的路线到达目的地，减少二氧化碳的排放，拥有实时的交通和天气信息，能够随时找到最近的停车位，甚至在大部分的时间内车辆可以自动驾驶而乘客们可以在旅途中欣赏在线电视节目。

智能交通采用信息化管理手段，实现城市交通的智能化管理，从整体上优化交通运输系统，让人、车、路和交通系统融为一体，为城市大动脉的良性运转提供科学决策。物联网将为智能交通的发展提供质的飞跃及巨大发展空间。

二、智能物流

物流涉及各个行业与领域，关系着现代人生活的衣食住行和社会经济的方方面面。2010 年物流企业在 GDP 中占的比例，中国为 18%，日本为 11%，美国为 8%，欧盟为 7%。传统的管理系统中，无法及时跟踪物品信息，对物品信息的录入和清点也多以手工为主，不仅速度慢，而且容易出现差错。对于不断提升其工作效率、完善管理方法、解决实际应用中的现实问题以及改善投资环境都有着迫切的需求。2010年，国家发改委委托中国工程院做了一个物联网发展战略规划的课题，课题列举了物联网在十个重点领域的应用。物流是其中热门的应用领域之一，智能物流成为物流领域的应用目标。

智能物流主要体现在以下四个方面，一是基于RFID等技术建立的产品的智能可追溯网络系统，主动监控车辆与货物，主动分析、获取信息，实现物流过程的全监控，提供货物保障；二是智能配送的可视化管理网络，这是基于GPS卫星定位，对物流车辆配送进行实时的可视化的在线调度与管理；三是基于声、光、机、电、移动计算等各项先进技术，建立全自动化的物流配送中心，实现区域内的物流作业的智能控制、自动化操作。货物装卸、码垛、分拣、输送、出入库等完全实现自动化和智能化；四是基于智能配货的物流网络化公共信息平台，实现企业物流决策的智能化，通过实时的数据监控、对比分析，对物流过程与调度不断优化，对客户个性化需求及时响应；在大量基础数据和智能分析的基础上，实现物流战略规划的建模、仿真、预测，确保未来物流战略的准确性和科学性；实现企业内、外部数据传递的智能化，通过数据交换技术实现整个供应链的一体化。

智能物流是基于物联网的广泛应用基础上，利用先进的信息采集、信息处理、信息流通和信息管理技术，完成包括运输、仓储、配送、包装、装卸等多项基本活动的，货物从供应者向需求者移动的整个过程，为供方提供最大化利润，为需方提供最佳服务，可以使客户在任何地方、任何时间以最便捷、最高效、最可靠、成本最低的方式享受到物流服务。同时消耗最少的自然资源和社会资源，最大限度地保护好生态环境的整体智能社会物流管理体系。

智能物流是物联网技术应用于物流领域的体现，是物流现代化基本途径。物联网技术的快速发展将极大地推进现代物流业的发展，促进物流行业走向数字化、自动化、可视化、可控化、集成化、网络化和智能化。

三、智能电网

现代社会经济的高速发展使电力系统的容量日趋紧张，电网的安全性和可靠性要求愈来愈高。另外，现有的电力输送网络缺少动态调度，从而导致电力输送效率低下。

智能电网就是以物联网为基础，在现有的电网加上传感器、RFID技术以及局域网络实现远程控制以及结构优化。其核心是构建具备智能判断和自适应调节能力的多种能源统一入网和分布式管埋的智能化网络系统，通过对电网与用户用电信息进行实时监控和采集，采用最经济、最安全的输配电方式将电能输送到终端用户，实现对电能的最优配置与利用，提高电网运行的可靠性和能源的利用效率。从智能电网的能源接入、输配电调度、安全监控与继电保护、用户用电信息采集、计量计费到用户用电，每一处都是通过物联网技术来实现的。

与现有电网相比，智能电网先进性和优势主要表现在，一是具有坚强的电网基础体系和技术支撑体系，能够抵御各类外部干扰和攻击，能够适应大规模清洁能源和可再生能源的接入，电网的坚强性得到巩固和提升；二是信息技术、传感器技术、自动控制技术与电网基础设施有机融合，可获取电网的全景信息，及时发现、预见可能发生的故障。故障发生时，电网可以快速隔离故障，实现自我恢复，从而避免大面积停电的发生；三是柔性交直流输电、智能调度、电力储能、配电自动化等技术的广泛应用，使电网运行控制更加灵活、经济，并能适应大量分布式电源、微电网及电动汽车充放电设施的接入；四是通信、信息和现代管理技术的综合运用，将大大提高电力设备使用效率，降低电能损耗，使电网运行更加经济和高效；五是实现实时和非实时信息的高度集成、共享与利用，为运行管理展示全面、完整和精细的电网运营状态图，同时能够提供相应的辅助决策支持、控制实施方案和应对预案；六是建立双向互动的服务模式，用户可以实时了解供电能力、电能质量、电价状况和停电信息，合理安排电器使用。电力企业可以获取用户的详细用电信息，为其提供更多的增值服务。

将物联网技术应用于电网是电力行业发展的必然趋势，物联网技术影响着智能电网发展的进程。

四、智能环境监测

环境监测是指通过检测对人类和环境有影响的各种物质的含量、排放量以及各种环境状态参数，跟踪环境质量变化，确定环境质量水平，为环境管理、污染治理、防灾减灾等工作提供基础信息、方法指引和质量保证。传统的以人工为主的环境监测模式受测量手段、采样频率、取样数量、分析效率、数据处理诸方面的限制，耗费大量资源，所获得监测数据往往存在样本量和样本类型偏少、数据实效性弱、数据精度差等诸多问题，不能及时地反映环境变化，预测变化趋势，更不能根据监测结果及时采取有关应急措施。

智能环境监测就是借助物联网技术，把感应器和装备嵌入到各种环境监控对象中，感知大气和土壤、水库河流、森林绿化带、湿地等自然生态环境中的各项技术指标，通过超级计算机和云计算将生态领域物联网整合起来，通过密布各种类型的感知节点，连续、实时采集并测定监测对象，确定环境质量及其变化趋势，通过多种通信方式快速反馈至数据处理平台，在对数据进行汇总、分析、发布的同时，系统自动反馈相应的环境预防或防治方案，从而将环境污染问题由事后监管转向事先预防。为大气保护、土壤治理、河流污染监测和森林水资源保护等提供数据依据，形成对河流污染源的监测、灾害预警以及智能决策的闭环管理。

智能环境监测能够充分发挥物联网技术优势，实现人类社会与环境业务系统的整合，以更加精细和动态的方式实现环境管理和智慧决策。物联网在环境监测领域的应用使长期、连续、大规模、实时的环境监测变为可能，为实现物联网时代对物理世界更全面的感知奠定了坚实的技术基础。

五、智能医疗

智能医疗是物联网的重要研究领域，它利用传感器等信息识别技术，通过无线网络实现患者与医务人员、医疗机构、医疗设备间的互动，使医疗服务更加便捷、安全、高效，促进健康管理的网络化、信息化、智能化。

通过在人身上放置不同的医疗传感器，可以对人体的健康参数进行实时监测，及时获知对象生理特征，提前进行疾病的诊断和预防；对于医疗急救，将病人当前身体各项监测数据上传至医疗救护中心，以便救护中心的专家提前做好救护准备，或者给出治疗方案，对病人实施远程医疗；通过打造医疗信息化平台，让患者信息、医疗资源信息、诊断信息等能够在整个医疗体系中共享。医疗信息化平台采集患者、医疗体系的信息，并对医疗的全过程如挂号、诊疗、处方、转诊、住院等信息进行数据采集和存储；还可进行疫情发布控制、卫生监督管理、医疗研究、远程健康检测、远程医疗照护、医院社区家庭的综合医疗等服务。

医疗行业中融入物联网技术，从本质上推进了整个医疗信息化的改进。医疗物联网在医疗行业的应用比普通的物联网更有突破性的解决方案，应用前景也更加广阔。

六、智能家居

智能家居又称智能住宅，是以计算机技术和网络技术为基础，利用综合布线技术、网络通信技术、安全防范技术、自动控制技术、音视频技术将与家居生活有关的设备集成。这些设备包括各类电子产品、通信产品、家电等，通过不同的互联方式进行通信及数据交换，是实现家庭网络中各类电子产品之间的"互联互通"的一种服务。

智能家居服务范围涵盖家庭安防、老人及儿童看护、远程抄表、远程医疗保健、远程家电控制等多个方面，将为我们构建高效、舒适、安全的生活环境。

试想，在炎热的夏天或寒冷的冬天，通过手机或互联网，可以对家里的空调进行远程遥控，提前设定温度、运行模式和风速，这样一进家门就能享受彻底的清凉或温暖……回家途中，发条短信就能将热水器调节到位准备洗澡水；冰箱中食物耗光会立刻提醒，或者告诉什么食物要尽快食用、什么已经过期，并通过物流配送系统自动送上门来；将衣物丢进洗衣机，就能自动识别材质选择洗涤模式，并根据电力供应选择最佳洗涤时间……那些在科幻电影中才能出现的梦寐以求的生活景象，将在不久的将来进入千家万户，为人们的日常生活带来全方位的提升与感受。日常生活将更具安全性、便利性、舒适性，更加随心所欲，变得更科技、更精彩。

七、智能楼宇

物联网技术将推动智慧城市发展，而智慧城市的实施必然离不开智能楼宇技术的支撑。

应用物联网技术，智能楼宇具有人员实时管理，能耗数据实时采集，设备自动控制，室内环境舒适度调整，能源状态显示、统计、分析和预警等功能，从而实现建筑的节能降耗，对整个建筑或者多个建筑中所有房间中的电器设备的协调统一和智能管理。

由物联网的各个应用场合可以看出，物联网的提出体现了大融合理念，突破了将物理基础设施和信息基础设施分开的传统思维，将现实世界数字化。在提升信息传送效率、改善民生、提高生产率、降低管理成本等各方面，物联网发挥了重要的作用，大力发展物联网具有深远的战略意义。

思考题

1. 物联网体系结构分哪几层？每层的功能是什么？
2. 试讨论物联网与互联网、传感网、泛在网和 M2M 的区别和联系。
3. 物联网的关键技术有哪些？
4. 简述条码的分类和编码方式。
5. 什么是 RFID 技术？ RFID 系统组成与工作原理是什么？
6. 什么是传感器？它由哪几部分组成？简单介绍各个组成部分。
7. 电感式传感器有几种结构？各有什么特点？
8. 智能传感器有哪几类？各有什么特点？
9. 什么是 WSN ？ WSN 体系结构是什么？
10. 近距离通信技术有哪些？各有什么特点？
11. 有线通信技术有哪些？
12. 什么是纳米技术？简述纳米技术对物联网发展的作用。
13. 简述云计算的基本概念与特点。
14. 简述云计算与物联网的关系。
15. 什么是 GPS ？ GPS 有何特点？
16. 简述 GPS 与物联网的关系。

知识拓展

本单元相关学习网站：
1. 设计师网：http://www.shejis.com/
2. RFID 世界网：http://www.rfidworld.com.cn/
3. 物联世界网：http://www.netofthings.cn/
4. 物联中国网：http://www.50cnnet.com/

单元六

移动通信和无线宽带技术

模块一 移动通信技术

一、移动通信概述

（一）移动通信的定义与组成

1. 移动通信的定义

通信就是信息交流。随着社会的发展，人们对通信的要求越来越高，期望无论何时何地都能及时可靠地实现与任何人之间的通信。因此，传统的固定通信手段已不能满足人们的需要，移动通信就是在这种要求下发展起来的。

移动通信（Mobile Communication）是指通信双方至少有一方在移动中（或者临时停留在某一非预定的位置上）进行信息传输和交换。例如，固定点与移动体之间、活动的人与人之间以及人与移动体之间的通信，都属于移动通信的范畴。

移动通信系统包括无线电话系统、陆地蜂窝移动通信系统、集群通信系统、卫星移动通信系统等。移动体之间通信联系的传输手段只能依靠无线电通信，因此，无线通信是移动通信的基础，无线通信技术的发展将推动移动通信的发展。当移动电话与固定电话之间进行通信联系时，除了依靠无线通信技术之外，还依赖于有线网络技术。

2. 移动通信的组成

一般而言，移动通信系统由移动台（如手机）、基站（天线、无线电信号的接收、发射设备及基站控制器等）、交换网络（移动交换机、跨地区间的中继传送设备等）三大部分组成，如图6-1所示。

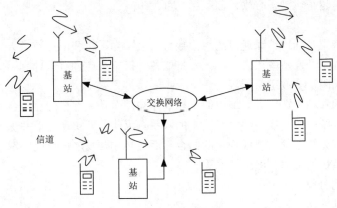

图 6-1 移动通信系统构成

（二）移动通信的特点与分类

1. 移动通信的特点

① 设备性能要求高

不同的移动通信系统有不同的特点，这也是对通信设备性能要求的依据。在陆地移动通信系统中，要求移动台体积小、重量轻、功耗低、操作方便。同时，在有振动和高、低温等恶劣的环境条件下，要求移动台依然能够稳定、可靠地工作。

②电波传播有严重的衰落现象

移动台因受到城市高大建筑物的阻挡、反射、电离层散射的影响，移动台收到的信号往往不仅是直射波，还有从各种途径来的散射波，称为多径信号。这种多径信号在接收端所合成信号的幅度与相位都是随机的，其幅度是瑞利（Rayleigh）分布而相位在0~2π域内均匀分布，因此出现严重的衰落现象。

当移动台处于高速运动状态时，加快了衰落现象。据分析，移动通信的衰落可达30 dB左右，这就要求移动台具有良好的抗衰落能力。

③存在远近效应

移动通信是在运动过程中进行通信，因此大量移动台之间会出现近处移动台干扰远距离邻道移动台的通信，一般要求移动台能自动调整发射功率。同时，随通信距离的变化迅速改变，所以，移动台的收信机应有良好的自动增益控制能力。

④强干扰条件下工作

移动台通信环境变化很大，很可能进入强干扰区进行通信，在移动台附近的发射机也可能对正在通信的移动台进行强干扰。当汽车在公路上行驶时，该车和其他车辆的噪声干扰也相当严重，这就要求移动通信具有很强的抗干扰能力。

⑤存在多普勒效应

多普勒效应指的是当移动台具有一定速度 v 的时候，基站接收到移动台的载波频率将随 v 的不同，产生不同的频移，反之也如此。移动产生的多普勒频偏为：

$$f_{d} = \frac{v}{\lambda}\cos\theta \tag{6-1}$$

式（6-1）中，v 为移动速度，λ 为工作波长，θ 为电波入射角，式（6-1）表明，移动速度越快，入射角越小，则多普勒效应就越严重。

⑥技术复杂

移动通信，特别是陆地移动通信的用户数量很大，为了缓和用户数量大与可利用的频率资源有限的矛盾，除了开发新频段之外，还要采取各种措施来更加有效地利用频率资源，如压缩频带、缩小波道间隔、多波道共用等。

由于移动台的移动是在广大区域内的不规则运动，而且大部分的移动台都会有关闭不用的时候，它与通信系统中的交换中心没有固定的联系。因此，要实现通信并保证质量，移动通信必须是无线通信或无线通信与有线通信的结合，而且必须要发展自己的跟踪、交换技术，如位置登记技术、波道切换技术、漫游技术等。

2. 移动通信的分类

移动通信有以下几种分类：

①按使用对象可分为民用设备和军用设备；

②按使用环境可分为陆地通信、海上通信和空中通信；

③按多址方式可分为频分多址（FDMA）、时分多址（TDMA）和码分多址（CDMA）等；

④按覆盖范围可分为广域网和局域网；

⑤按业务类型可分为电话网、数据网和多媒体网；

⑥按工作方式可分为同频单工、异频单工、异频双工和半双工。

所谓单工通信，是指通信双方电台交替地进行收信和发信。根据收、发频率的异同，又可分为同频单工和异频单工。单工通信常用于点到点通信，参见图6-2。

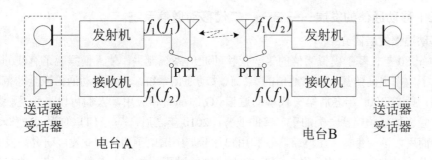

图 6-2 单工通信

所谓双工通信，是指通信双方可同时进行传输消息的工作方式，有时亦称全双工通信，如图 6-3 所示。图 6-3 中，基站的发射机和接收机分别使用一副天线，而移动台通过双工器共用一副天线。双工通信一般使用一对频道，以实施频分双工（FDD）工作方式。这种工作方式使用方便，同普通有线电话相似，接收和发射可同时进行。但是，在电台的运行过程中，不管是否发话，发射机总是工作的，故电源消耗较大，这一点对用电池作电源的移动台而言是不利的。

为缓解这个问题和减少对系统频带的要求，可在通信设备中采用同步的半双工通信方式，即时分双工（TDD）。此时，时间轴被周期地分割成时间帧，每一帧分为两部分，前半部分用于电台 A（或移动台）发送，后半部分用于电台 B（或基站）发送，这样就可以实现电台 A 和 B（移动台与基站）的双向通信。

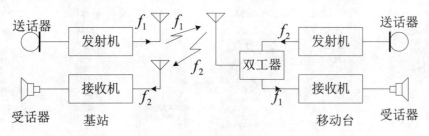

图 6-3 双工通信

半双工通信的组成如图 6-4，与图 6-3 相似，移动台采用单工的"按讲"方式，即按下按讲开关，发射机才工作，而接收机总是工作的。基站工作情况与双工方式完全相同。

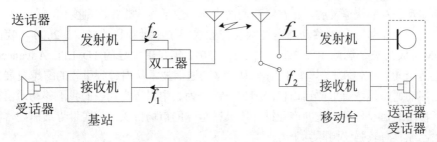

图 6-4 半双工通信

⑦按服务范围可分为专用网和公用网；

⑧按信号形式可分为模拟网和数字网。

（三）移动通信的发展——第一、二代移动通信系统

1. 移动通信发展简介

20 世纪 80 年代基于模拟通信的第一代移动通信系统诞生，使人们摆脱了有线的束缚；90 年代诞生了效率更高的基于数字通信的第二代移动通信系统，个人移动通信在全球范围得到了快速发展；随着 2000 年之后第三代移动通信 3G 的部署和应用，人们可以享受更快速的手机上网、体验诸如视频电话一类的更丰富的业务；2010 年之后，基于 LTE 的第四代移动通信 4G 网络逐步商用，进一步提升了网络容量和用户体验。中国电子信息创业发展研究院发布的《6G 概念及愿景白皮书》中给出了移动通信技术演进的过程，如图 6-5 所示。移动通信技术演进的过程如图 6-5 所示。为了满足未来移动通信网络发展的需要，ITU 正在开展 IMT 未来发展愿景研究工作，指导 IMT 在 IMT- Advanced 阶段之后（2020 年及以后）的发展方向。欧盟于 2012 年底启动了"面向 2020 信息社会的移动与无线通信"（简称 METIS）的研究项目，参与方包括运营商、设备商、科研院校等机构，计划于 2020 年实现第五代移动通信 5G 网络的商用。三星电子已宣布在 28GHz 高频段开展面向 5G 的测试和试验。中国于 2013 年 4 月份成立了 IMT-2020 推进组，组织协调国内外各方力量，积极合作，共同推动 5G 需求、频谱、技术以及后续标准化的工作，6G 的研究也已经开始启动。

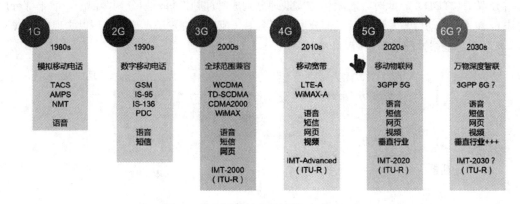

图 6-5 移动通信技术的演进（1G~6G）

从模拟到数字，从 2G 到 3G、4G、5G，移动通信技术发展极为迅速，截至 2021 年 1 月，全球手机用户数量为 52.2 亿，互联网用户数量为 46.6 亿，而社交媒体用户数量为 42 亿。移动通信和移动互联网的快速发展，正在对我们的生产和生活方式带来深刻变化。

在过去的三十年，我国移动通信技术和产业取得了举世瞩目的成就。2000 年我国主导的 TD-SCDMA 成为三个国际主流 3G 标准之一，2012 年我国主导的 TD-LTE-Advanced 技术成为国际上两个 4G 主流标准之一，我国实现了移动通信技术从追赶到引领的跨越发展，已经成为世界上移动通信领域有重要话语权的国家；以华为、中兴等为代表的我国移动通信企业，已经形成了移动通信设备和系统的产业链，产品在全球的市场份额已位居世界最前列，我国移动通信产业已经具有较强的国际竞争力。

5G 方面，我国政府、企业、科研机构等各方高度重视前沿布局，力争在全球 5G 标准制定上掌握话语权。中国 5G 标准化研究提案在 2016 世界电信标准化全会（WTSA16）第 6 次全会上已经获得批准，这说明我国 5G 技术研发已走在全球前列。随着移动互联网的发展，宽带移动通信技术已经渗透到百姓生活的方方面面，为我们展示了移动信息社会的美好未来。图 6-6 为我国移动通信发展历程示意图。

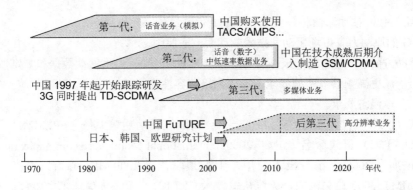

图 6-6 我国移动通信发展历程

截至 2021 年 5 月，从工业和信息化部获悉，我国 5G 发展取得领先优势，已累计建成 5G 基站超 81.9 万个，占全球比例约为 70%；5G 手机终端用户连接数达 2.8 亿，占全球比例超过 80%。将持续推进 5G 快速健康发展，持续提升产业基础能力和产业链现代化水平，着力打造融合应用生态。同时，稳中有进推动 6G 发展，深入开展 6G 应用场景研究，着力推动关键技术创新突破，积极促进国际交流合作。

2. 第一代移动通信系统回顾

20 世纪 70 年代末，美国 AT&T 公司通过使用电话技术和蜂窝无线电技术研制了第一套蜂窝移动电话系统，取名为先进的移动电话系统，即 AMPS（Advanced Mobile Phone Service）系统。第一代无线网络技术的一大成就在于它去掉了将电话连接到网络的用户线，用户第一次能够在移动的状态下拨打电话。这一代主要有 3 种窄带模拟系统标准，即北美蜂窝系统 AMPS，北欧移动电话系统 NMT 和全接入通信系统 TACS，我国采用的主要是 TACS 制式，即频段为 890 ～ 915 MHz 与 935 ～ 960 MHz。第一代移动通信的各种蜂窝网系统有很多相似之处，但是也有很大差异，它们只能提供基本的语音会话业务，不能提供非语音业务，并且保密性差，容易并机盗打，它们之间还互不兼容，显然移动用户无法在各种系统之间实现漫游。

3. 第二代移动通信系统回顾

为了解决由于采用不同模拟蜂窝系统造成互不兼容无法漫游服务的问题，1982 年北欧四国向欧洲邮电行政大会 CEPT（Conference Europe of Post and Telecommunications）提交了一份建议书，要求制定 900 MHz 频段的欧洲公共电信业务规范，建立全欧统一的蜂窝网移动通信系统。同年成立了欧洲移动通信特别小组，简称 GSM（Group Special Mobile）。第二代移动通信数字无线标准主要有：GSM，D-AMPS，PDC 和 IS-95CDMA 等。在第二代技术中还诞生了 2.5G，也就是 GSM 系统的 GPRS 和 CDMA 系统的 IS-95B 技术，大大提高了数据传送能力。第二代移动通信系统在引入数字无线电技术以后，数字蜂窝移动通信系统提供了更好的网络，不仅改善了语音通话质量，提高了保密性，防止了并机盗打，而且也为移动用户提供了无缝的国际漫游。

（四）移动通信的发展——3G 系统

1. 3G 系统简述

由于 2G（第二代）移动通信系统频谱资源的有限性、频谱利用率的较低性、支持移动多媒体业务的局限性（只能提供话音与低速数据业务），以及 2G 系统之间的不兼容性，因而导致了系统的容量较小、难以满足高速宽带业务的需求和不能实现用户全球漫游等不足，因此，发展 3G（第三代）移动通信将是第二代移动通信前进的必然结果。

发展 3G 的原动力有市场驱动和技术驱动两方面原因。

市场驱动方面：一是满足未来移动用户容量的需求；二是提供移动数据和多媒体通信业务。

技术驱动：更高频谱效率的要求；各大网络兼容性要求；全球统一频段、统一标准，全球无缝覆盖，全球漫游要求。

第三代（3G）移动通信系统也叫"未来公共陆地移动通信系统（FPLMTS）"，后由国际电信联盟（ITU）正式命名为 IMT-2000（International Mobile Telecommunication-2000），即该系统预期在 2000 年左右投入使用，工组频段位于 2000 MHz 频带，最高传输速率为 2000 kbps。IMT-2000 最关键的是无线传输技术（RTT），无线传输技术主要包括多址技术，调制解调技术，信道编解码和双工技术等。ITU 于 1997 年制定了 M.1225 建议，对 IMT-2000 无线传输技术提出了最低要求，并向世界范围征求无线传输建议。

IMT-2000 要求 3G 系统运行在不同的无线环境中，终端用户可以是固定的或是以各种速度移动的，以下为 3G 系统应该支持的各种典型环境支持的速率：

（1）室内环境至少 2 Mbps

（2）室内外步行环境至少 384 kbps

（3）室外车辆运动中至少 144 kbps

（4）卫星移动环境至少 9.6 kbps

用于传输 3G 业务的基础设施既可以基于陆地也可以基于卫星，信息类型包括语音、数据、文本、图像和录像等。3G 支持许多不同尺寸的蜂窝，它们可以是：

（1）半径大于 35 km 的大或超大小区

（2）半径在 1~35 km 的宏小区

（3）半径在 1 km 内的室内或室外的微小区

（4）半径小于 50 m 的室内或室外的微微小区

3G 网络必须能与原有的网络互相兼容，例如 PSTN "公众交换电话网"或 ISDN "综合业务数字网"以及"分组交换公共数据网"，如 Internet 等。一些用户可以按需要进行带宽申请，网络保证其服务质量（QoS）。核心网应该能够基于用户的请求进行资源分配，确保全部用户得到所要求的业务质量。3G 标准要求有效利用频谱，在一些情况下，要求阶段性的引入这些业务，例如：第一阶段支持 144 kbps 的数据速率，第二阶段支持 384 kbps，最后支持 2.048 Mbps，且所有阶段向下兼容等。

2. 国内外第三代移动通信系统发展历程

1985 年末，国际电信联盟（ITU International Telecommunication Union）在讨论移动通信的 CCIR SG- 8 会议上提出了未来公共陆地移动通信系统（FPLMTS）的概念，从而拉开了第三代移动通信技术发展的序幕。

1997 年以来，国内外有关第三代移动通信的研究逐渐成为移动通信领域的研究热点。

按照 ITU 的既定时间表，1999 年 3 月完成第三代移动通信标准 IMT-2000 RTT 关键参数的选定。

1999 年底完成包括上层协议在内的完整的无线接口标准制定工作。

2000 年底完成核心网全部标准的制定工作。

紧跟国际步伐，1997 年 6 月我国 863 通信技术主题在安徽黄山发起了首次规模较大的有关宽带移动通信系统技术研讨会，来自国内外的著名厂商均派代表参加了本次会议。

1997 年 7 月中国第三代移动通信评估协调组（ChEG）成立。

1998 年国家 863 通信技术主题又与邮电部第三代移动通信评估协调组（ChEG）联合在香山召开了规模更大的第三代移动通信研讨会。

1998 年 6 月邮电部电信技术研究院向 ITU 提交了自己的第三代移动通信建议标准 TD-SCDMA。

1998 年 9 月 ChEG 完成了对其他国家有关提案的评估（重点针对欧洲 WCDMA 和北美 CDMA2000）报告，并提交 ITU。

1998 年 11 月，国家第三代移动通信系统研究开发重大项目启动，该项目的主要目标是在 2000 年 12 月之前，通过自主科研开发拥有一批核心专利技术，建立具有第三代移动通信基本特征的实验系统，为制定我国的第三代移动通信体制标准提出建议。

3. 3G 的标准

1999 年 11 月，ITU TG8/1 在芬兰举行的会议上，确定了 IMT-2000 可用的 5 种 RTT 技术，即 IMT-2000CDMA DS、IMT-2000CDMA MC、IMT-2000CDMA TDD、IMT-2000TDMA SC 和 IMT-2000TDMA MC，目前后两种标准已基本退出主流市场，W-CDMA、CDMA2000、TD-SCDMA 成为世界三大主流 3G 标准（见图 6-7）。

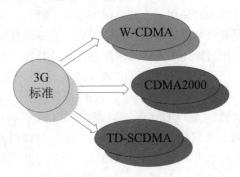

图 6-7 三大主流 3G 标准

（1）W-CDMA

也称为 WCDMA，全称为 Wideband CDMA，也称为 CDMA Direct Spread，意为宽频分码多重存取，这是基于 GSM 网发展出来的 3G 技术规范，是欧洲提出的宽带 CDMA 技术，它与日本提出的宽带 CDMA 技术基本相同，目前正在进一步融合。其支持者主要是以 GSM 系统为主的欧洲厂商，日本公司也或多或少参与其中，包括欧美的爱立信、阿尔卡特、诺基亚、朗讯、北电，以及日本的 NTT、富士通、夏普等厂商。这套系统能够架设在现有的 GSM 网络上，对于系统提供商而言可以较轻易地过渡，而 GSM 系统相当普及的亚洲对这套新技术的接受度预料会相当高。因此 W-CDMA 具有先天的市场优势。该标准提出了 GSM(2G)-GPRS-EDGE-WCDMA(3G) 的演进策略。GPRS 是 General Packet Radio Service（通用分组无线业务）的简称，EDGE 是 Enhanced Data rate for GSM Evolution（增强数据速率的 GSM 演进）的简称，这两种技术被称为 2.5 代移动通信技术。

（2）CDMA2000

CDMA2000 是由窄带 CDMA（CDMA IS95）技术发展而来的宽带 CDMA 技术，也称为 CDMA Multi-Carrier，由美国高通北美公司为主导提出，摩托罗拉、Lucent 和后来加入的韩国三星都有参与，韩国现在成为该标准的主导者。这套系统是从窄频 CDMAOne 数字标准衍生出来的，可以从原有的 CDMAOne 结构直接升级到 3G，建设成本低廉。但目前使用 CDMA 的地区只有日、韩和北美，所以 CDMA2000 的支持者不如 W-CDMA 多。不过 CDMA2000 的研发技术却是目前各标准中进度最快的，许多 3G 手机已经率先面世。该标准提出了从 CDMA IS95（2G）-CDMA20001x-CDMA20003x（3G）的演进策略。CDMA20001x 被称为 2.5 代移动通信技术。CDMA20003x 与 CDMA20001x 的主要区别在于应用了多路载波技术，通过采用三载波使带宽提高。目前中国联通正在采用这一方案向 3G 过渡，并已建成了 CDMA IS95 网络。

（3）TD-SCDMA

全称为 Time Division - Synchronous CDMA（时分同步 CDMA），该标准是由中国大陆独自制定的 3G 标准，1999 年 6 月 29 日，中国原邮电部电信科学技术研究院（大唐电信）向 ITU 提出。该标准将智能无线、同步 CDMA 和软件无线电等当今国际领先技术融于其中，在频谱利用率、对业务支持具有灵活性、频率灵活性及成本等方面有独特优势。另外，由于中国国内的庞大的市场，该标准受到各大主要电信设备厂商的重视，全球一半以上的设备厂商都宣布可以支持 TD-SCDMA 标准。该标准提出不经过 2.5 代的中间环节，直接向 3G 过渡，非常适用于 GSM 系统向 3G 升级。

4. 3G 系统的构成

第三代移动通信系统将在同时使用第二代系统的基础上引入，因此，从保护第二代系统庞大基础设施的巨额投资和使其继续发挥效益的观点出发，第三代系统的介入是否能支持第二代系统的功能，并允许其逐步平滑地向第三代系统演进，这是 IMT-2000 能否成功的关键。

按照 ITU 的定义，第三代移动通信系统由移动终端 MT、无线接入网 RAN 和核心网络 CN 构成。由于第二代系统具有多种工作模式 (如 FDD 频分双工，TDD 时分双工) 和可采用不同的无线传输技术 RTT(如 TDMA，CDMA 或多载波 CDMA)，所以，难以使用统一的网络技术模式来实现第二代核心网向第三代核心网的过渡。为此，ITU 的 IMT-2000 发展策略改变了先前的"一统"概念，转而注重以各地区现有网络基础为参考来制定比较现实的过渡办法。在 1997 年 3 月的 ITU 会议上，代表们一致通过了"IMT-2000 家族"的概念，从此放弃了在空中接口及网络技术等方面一致性的努力，而致力于制定网络接口的标准和互通方案。也就是说，尽管不同地区现有的第二代系统标准存在差异，但在向第三代系统演进过程中，只要该系统能在网络和业务能力上满足要求，都可能成为 IMT-2000 家族的成员。因此，IMT-2000 家族概念的引入给予地区标准化组织以极大的灵活性，有利于推动实现第三代系统的进程。图 6-8 给出了第三代移动通信系统的一般组成结构。

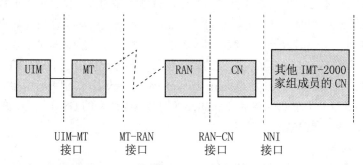

图 6-8 第三代移动通信系统一般组成结构

按照 ITU 的定义，第三代移动通信系统由移动终端 MT、无线接入网 RAN 和核心网络 CN 构成。

5. 3G 特征与特点

第三代移动通信可使人们享受到更多的通信乐趣，除了获得更清晰的话音业务外，还可以随时随地通过个人移动终端进行多媒体通信，如上网浏览、多媒体数据库访问、实时股市行情查询、可视电话、移动电子商务、交互游戏、无线个人随身听和视频传送等，更有特色的是与位置相关的业务，人们随时随地可以了解周围环境的情况，如街区地图、宾馆商场的位置、天气预报等。3G 移动电话将成为人们生活和工作的好帮手。

3G 时代是一个以业务为主要推动力的时代，相对 2G 业务，3G 业务具有支持承载速率高、支持突发和不对称流量、具有 QoS 保障以及多媒体普遍应用的特点。

与 2G/2.5G 网络承载的业务相比较，3G 网络承载的业务是对原有业务的继承和发展，较之 2G/2.5G 网络业务，3G 网络业务最基本的特征包括：

（1）具有丰富的多媒体业务应用；

（2）提供高速率的数据承载，其中高速移动环境下支持 144 kbps 速率，步行和慢速移动环境下支持 384 kbps 速率，室内环境支持 2 Mbps 速率的数据传输；

（3）业务提供方式灵活，同时提供电路域和分组域、话音和数据业务，支持承载类业务，支持可变的比特率，支持不对称业务，并且在一个连接上可同时进行多种业务；

（4）提供端到端 QoS 保障，使得 3G 网络业务可以具备更好的业务质量。

3G 业务应当具备如下四个特点：

（1）智能化：业务的智能化主要体现在网络业务提供的灵活性、终端的智能化，例如除输入密码外，还可以通过语音、指纹来识别用户身份。

（2）多媒体化：3G 信息由语音、图像、数据等多种媒体构成，信息的表达能力和信息传递的深度都比 2G 有很大的提高，基本上可以实现多媒体业务在无线、有线网之间的无缝传输。

（3）个性化：用户可以在终端、网络能力的范围内，设计自己的业务，这是实现个性化的首要前提；网络运营商为用户提供虚拟归属环境即 VHE 能力，使用户在访问网络时可以享受到与归属网络一致的服务，保证个性化业务的全网一致性；业务提供者也可以相对于网络运营者独立地开发业务。

（4）人性化：业务的人性化就是要满足人的基本需要。人在移动中处理信息的能力比较有限，信息的有效传输和表达尤其重要，带宽并不是越宽越好，要用最少的码元传输量使用户获取最多、最有用的信息；要考虑用户在安全性、可靠性方面的需求，达到固网的水平。

6. 3G 业务的分类及应用

（1）基于 QoS 的 3G 业务分类及应用

根据不同业务 QoS 要求，3G 定义了四种基本业务类型，即会话类业务、流媒体类业务、交互类业务和背景类业务。受四类业务自身业务特性及其他因素的影响，如移动通信相对于有线通信的特征、3G 网络业务承载能力限制、运营商利润需求、消费者的消费能力与消费欲望等，四种业务类型的主流业务各具不同特色。

（2）基于用户需求的 3G 业务分类及应用

按照面向用户需求的业务划分，可以分为通信类业务、娱乐类业务、资讯类业务及互联网业务。

①通信类业务

通信类业务通常包括基础话音业务、视像业务，以及利用手机终端进行即时通信的相关业务。

基础话音业务。3G 虽然以数据业务区别于 2G 业务，但是专家们认为，传统的话音业务在 3G 时代还是会占有很大的比例。无论手机终端如何发展，运营商提供的数据业务有多丰富，通话毕竟是手机的基础功能，话音业务显然会在 3G 初期占据业务的大额比例。况且，3G 时代的基本话音业务比起 2G 来更有价格优势，其通话质量显著提高，失真率降低，有望接近于固定电话的音质。

视像业务。视像业务是 3G 时代最引人关注的业务之一。通过 3G 终端的摄像装置以及 3G 网络高速的数据传输，电话两端的用户可以看见彼此的影像，从而实现对话双方的"面对面"实时交流。突破现有的"新视通"、"可见通"囿于电话线、网线的限制，基于无线传输的视像业务可以真正做到音频、视频的随时随地交互式交流。同时，3G 的高带宽使 3G 终端与互联网的视频通话成为可能。互联网用户只要拥有宽带网络及计算机视频通话软件，就可以与 3G 用户进行网上视频通话。

②娱乐类业务

与现有的手机娱乐业务多半依靠文字类的短消息传递相比，3G 的娱乐类业务称得上"声色俱佳"。音乐、影视的点播业务。用户能够以 2.4 Mbps 欣赏最新的歌曲、音乐电视和电影，更可以查找喜欢的歌手，尽情点播喜欢的歌曲和电影。体育新闻的点播与体育赛事的精彩预告、回顾。在雅典奥运会期间，中国移动和中国联通都推出了类似的服务，但是基于 2.5 G 网络的，其话音和画面质量与 3G 都不可同日而语。

图片、铃声下载。在林林总总的移动数据业务中，图片、铃声下载业务无疑是最受用户欢迎，也是运营商推出的最成功的 3G 增值业务。据统计，铃声、图片下载在韩国的 3G 服务内容中已经占到了 40.1% 份额。3G 服务商允许用户下载 MP3 铃声、活动墙纸等影像；通过与世界知名杂志、网站的合作，用户可以通过手机翻阅、下载图片、视频短片、高清晰照片等。

③资讯类业务

由于 3G 网络的大容量与高速率，3G 运营商所提供的资讯类业务大多摆脱了 2G 时代的纯文字内容，更多地是通过视频、音频来实现资讯内容的实时交互性传达。

新闻类资讯。3G 服务商一般与全球著名的新闻资讯供应商合作，提供实时的新闻资讯，用户可以视像的形式接收最新本地及世界新闻，第一时间获知世界大事。

财经类资讯。3G 服务商面向商务人士提供亚洲、美国及欧洲的资本市场动态，全日 24 小时不停放送财经信息。随着传播广度的进一步扩大，运营商提供的财经服务也越来越深入。现在的 3G 服务不再只是单纯地提供财经资讯，更多的是针对财经消息加以分析，提供与消息相关的财经新闻和评论，辅以图表分析和投资组合，让用户在了解信息的同时，还可以得到专业理财专家的建议。

便民类资讯。用户可以在手机屏幕上获取移动银行、电话簿、交通实况、黄页、票务预订、餐馆指南、机票信息、字典服务、城镇信息、FM 收音信息、烹饪查询、赛马等信息，满足日常的衣食住行等生活需要。

④互联网业务

3G 通常被认为是移动通信与互联网融合的一个典型运用。运营商在开发 3G 业务时，除了延续移动通信的传统业务外，也开发了与互联网有关的业务，以适应时代的要求。这其中最典型的就是电子邮件业务。通过 3G 网络和服务，用户不仅可以在 3G 手机终端撰写、收发、保存、打印电子邮件，还可以与 MSN、QQ 等即时通信工具融合，收发文字、图片、动画、影像等多媒体信息。

（五）移动通信的发展——4G 系统

1. 4G 系统简介

4G 是第四代移动通信及其技术的简称，是集 3G 与 WLAN 于一体并能够传输高质量视频图像以及图像传输质量与高清晰度电视不相上下的技术产品。

4G 的概念可称为宽带接入和分布网络，具有非对称的超过 2 Mbps 的数据传输能力。它包括宽带无线固定接入、宽带无线局域网、移动宽带系统和交互式广播网络。第四代移动通信标准比第三代标准拥有更多的功能。第四代移动通信可以在不同的固定、无线平台和跨越不同的频带的网络中提供无线服务，可以在任何地方用宽带接入互联网（包括卫星通信和平流层通信），能够提供定位定时、数据采集、远程控制等综合功能。此外，4G 系统是集成多功能的宽带移动通信系统，是宽带接入 IP 系统。

4G 系统能够以 100 Mbps 的速度下载，比拨号上网快 2000 倍，上传的速度也能达到 20 Mbps，并能够满足几乎所有用户对于无线服务的要求。而在用户最为关注的价格方面，4G 与固定宽带网络在价格方面不相上下，而且计费方式更加灵活机动，用户完全可以根据自身的需求确定所需的服务。此外，4G 可以在 DSL 和有线电视调制解调器没有覆盖的地方部署，然后再扩展到整个地区。很明显，4G 有着不可比拟的优越性。图 6-9 为 4G 的直观描述。

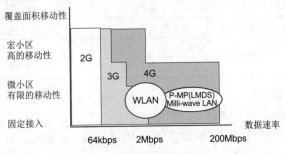

图 6-9 4G 的直观描述图

2. 4G 移动通信系统的特点

（1）兼容性强，智能化高

4G 网络系统是一种具有高度自适应、自治特点的网络系统，拥有良好的自组织性、可伸缩性、重构性等优点，可以对不同用户、不同环境的通信需求进行满足。同时，4G 通信系统还需要具有能够由 3G 平稳过渡、终端多样化和多种网络互联、接口开放、全球漫游等优点。

（2）全 IP 核心网络

全 IP 是指 4G 系统网络所使用的 IP 可以和实际使用的各种无线接入协议、接入方式兼容使用。4G 网络系统在进行核心网络设计时，要具有较大的灵活性，用户可以不用对无线接入所使用的协议和方式进行考虑。

（3）无缝连接

覆盖的无缝性是指 4G 系统可以在全球进行业务的提供；业务无缝性是指图像、数据、语音的无缝性；系统的无缝性是指用户不仅可以在蜂窝系统中使用，也可以在 WLAN 中使用。

（4）容量高，速率快

为了满足多媒体业务和数据业务日益增加的需要，4G 系统需要的容量要比之前更高。但是因为 4G 系统的频谱较少，因此，4G 系统的频谱效率只相当于高出 5 至 10 倍左右的 3G 系统。

4G 通信系统的下行信道最高速率会达到 100 Mbps，使用移动终端对文件进行下载的速度会比使用 3G 系统快。4G 系统还可以对移动终端的用户进行快速实时的高清视频图像传输。也就是说，4G 系统的速率为：对低速移动用户的数据速率可以达到 100 Mbps；中速移动用户的数据速率可以达到 20 Mbps；高速移动用户的数据速率可以达到 2 Mbps。对于大范围高速移动用户（250 km/h），数据速率为 2 Mbps；对于中速移动用户（60 km/h），数据速率为 20 Mbps；对于低速移动用户（室内或步行者），数据速率为 100 Mbps。

4G 是 3G 技术的进一步演化，是在传统通信网络和技术的基础上不断提高无线通信的网络效率和功能。同时，它包含的不仅仅是一项技术，而是多种技术的融合。不仅仅包括传统移动通信领域的技术，还包括宽带无线接入领域的新技术及广播电视领域的技术。表 6-1 是 4G 与 3G 系统的比较。

表 6-1   4G 与 3G 系统的比较

特征	3G	4G
业务特性	优先考虑语音、数据业务	融合数据和 VOIP
网络结构	蜂窝小区	混合结构，包括 Wi-Fi/蓝牙等
频率范围	1.6 ～ 2.5 GHz	2 ～ 8 GHz，800 MHz 低频
带宽	5 ～ 20 MHz	> 100 MHz
速率	385 kbps ～ 2 Mbps	20 ～ 100 Mbps
交换方式	电路交换/包交换	包交换
移动性能	200 km/h	200 km/h
IP 性能	多版本	全 IP(Ipv6)

3. 4G 通信的关键技术

（1）正交频分复用（OFDM）

OFDM 技术的主要思想就是在频域内将给定信道分成许多窄的正交子信道，在每个子信道上使用一个子载波进行调制，并且各子载波并行传输，因此可以大大消除信号波形间的干扰。OFDM 还可以在不同的子信道上自适应地分配传输负荷，这样可优化总的传输速率。OFDM 技术还能对抗频率选择性衰落或窄带干扰。在 OFDM 系统中由于各个子信道的载波相互正交，于是它们的频谱是相互重叠的，这样不但减小了子载波间的相互干扰，同时又提高了频谱利用率。

移动通信信道的突出特点之一就是信道存在多径时延扩展，它限制了数据速率的提高，因为如果数据速率高于信道的相关带宽，信号将产生严重失真，信号传输质量大幅度下降。而 OFDM 技术由于具备上述特点，是对高速数据传输的一种潜在的解决方案，在 FDMA、TDMA、CDMA 和 OFDM 等多址方式中，OFDM 是 4G 系统最为合适的多址方案，因此，OFDM 技术已基本被公认为 4G 的核心技术之一。

OFDM 技术主要的技术难点是系统中的频率和时间同步，基于导频符号辅助的信道估计，峰平比问题和多普勒频偏的影响，以及基于 OFDM、多载波技术的新一代蜂窝移动通信系统的多址方案的研究。

（2）智能天线（SA）与多入多出天线（MIMO）技术

智能天线具有抑制信号干扰、自动跟踪以及数字波束调节等智能功能，被认为是未来移动通信的关键技术。智能天线成形波束能在空间域内抑制交互干扰，增强特殊范围内想要的信号，这种技术既能改善信号质量又能增加传输容量，其基本原理是在无线基站端使用天线阵和相关无线收发信机来实现射频信号的接收和发射。同时通过基带数字信号处理器，对各个天线链路上接收到的信号按一定算法进行合并，实现上行波束赋形。目前智能天线的工作方式主要有两种：全自适应方式和基于多波束的波束切换方式。

多入多出天线 MIMO(Multiple-Input Multiple-Output) 系统，该技术最早是由马克尼（Guglielmo Marconi）于 1908 年提出的，它利用多天线来抑制信道衰落。根据收发两端天线数量，相对于普通的 SISO（Single-Input Single-Output）系统，MIMO 还可以包括 SIMO（Single-Input Multi-ple-Output）系统和 MISO（Multiple-Input Single-Output）系统。

信道容量随着天线数量的增大而线性增大，利用 MIMO 信道可成倍地提高无线信道容量，在不增加带宽和天线发送功率的情况下，频谱利用率可以成倍地提高。

利用 MIMO 技术可以提高信道的容量，同时也可以提高信道的可靠性，降低误码率。前者是利用 MIMO 信道提供的空间复用增益，后者是利用 MIMO 信道提供的空间分集增益。实现空间复用增益的算法主要有贝尔实验室的 BLAST 算法、ZF 算法、MMSE 算法、ML 算法。ML 算法具有很好的译码性能，但是复杂度比较大，对于实时性要求较高的无线通信不能满足要求。ZF 算法简单容易实现，但是对信道的信噪比要求较高。性能和复杂度最优的就是 BLAST 算法。该算法实际上是使用 ZF 算法加上干扰删除技术得出的。目前 MIMO 技术领域另一个研究热点就是空时编码。常见的空时码有空时块码、空时格码。空时码的主要思想是利用空间和时间上的编码实现一定的空间分集和时间分集，从而降低信道误码率。

MIMO 系统在一定程度上可以利用传播中多径分量，也就是说 MIMO 可以抗多径衰落，但是对于频率选择性深衰落，MIMO 系统依然是无能为力。目前解决 MIMO 系统中的频率选择性衰落的方案一般是利用均衡技术，还有一种是利用 OFDM。大多数研究人员认为 OFDM 技术是 4G 的核心技术，4G 需要极高频谱利用率的技术，而 OFDM 提高频谱利用率的作用毕竟是有限的，在 OFDM 的基础上合理开发空间资源，也就是 MIMO+OFDM，可以提供更高的数据传输速率。另外 OFDM 由于码率低和加入了时间保护间隔而具有极强的抗多径干扰能力。由于多径时延小于保护间隔，所以系统不受码间干扰的困扰，这就允许单频网络 (SFN) 可以用于宽带 OFDM 系统，依靠多天线来实现，即采用由大量低功率发射机组成的发射机阵列消除阴影效应，来实现完全覆盖。

（3）软件无线电技术

软件无线电技术是利用数字信号处理软件实现无线功能的技术，能在同一硬件平台上利用软件处理基带信号，通过加载不同的软件，可实现不同的业务性能。其优点是：

① 通过软件方式，灵活完成硬件功能；

② 具有良好的灵活性及可编程性；

③ 可代替昂贵的硬件电路，实现复杂的功能；

④ 对环境的适应性好，不会老化；

⑤ 便于系统升级，降低用户设备费用。

软件无线电技术被认为是可以将不同形式的通信技术有效联系在一起的唯一技术。在 4G 移动通信系统中，软件将会变得非常繁杂。为此专家们提议引入软件无线电技术，将其作为从第二代移动通信通向第三代和第四代移动通信的桥梁。软件无线电技术能够将模拟信号的数字化过程尽可能地接近天线，即将 A/D 和 D/A 转换器尽可能地靠近 RF 前端，利用软件无线电技术进行信道分离、调制解调和信道编译码等工作。软件无线电技术旨在建立一个无线电通信平台，在平台上运行各种软件系统，以实现多通路、多层次和多模式的无线通信。因此应用软件无线电技术，一个移动终端就可以实现其在不同系统和平台之间畅通无阻的使用。

4. 中国 4G 发展综述

由于历史原因，中国在通信产业发展中一直处于相对落后的局面。中国又是一个人口大国，没有自主的通信标准，无论是运营商还是相关的下游产业都受制于人，无形中给用户带来了更大的使用成本。为了改变这种不利局面，我国政府及相关产业在 3G 发展初期就对下一代通信技术进行了前瞻性的研究，积极参与了 4G 国际标准的制定。2001 年中国开启了未来通用无线环境研究计划（简称 FuTURE 计划），标志着中国 4G 研究的正式开始，主要研究未来的无线通信的发展趋势与需求。

FuTURE 计划发展规划如下：

第一阶段：2001~2003 年关键技术攻关；

第二阶段：2003~2006 年系统和应用演示；

第三阶段：2006~2011 年外场试验和预商用。

2007~2012 年，我国在多个地区对自主开发的 4G 移动技术进行了测试。

2012 年 TD-LTE 推出了更多的多模终端，具有端到端试商用的能力，中国移动已有的 TD-SCDMA 基站中 50% 的 TD-SCDMA 基站都可以平滑过渡到 TD-LTE，中国移动可以根据用户需求扩展 TD-LTE 基站数量。2010 年中国移动在广州、上海、北京、杭州、厦门、深圳 6 个城市启动 TD-LTE 规模技术试验，2012 年北京、天津、青岛三个城市也已进行了规模试验。2012 年在深圳、杭州等城市启动 TD-LTE 试商用。目前的 TD-LTE 网络有两大进展，一是可支持 FDD LTE 频段；二是可以实现从现有的网络进行升级，这将逐步扩大 TD-LTE 的应用范围，为正式商用做好了铺垫。

5. 4G 主要应用

视频通话 / 在线视频：高速网络将支持人们实时面对面通话，同样高速网络将支持人们上传下载高清视频。

云（计算）服务：高速便捷的在线存储的数据和应用，云服务对于移动用户来说在可靠性、功能性和安全性方面都会有显著的改善。

在线游戏：无时无刻基于 4G 网络的在线游戏对于游戏热衷者来说是一种莫大的诱惑，对于普通手机用户而言也是打发闲暇时间的好方法。

区域社交服务：社交永远是热门的应用，基于 4G 网络的区域内近距离社交，可视频可音频，可发送视频或照片，给社交带来便捷的方式。

手机导航定位：更精确的定位，更清晰的街角图片，更丰富的美食、娱乐推荐。

（六）移动通信的发展——5G 系统

1. 5G 简介

5G（5th-Generation）是第五代移动通信技术的简称，是具有高速率、低时延和大连接特点的新一代宽带移动通信技术，是实现人机物互联的网络基础。2012 年 1 月，ITU 正式发布了第 4 代移动通信技术标准 ITU-R M.2012 建议书，4G 移动通信技术标准工作告一段落。2012 年开始，业界开始了面向 5G 的愿景与需求的探讨。一系列研究报告正在开发中，ITU-RWP5D 2014 年正在开发 M.[IMT.Vision] 建议书，我国 CCSA TC5 WG6 组 2012 年立项开展"后 IMT-Advanced 愿景与需求研究"，我国 2013 年 2 月成立 IMT-2020（5G）推进组，下设需求研究组，开展面向 5G 的需求研究。2016 年 1 月，中国 5G 技术研发试验正式启动，于 2016—

2018 年实施，分为 5G 关键技术试验、5G 技术方案验证和 5G 系统验证三个阶段。

2017 年 11 月下旬工信部发布通知，正式启动 5G 技术研发试验第三阶段工作。

2018 年 12 月 10 日，工信部正式对外公布，已向中国电信、中国移动、中国联通发放 5G 系统中低频段试验频率使用许可。这意味着各基础电信运营企业开展 5G 系统试验所必须使用的频率资源得到保障，向产业界发出了明确信号，进一步推动我国 5G 产业链的成熟与发展。

2020 年 3 月 24 日，工信部发布关于推动 5G 加快发展的通知，全力推进 5G 网络建设、应用推广、技术发展和安全保障，特别提出支持基础电信企业以 5G 独立组网为目标加快推进主要城市的网络建设，并向有条件的重点县镇逐步延伸覆盖。

2020 年 12 月 22 日，在此前试验频率基础上，工信部向中国电信、中国移动、中国联通三家基础电信运营企业颁发 5G 中低频段频率使用许可证。同时许可部分现有 4G 频率资源重耕后用于 5G，加快推动 5G 网络规模部署。

2020 年是 5G 商用元年。从数据来看，全年的 5G 基站建设目标（70 万）已经圆满完成。

2021 年，我国已建成 5G 基站超过 115 万个，占全球 70% 以上，是全球规模最大、技术最先进的 5G 独立组网。全国所有地级市城区、超过 97% 的县城城区和 40% 的乡镇镇区实现 5G 网络覆盖；5G 终端用户达到 4.5 亿户，占全球 80% 以上。

5G 无线通信技术实际上就是无线互联网网络（见图 6-10），这个技术将支持 OFDM（正交频分复用）、MC-CDMA（多载波码分多址）、LAS-CDMA（大区域同步码分多址）、UWB（超宽带）、NETWORK-LMDS（区域多点传输服务）和 IPv6（互联网协议）。事实上，IPv6 是 4G 和 5G 技术的基础协议。5G 技术是一个完整的无线通信系统，没有任何限制，所以我们将 5G 称为真正无线世界或者 WWWW（World Wide Wireless Web，世界级无线网）。

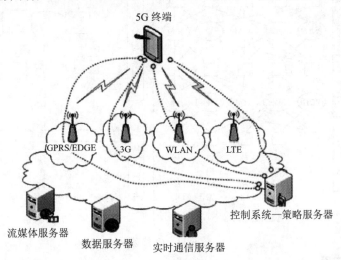

图 6-10 5G 网络拓扑图

对于不同的 RAN（Radio Access Network，无线电接入网），利用扁平化 IP 概念更容易使 5G 网络升级至一个单纳米核心网络。由于扁平化 IP，我们要更关注网络安全，因此 5G 网络运用纳米技术作为防护工具来保障网络安全。不可否认的是，扁平化 IP 网络的关键概念就是使 5G 可以兼容所有的网络。为了满足使用者对即时数据应用的要求，无线运营商要试图转型到扁平化 IP 建设中去。扁平化 IP 构架提供了一个能够通过象征性的名称来识别终端的方法，这种方法不像分层架构那样运用正常的 IP 地址，这种做法给移动网络运营商带来更多的利益。

随着向扁平化 IP 架构的转型，移动运营商可以做到：

（1）减少数据通道中的网络元素，从而减少运营成本和资本支出。

（2）在新型 IP 的应用中，一定程度上减少数据在传输过程中的损耗。

（3）将整个通信系统中的延迟最小化，如果无线链路中的延迟被增强，也会在系统中得到完整的识别。

（4）分别独立改善无线网与核心网，使之相比从前的网络，拥有更好的拓展性，也可以建立更灵活的网络结构。

（5）发展一个更灵活的核心网络，这个核心网可以作为基站，在移动终端与通用 IP 接入网中提供更新颖的服务。

（6）创建一个更具有竞争力的平台，对于有线网络来说，具有价格和性能表现上的优势。扁平化的网络结构在网络中去除了语音功能导向中的分层。为了取代覆盖在语音网络中的数据包，可以构造更简化的数据结构，这样即可去除网络链条中多样的元素。

图 6-11 所示是 5G 移动系统中的网络结构设计方案的系统模型，这是一个无线与移动网络互用的全 IP 网络模型。这个模型中包括了一个用户终端（这在整个全新的构造中起到至关重要的作用）和一些独立、自主的无线电接入技术。对于每一个终端来说，每一个无线电接入技术都可以被看作是一条 IP 链接，可以连通外部的 Internet 网络。但是，在移动终端中，不同的无线电接入技术需要不同的无线电接口。例如，若我们有 4 种不同的无线电接入技术，我们就需要将 4 种对应的接口植入到移动终端中，而且要求可以同时激活这 4 种无线电接入。

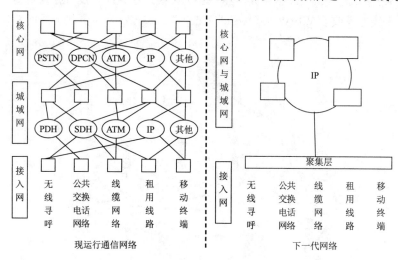

图 6-11 5G 移动网络

2. 5G 的应用

随着电子制造业与软件业的快速发展，越来越多的新产品层出不穷，此时通信行业不仅要提供优越的服务，更要提供高质量的通信网络环境。现代通信不但要满足日常的语音与短信业务，还要提供强大的数据业务。5G 技术的发展可以给客户带来的最直接的观感就是高速度、高兼容性。

（1）5G 的高速度

根据目前 4G 中 TD-LTE 的官方统计数据来看，TD-LTE 可以带来 40 Mbit/s 的下载速度，这样的速度可以满足高清视频，高质量的音乐等大数据量传输的数据业务。而 5G 的下载速度可以达到 3.6 Gbit/s，也就是 28.8 Gbit/s。就目前市面上的硬盘读写速度来说，普通的硬盘读写速度达到了 100 Mbit/s，而所谓突破了读写瓶颈的固态硬盘的读写速度达到了 250 Mbit/s。可以看出，5G 的速度远远超过了硬盘的读写速度，这意味着，传统的存储设备将在 5G 网络中失去位置。我们可以做个大胆的假设，未来的移动终端是没有存储设备的，所有存储将通过"云技术"实现。同样，从新型的 4K 显像技术来看，未来的视频像素将达到超视网膜的显示程度，这必然将视频的数据大小提高到新的程度，所以对于在线视频观看的要求就要更高，3.6 Gbit/s 的下载速度可以完全满足这样高清视频的在线应用。下面介绍两个具体应用。

（a）5G 高速度在安卓系统（Android）的应用

安卓系统是一种基于 Linux 的自由及开放源代码的操作系统，主要使用于移动设备（如智能手机和平板电脑）。Android 的系统架构和其操作系统一样，采用了分层的架构。Android 分为 4 个层，从高层到低层分别是应用程序层、应用程序框架层、系统运行库层和系统内核层。其中，在系统内核层中可以运用 5G 纳米核心技术来完成 Android 基础文件与硬件驱动的完美分离。由于 5G 高速无线传输的特点可以无缝隙地将硬件驱动从云存储端同步于终端，不但节省了终端的存储空间，也极大地丰富了终端的硬件外设装置。

由于安卓系统本身的开放性会导致安全性的降低，这往往对通信中的保密性要求带来考验，5G 纳米技术中的高保密性可以通过量子密码学的相关加密，对安卓终端在通信中的信息泄露形成保护。

（b）光场相机

光场相机就是一种可以先拍照后对焦的照相设备，通过光场技术的应用，拍照的时候只需要构图即可，不需要对焦（因为这个可以在拍照完后在电脑上对焦），这将会改变现在的拍照习惯。而这类相机将成为抓拍利器：无论抓拍的照片模糊与否，只要在相机的焦距范围内，对焦点都可以在拍完之后随意选择，因为相机在拍照的时候就已经把焦距范围内所有光学信息都记录在内了。因此，光场照片的容量将极大，一张照片可达到 200 ～ 500 MB，这需要强大的传输速度与存储空间作为支持，5G 的高速和云存储的概念将大大满足需求。该类产品对于将来的安防监控工作也会产生巨大作用。对于用户来说，5G 技术将提供更多的存储空间与安全服务；对于运营商来说，5G 终端将带来更多的数据业务。

（2）5G 的高兼容性

5G 作为未来通信发展的趋势，势必承担着统一通信行业的重任，根据 5G 技术的设计方向，将来的 5G 技术是一个可以囊括 4G、3G、2G 中所有通信协议以及 Wi-Fi、NFC、Bluetooth 等无线通信技术的全能通信平台。高兼容性的通信平台不但为运营商及设备商提供了更好的资源整合解决方案，大量地节约资本开支，更能大幅减少维护成本。

二、GPRS 系统

（一）GPRS 概述与特点

1. GPRS 概述

GPRS（General Packet Radio Service，通用分组无线业务），它是 GSM 移动电话用户可用

的一种移动数据业务。GPRS 可以说是 GSM（Global System for Mobile Communication，全球移动通信系统）的延续。GPRS 和以往连续在频道传输的方式不同，是以封包（Packet）方式传输的，因此使用者所负担的费用以其传输资料单位计算，并非使用其整个频道，理论上较为便宜。GPRS 的传输速率可提升至 56~114 kbit/s。

GPRS 经常被描述成"2.5G"，也就是说这项技术位于第二代（2G）和第三代（3G）移动通信技术之间。它通过利用 GSM 网络中未使用的 TDMA 信道，提供中速的数据传递。GPRS 突破了 GSM 网只能提供电路交换的思维方式，只通过增加相应的功能实体和对现有的基站系统进行部分改造来实现分组交换，这种改造的投入相对来说并不大，但得到的用户数据速率却相当可观。而且因为不再需要现行无线应用所需要的中介转换器，所以连接及传输都会更方便、容易。于是使用者既可联机上网，参加视频会议等互动传播，而且在同一个视频网络上（VRN）的使用者甚至无须通过拨号上网就可以与网络持续连接。GPRS 分组交换的通信方式在分组交换的通信方式中，数据被分成一定长度的包（分组），每个包的前面有一个分组头（其中的地址标志指明该分组发往何处）。数据传送之前并不需要预先分配信道，建立连接。而是在每一个数据包到达时，根据数据包头部的信息（如目的地址），临时寻找一个可用的信道资源将该数据包发送出去。在这种传送方式中，数据的发送和接收方同信道之间没有固定的占用关系，信道资源可以看作是由所有的用户共享使用的。

由于数据业务在绝大多数情况下都表现出一种突发性的业务特点，对信道带宽的需求变化较大，因此采用分组方式进行数据传送将能够更好地利用信道资源。例如，一个进行 WWW 浏览的用户，大部分时间处于浏览状态，而真正用于数据传送的时间只占很小的比例。这种情况下若采用固定占用信道的方式，则会造成较大的资源浪费。

2. GPRS 特点

GPRS 是一个采用分组传输技术的业务平台，既支持 TCP/IP 协议也支持 X.25 协议。几乎可以支持除交互式多媒体业务以外的所有数据应用业务。其特点如下：

（1）传输速率高：GPRS 支持四种编码方式（CS21、CS22、CS23、CS24），并采用附加虚拟时隙技术，使多用户共享时隙的多时隙合并传输技术，使得现有的 GSM 网的数据速率可从 916 kbit/s 提高到 17 112 kbit/s。

（2）接入速度快：GPRS 核心网本身是一个分组型数据网，支持 IP 协议，因此可与其他分组数据网络（如 Internet 网）进行无缝、直接连接，即很快建立呼叫，不用像电路型业务那样需要等待，快于电路型数据业务。

（3）可永久连接：由于分组型传输不占信道，因此用户可以长时间保持与外部数据网的连接，而不必进行频繁的连接和断开操作，真正实现"永远在线，永远连接"。

（4）丰富的数据业务：GPRS 可根据应用的类型和网络资源的实际情况、网络质量，灵活选择服务质量参数，支持 4 种 QoS（服务质量），能实现话音资源和数据资源的动态分配，能从低速到高速实现 Internet 所能提供的一切业务。除能提供点对点、点对多点、补充业务和增加型短消息业务，还能提供 VPN 业务，真正实现移动办公功能。

（5）计费更加合理：GPRS 采用按照数据流量进行计费代替按时计费方式，从而节省用户上网费用，大大推动了无线移动互联网业务的发展。

（二）GPRS 网络结构

GPRS 网络引入了分组交换和分组传输的概念，这样使得 GSM 网络对数据业务的支持从网络体系上得到了加强。图 6-12 和图 6-13 从不同的角度给出了 GPRS 网络的组成示意图。GPRS 其实是叠加在现有的 GSM 网络的另一网络，GPRS 网络在原有的 GSM 网络的基础上增加了 SGSN（服务 GPRS 支持节点）、GGSN（网关 GPRS 支持节点）等功能实体。GPRS 共用现有的 GSM 网络的 BSS 系统，但要对软硬件进行相应的更新；同时 GPRS 和 GSM 网络各实体的接口必须做相应的界定；另外，移动台则要求提供对 GPRS 业务的支持。GPRS 支持通过 GGSN 实现的和 PSPDN 的互联，接口协议可以是 X.75 或 X.25，同时 GPRS 还支持和 IP 网络的直接互联。

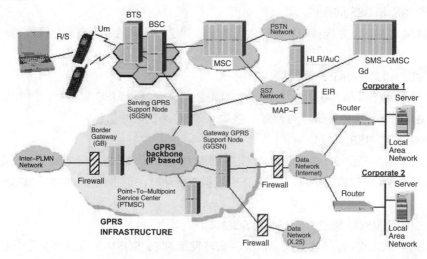

图 6-12 GPRS 网络组成 1

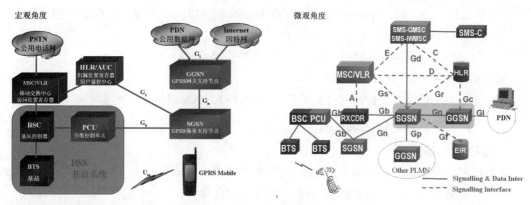

图 6-13 GPRS 网络组成 2

SGSN：服务 GPRS 支持节点。

SGSN 为 MS 提供服务，和 MSC/VLR/EIR 配合完成移动性管理功能，包括漫游、登记、切换、鉴权等，对逻辑链路进行管理，包括逻辑链路的建立、维护和释放，对无线资源进行管理。

SGSN 为 MS 主叫或被叫提供管理功能，完成分组数据的转发、地址翻译、加密及压缩功能。

SGSN 能完成 Gb 接口 SNDCP、LLC 和 Gn 接口 IP 协议间的转换。

GGSN：网关 GPRS 支持节点。

网关 GPRS 支持节点实际上就是网关或路由器，它提供 GPRS 和公共分组数据网以 X.25 或 X.75 协议互联，也支持 GPRS 和其他 GPRS 的互联。

GGSN 和 SGSN 一样都具有 IP 地址，GGSN 和 SGSN 一起完成了 GPRS 的路由功能。网关 GPRS 支持节点支持 X.121 编址方案和 IP 协议，可以通过 IP 协议接入 Internet，也可以接入 ISDN 网。

BSS：基站系统，包括 BSC 和 BTS。

基站系统除具有完成原话音需求所具备的功能外，尚要求具备和 SGSN 间的 Gb 接口、对多时隙捆绑分配的信道管理功能、对分组逻辑信道的管理功能。

Gb：SGSN 和 BSS 间接口。

通过该接口 SGSN 完成移动性管理、无线资源管理、逻辑链路管理及分组数据呼叫转发管理功能。

Gs：MSC/VLR 和 SGSN 间接口。

Gs 接口采用 7 号信令 MAP 方式。SGSN 通过 GS 接口和 MSC 配合完成对 MS 的移动性管理功能，SGSN 传送位置信息到 MSC，接收从 MSC 来的寻呼信息。

Gr：SGSN 和 HLR 间接口。

Gr 接口采用 7 号信令 MAP 方式。SGSN 通过 Gr 接口从 HLR 取得关于 MS 的数据，HLR 保存 GPRS 用户数据和路由信息，当 HLR 中数据有变动时，也将通过 SGSN，SGSN 会进行相关的处理。

Gd：SMS_GMSC、SMS_INMSC 和 SGSN 间接口。

通过该接口 SGSN 能接收短消息，并将它转发给 MS、SGSN 和短消息业务中心 GMSC，通过 Gd 接口配合完成在 GPRS 上的短消息业务。

Gn：GRPS 支持节点间接口。

Gn 接口即 SGSN 间、GGSN 间、SGSN 和 GGSN 间接口，该接口采用 TCP/IP 协议。

Gp：GPRS 网间接口。

不同 GPRS 网间采用 Gp 接口互联，由网关和防火墙组成。

Gi：GPRS 和分组网接口。

GPRS 通过 Gi 接口以 X.25、X.75 或 IP 协议和各种公众分组网实现互联。

（三）GPRS 服务功能及应用

1. GPRS 的服务功能

GPRS 移动数据业务能够为用户提供丰富的应用服务，如：

（1）移动商务：包括移动银行、移动理财、移动交易（股票、彩票）等。

（2）移动信息服务：信息点播、天气、旅游、服务、黄页、新闻和广告等。

（3）移动互联网业务：网页浏览、E-mail 等。

在一些企业中，往往由于工作需要大量员工离开自己的办公桌，因此通过扩展员工办公室里的 PC 上的企业 E-mail 系统使员工与办公室保持联系就非常重要。GPRS 能力的扩展，可使移动终端接转 PC 上的 E-mail，扩大企业 E-mail 应用范围。

（4）虚拟专用网业务：移动办公室、移动医疗等。

（5）基于位置的业务：位置查询、饭店及类似的服务行业导航等。该应用综合了无线定位系统，该系统告诉人们所处的位置，并且利用短消息业务转告其他人其所处的位置。任何一个具有 GPRS 接收器的人都可以接收卫星定位信息以确定自己的位置。还具有跟踪被盗车辆等功能。

（6）静态图像，例如照片、图片、明信片、贺卡和演讲稿等静态图像能在移动网络上发送和接收。使用 GPRS 可以将图像从与一个 GPRS 无线设备相连接的数字相机直接传送到互联网站点或其他接收设备，并且可以实时打印。

（7）多媒体业务：可视电话，多媒体信息传送，网上游戏，音乐、视频点播等。

（8）个人服务业务：如 PIM 等为个人量身定做的业务等。

（9）远程局域网接入：当员工离开办公桌外出工作时，他们需要与自己办公室的局域网保持连接。远程局域网包括所有应用的接入。

2. GPRS 在移动数据业务中的应用

对于用户来说，GPRS 的优势主要体现在速率高、接入时间短、按量计费、永远在线和良好的移动性等方面，这些优势将在各种应用中得到充分的体现。

（1）互联网接入

通过 GPRS 接入互联网，可以发挥其移动性好、按量计费、永远在线的特性，对于经常进行移动办公的商务人士来说，不失为一种方便快捷、相对廉价的手段。

与现有其他移动互联网接入方式相比，GPRS 具有带宽优势，但与日益兴起的固定宽带接入方式相比，无论从传输速率还是价格上都不具竞争力，业务本身也无特别之处，因此在互联网接入业务上，它只能作为移动条件下固定接入技术的一种补充。

GPRS 在该领域主要应用于数据量小、信息含量高的业务，如收发 E-mail 和即时消息等。

（2）WAP over GPRS（GPRS 方式连接到 Wap 站点）

WAP 业务自商用以来市场反应冷淡，其原因是多方面的，其中 CSD 承载方式接入时间长、传输速率低、资费不合理是主要原因。如果能够解决终端设置复杂、应用缺乏新意等问题，与 GPRS 的结合将实现 WAP 业务的真正腾飞。

（3）企业移动办公

利用 GPRS 能够随时随地访问企业内部资源。一个企业只需要向运营商申请一个 APN，将其企业网与 GGSN 连接起来，并建立一套访问控制系统、一个支持全球漫游的移动办公系统就可构建完成。

用户在访问该企业网时需要进行两次认证，第一次是 GPRS 系统核对该用户在 HLR 中是否注册了该 APN；第二次是 GGSN 将用户输入的用户名、口令等信息发送给企业内部访问控制系统进行认证，此认证方式有效地保证了企业内部信息的安全性。运营商可使用 GPRS 自身的计费系统对该企业用户实施灵活的计费方案。

（4）专业应用

GPRS 适用于大量移动条件下的专业应用，如移动 POS、专业游戏网站接入等，这些专业应用可通过 APN 进行区分，并可实施灵活的计费方案。

（5）监控类服务

GPRS 永远在线、按量计费的特性适用于监控类业务，如车船的监控和水电气表的查询等。

模块二　无线宽带接入技术

随着移动通信技术的蓬勃发展，话音业务移动化，数据业务宽带化已经成为通信市场的发展趋势；而电信网络接入层也逐渐呈现出无线化和宽带化的发展趋势，移动通信竞争日趋激烈。

宽带无线接入技术（Broadband Wireless Access，BWA）是目前通信与信息技术领域发展最快的技术之一，代表了宽带接入技术的一种新的不可忽视的发展趋势，不仅建网开通快、维护简单、用户较密时成本低，而且改变了本地电信业务的传统观念，最适于新的电信竞争者开展有效的竞争，也可以作为电信公司有线接入的重要补充。无线宽带接入技术目前还没有通用的定义，一般是指把高效率的无线技术应用于宽带接入网络中，以无线方式向用户提供宽带接入的技术。它是以无线通信的方式在宽带业务接口与宽带业务用户之间实现宽带业务的接入，从而达到为用户提供话音、视频、数据及多媒体等高质量的应用服务的目的。随着 ITU 和 3GPP 及 3GPP2 各大标准化组织对现代无线通信技术规范的不断完善，3G、WiMAX、Wi-Fi、LTE 等各种无线宽带接入技术在竞争中互相借鉴和学习，进而技术不断完善，网络安全性、实用性不断增强。市场上支持 Wi-Fi、WiMAX 的无线网络终端日趋丰富，整个产业链已逐渐成熟。就目前而言，很明显，宽带无线接入技术已经到了百家争鸣的时代。IEEE 和 3GPP 及 3GPP2 等各大标准化组织正在进行着激烈的竞争。对于不同的市场需求及实际环境选择相应的无线宽带接入标准显得尤为重要，因为选择适合的标准会在将来快速发展的无线市场中占有一席之地，进而改变整个无线通信市场的分布格局。

IEEE 802 标准组负责制定无限宽带接入 BWA 各种技术规范，根据覆盖范围将宽带无线接入划分为：无线个域网 WPAN（Wireless Personal Area Network）、无线局域网 WLAN、无线城域网 WMAN、无线广域网 WWAN。无线宽带接入技术的关键创新总结起来主要体现在：OFDM（正交频分复用），抗多径干扰，提高频谱效率，非视距传输；MIMO（多输入输出），提高数据传输速率，改善网络覆盖；MIMO-OFDM 技术支持的 802.11n，其传输速率将达到 100 Mbps；Mesh（网状），自主发现，自动配置，自我修复；Intelligent Antenna Array（智能天线），高增益天线实时切换，减少干扰，增强网络的可扩展性和灵活性等方面。

目前，无线宽带接入技术中比较有代表性的是 Wi-Fi 和 WiMAX 技术。

一、Wi-Fi 技术

（一）Wi-Fi 技术概念与特点

1. Wi-Fi 技术概念

Wi-Fi 是 Wireless Fidelity 的全称。Wi-Fi 是一种能够将个人电脑、手持设备（如 PDA、手机）等终端以无线方式互相连接的技术。Wi-Fi 是一个无线网络通信技术的品牌，由 Wi-Fi 联盟（Wi-Fi Alliance）所持有。目的是改善基于 IEEE 802.11 标准的无线网络产品之间的互通性。有人把使用 IEEE 802.11 系列协议的局域网就称为 Wi-Fi。本质上是一种商业认证，该认证符合 IEEE 802.11 系列无线网络协议。Wi-Fi 协议是一种短距离无线传输技术，使用的空口频率是 2.4 GHz 或 5 GHz 附近频段。

Wi-Fi 为用户提供了无线的宽带互联网访问的技术，可以帮助用户访问电子邮件、Web 和流式媒体。Wi-Fi 无线网络在开放性区域，通信距离可达 305 米；在封闭性区域，通信距离为 76 米到 122 米，便于与现有的有线以太网络整合，可以在降低成本的前提下为用户提供更好的服务。

1990 年，IEEE（美国电气及电子工程师学会）启动了 802.11 项目，正式开始了无线局域网的标准化工作。1997 年 6 月 IEEE802.11 标准诞生。IEEE802.11 无线网络标准规定了一些诸如介质接入控制层功能、漫游功能、自动速率选择功能、电源消耗管理功能、保密功能等；1999 年 9 月 IEEE 802.11a，802.11b 标准诞生，无线网络国际标准的更新及完善进一步规范了不同频点的产品及更高网络速率产品的开发和应用，除原 IEEE 802.11 的内容之外，增加了基于 SNMP(简单网络管理协议) 协议的管理信息库（MIB），以取代原 OSI 协议的管理信息库。另外还增加了高速网络内容。IEEE 802.11 分 IEEE 802.11a 和 IEEE 802.11b。目前最新的标准为 2009 年得到 IEEE 批准的 IEEE 802.11n。在传输速率方面，802.11n 可以将 WLAN 的传输速率由目前 802.11a 及 802.11g 提供的 54 Mbps，提高到 300 Mbps 甚至高达 600 Mbps，信号的覆盖范围也扩大到好几平方公里。现在 IEEE 802.11 这个标准已被统称作 Wi-Fi。

2. Wi-Fi 技术的特点

（1）建设便捷。因为 Wi-Fi 是无线技术，所以组建网络时免去了布线工作，只需一个或多个无线 AP，就可以满足一定范围内的上网需求。节省了安装成本，缩短了安装时间。ADSL、光纤等有线网络到户后，只需连接到无线 AP，再在电脑中安装一块无线网卡即可。一般家庭只需一个 AP，如果用户的邻居得到授权，也可以通过同一个无线 AP 上网。

（2）无线电波覆盖范围广。最新的 Wi-Fi 半径可达 900 英尺左右，约合 300 米，而蓝牙的电波半径只有 50 英尺左右，约合 15 米，差距非常大。

（3）投资经济。缺乏灵活性是有线网络的固有缺点。在规划有线网络的时候，需要提前考虑到以后的发展需求，这就会导致大量的超前投资，进而出现线路利用率低的情况。而 Wi-Fi 网络可以随着用户数的增加而逐步扩展。一旦用户数量增加，只需增加无线 AP，不需要重新布线，与有线网络相比节约了很多网络建设成本。

（4）传输速率快。Wi-Fi 芯片遵守 IEEE 802.11 协议，所以它的理论上最高的速度高达 600 Mbps，实际使用中可以根据信号的强弱和干扰，选择不同的 Channel。一般使用速度为 11 Mbps 或者 54 Mbps。

（5）业务可集成。Wi-Fi 技术在 OSI 参考模型的数据链路层上与以太网完全一致，所以可以利用已有的有线接入资源，迅速部署无线网络，形成无缝覆盖。

（6）较低的厂商进入门槛。在机场、长途客运站、酒店、图书馆等人员较密集的地方设置无线网络"热点"，并与高速互联网连接。只要用户的无线上网设备处于"热点"所覆盖的区域内，即可高速接入互联网。也就是说厂商因不用耗费资金来进行网络布线而节省了大量的成本。

（7）是现有通信系统很好的补充。随着技术的逐步完善与发展，Wi-Fi 的工作距离也在逐步扩展，它也成为现在通信系统很好的补充元素，因为它很好地解决了高速移动数据的纠错问题、延时问题、误码问题，设备与基站之间切换、设备与设备之间的切换问题。

（二）Wi-Fi 的组网类型

无线局域网的组建和有线局域网的组建过程一样，也需要有确定的拓扑结构。Wi-Fi 的无线网络拓扑结构主要有两种，一种是 Infrastructure 拓扑结构，一种是 Ad-Hoc 拓扑结构。

1. Infrastructure 拓扑结构

Infrastructure 拓扑结构主要是通过增加无线接入访问点来形成的网络全覆盖，实际上是整合了有线和无线局域网网络架构的应用模式，也是应用最广的无线通信模式。每个无线接入点就相当于有线网络中的交换机或集线器，起到信号转发的作用。如图 6-14 中，就是一个企业的有线网络，通过添加无线路由器实现无线网络覆盖的模型，从而实现了有线网络和无线网络在 Internet 访问上的整合。

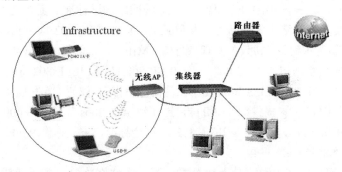

图 6-14 Wi-Fi 的 Infrastructure 网络结构图

2. Ad-Hoc 拓扑结构

Ad-Hoc，就是一种点对点的结构。在无线通信领域，是将各通信终端都安装上无线网卡，其中有一台连接入 Internet，其他设备之间就可无线连接上，来共享带宽，实现了资源共享。此种结构连接比较简单，如图 6-15 所示。

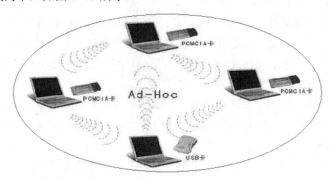

图 6-15 Wi-Fi 的 Ad-Hoc 网络结构图

（三）Wi-Fi 的关键技术

Wi-Fi 所遵循的 802.11 标准是以前军方所使用的无线电通信技术。而且，至今还是美军军方通信器材对抗电子干扰的重要通信技术。因为，Wi-Fi 中所采用的 SS（Spread Spectrum，展频）技术具有非常优良的抗干扰能力，并且当需要反跟踪、反窃听时同时具有很出色的效果，所以不需要担心 Wi-Fi 技术不能提供稳定的网络服务。而常用的展频技术有如下 4 种：DD-SS 直序展频，FH-SS 调频展频，TH-SS 跳时展频，C-SS 连续波调频。在上面常用的技术中，前两种展频技术很常见，也就是 DS-SS 和 FH-SS。后两种则是根据前面的技术加以变化，也就是 TH-SS 和 C-SS 通常不会单独使用，而且整合到其他的展频技术上，组成信号更隐秘、功率更低、传输更为精确的混合展频技术。综合来看展频技术有以下方面的优势：反窃听，抗干扰，有限度的保密。图 6-16 为 DS-SS 的展频过程。

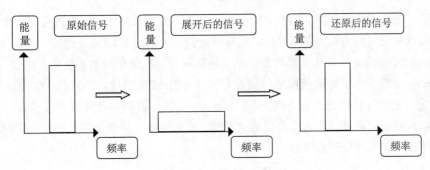

图 6-16 DS-SS 的展频过程

（1）直序扩频技术

直序扩频技术，是指把原来功率较高，而且带宽较窄的原始功率频谱分散在很宽广的带宽上，使得在整个发射信号利用很少的能量即可传送出去。

在传输过程中把单一个 0 或 1 的二进制数据使用多个 chips（片段）进行传输，然后在接收方进行统计 chips 的数量来增加抵抗噪声干扰。例如要传送一个 1 的二进制数据到远程，那么 DS-SS 会把这个 1 扩展成三个 1，也就是 111 进行传送。那么即使是在传送中因为干扰，使得原来的三个 1 成为 011、101、110、111 信号，但还是能统计 1 出现的次数来确认该数据为 1。通过这种发送多个相同的 chips 的方式，就比较容易减少噪声对数据的干扰，提高接收方所得到数据的正确性。另外，由于所发送的展频信号会大幅降低传送时的能量，所以在军事用途上会利用该技术把信号隐藏在 Back Ground Noise（背景噪声）中，减少敌人监听到我方通信的信号以及频道。这就是展频技术所隐藏信号的反监听功能了。

（2）跳频技术

跳频技术（Frequency-Hopping Spread Spectrum，FH-SS）技术，是指把整个带宽分割成不少于 75 个频道，每个不同的频道都可以单独传送数据。当传送数据时，根据收发双方预定的协议，在一个频道传送一定时间后，就同步"跳"到另一个频道上继续通信。

FH-SS 系统通常在若干不同频段之间跳转来避免相同频段内其他传输信号的干扰。在每次跳频时，FH-SS 信号表现为一个窄带信号。

若在传输过程中，不断地把频道跳转到协议好的频道上，在军事用途上就可以用来作为电子反跟踪的主要技术。即使敌方能从某个频道上监听到信号，但因为我方会不断跳转其他频道上通信，所以敌方就很难追踪到我方下一个要跳转的频道，达到反跟踪的目的。

如果把前面介绍的 DS-SS 以及 FS-SS 整合起来一起使用的话，将会成为 hybrid FH/DS-SS。这样，整个展频技术就能把原来信号展频为能量很低、不断跳频的信号。使得信号抗干扰能力更强、敌方更难发现，即使敌方在某个频道上监听到信号，但不断地跳转频道，使敌方不能获得完整的信号内容，完成利用展频技术隐秘通信的任务。

FH-SS 系统所面临的一个主要挑战便是数据传输速率。就目前情形而言，FH-SS 系统使用 1 MHz 窄带载波进行传输，数据率可以达到 2 Mbit/s，不过对于 FH-SS 系统来说，要超越 10 Mbit/s 的传输速率并不容易，从而限制了它在网络中的使用。

（3）OFDM 技术

它是一种无线环境下的高速多载波传输技术。其主要思想是：在频域内将给定信道分成许多正交子信道，在每个子信道上使用一个子载波进行调制，各子载波并行传输，从而能有效地抑制无线信道的时间弥散所带来的符号间干扰（ISI），这样就减少了接收机内均衡的复杂度，有时甚至可以不采用均衡器，仅通过插入循环前缀的方式消除 ISI 的不利影响。

OFDM 技术有非常广阔的发展前景，已成为第四代移动通信的核心技术。IEEE 802.11a、IEEE 802.11g 标准为了支持高速数据传出都采用了 OFDM 调制技术。目前，OFDM 结合时空编码、分集、干扰（包括符号间干扰 ISI 和邻道干扰 ICI）抑制以及智能天线技术，最大限度地提高了物理层的可靠性；如再结合自适应调制、自适应编码以及动态子载波分配和动态比特分配算法等技术，可以使其性能进一步优化。

（四）Wi-Fi 的应用与未来前景

起初，Wi-Fi 技术作为无线连接计算机和互联网的途径被引入，现在已经取得长足的进展。如今，可以看到各种各样标有 Wi-Fi 字样的设备，比如移动终端、电视机、摄像机，甚至画框等。早期，Wi-Fi 只被应用于办公楼中；现在，Wi-Fi 网络覆盖了世界上许多大型城市，甚至在一些国际班机上也提供 Wi-Fi 连接。

今天的 Wi-Fi 在许多行业中都是一项非常重要的通信工具。在医疗保健领域，Wi-Fi 用来连接个体病患监测设备和中央分析计算系统，追踪患者生命体征，并向医生实时通报患者的状态变化情况。Wi-Fi 连接让医生能够快速访问诊断系统，查找病患信息，比较以前的健康档案，指挥进行测试并查看测试结果——须臾之间，满足所有需求。在商用航空领域，Wi-Fi 被作为一项机上乘客服务，即使在两万英尺高空，人们也能时刻保持连接，并为广大航空公司提供一种能够创造收入的增值服务。通过安全可靠的 Wi-Fi 网络，金融市场每秒钟都会完成数十万次交易。现在，汽车制造商可以供应带有 Wi-Fi 功能的汽车系统，连接车载仪表设备与各种通信设备，让整辆车就好比一个可以移动的 Wi-Fi 热点。物联网作为新兴产业正被国家大力发展，Wi-Fi 技术凭借其低成本、低功耗、灵活、可靠等优势在物联网产业中发挥着重要作用。Wi-Fi 技术在物联网中广泛应用于电力监控、油田监测、环境监测、气象监测、水利监测、热网监测、电表监测、机房监控、车辆诱导、供水监控，带串口或 485 接口的 PLC，RTU 无线功能的扩展。

如今，Wi-Fi 行业有了可以为人们提供无缝连接的机会，并可以用更多方式连接更多场所的更多设备，其优势超过了任何其他的替代型途径，这就是 IEEE 802.11n，速率比之前的版本快五倍，有效覆盖范围则是之前版本的两倍。数字家庭的许多设备都已连接到 Wi-Fi 网络中，从家用个人电脑、手机，到可以存储上万首歌曲与大量图片的硬盘，再到数码相机、打印机或高清电视，IEEE 802.11n 产品能够提供足够的带宽，为这些需求或更多需求提供支持，可谓是一条让每个人能够同时连接网络并仍可享受到数字音乐、流式视频和在线游戏带来的愉悦。目前，带有 IEEE 802.11n 标准的产品的数量已经超过 1500 种，其中半数以上都来自亚太地区的企业。有八家中国企业，包括华为、TPLink、H3C、中兴、腾达科技、锐捷网络、深圳共进和伟易达。更多的产品正在中国的两家授权 Wi-Fi 测试实验室进行测试，准备推向市场。

将来，Wi-Fi Direct 将会被应用在产品上，让各种设备得以随时随地直接互联——即使在没有 Wi-Fi 网络、热点或互联网连接的情况下也能实现。由此，手机、相机、打印机、个人电脑、键盘和耳机将通过彼此互联来传输内容，并快速简便地分享应用程序。另外一项即将问世的 Wi-Fi Alliance 认证项目将支持在 60 千兆赫兹频带上的 Wi-Fi 运营，以千兆比特 / 秒的速度连接未来的消费电子设备，而非如今的兆比特 / 秒。这意味着，可提供高清视频与音频、显示器和无延迟游戏的消费电子设备的性能将会显著提高。

通过智能电网应用程序，Wi-Fi 致力于为创造一个更加环保的星球而提供各种解决方案。通过端到端通信的方式，让广大消费者得以优化其家用电器、安全系统和温度控制系统的运行效率，从而降低能耗，并更好地管理自己的家庭经营费用。其他正在开发中的可以改变行业面貌的产品与服务还有很多，包括可在 5000 MHz 频段上运行的超高吞吐量 Wi-Fi；一份支持无缝热点访问体验的协议；以及在空白电视信号频段运行的 Wi-Fi 功能，可通过对传统电视频谱和增强型覆盖范围的公共使用，拓展 Wi-Fi 网络连接的足迹。

二、WiMAX 技术

（一）WiMAX 技术简介

WiMAX（Worldwide Interoperability for Microwave Access），即全球微波互联接入。WiMAX 也叫 802.16 无线城域网或 802.16。WiMAX 是一项新兴的宽带无线接入技术，能提供面向互联网的高速连接，数据传输距离最远可达 50 km。WiMAX 还具有 QoS 保障、传输速率高、业务丰富多样等优点。WiMAX 的技术起点较高，采用了代表未来通信技术发展方向的 OFDM/OFDMA、AAS、MIMO 等先进技术，随着技术标准的发展，WiMAX 逐步实现宽带业务的移动化，而 3G 则实现移动业务的宽带化，两种网络的融合程度会越来越高。

该技术以 IEEE 802.16 的系列宽频无线标准为基础。一如当年对提 802.11 使用率有功的 Wi-Fi 联盟，WiMAX 也成立了论坛，将提高大众对宽频潜力的认识，并力促供应商解决设备兼容问题，借此加速 WiMAX 技术的使用率，让 WiMAX 技术成为业界使用 IEEE 802.16 系列宽频无线设备的标准。

对于 WiMAX 的规范主要有两个部分，第一部分是来自 IEEE 组织研究定制的 IEEE 802.16 协议簇，第二部分来自 WiMAX 论坛根据 IEEE 802.16 和用户需求和网络结构研制的论坛规范——一个包含实现方案和移动便携宽带无线接入的业界标准。

IEEE 协会组建的 802.16 工作组，开发并推出了一系列的标准统一规范全球性无线宽带接入技术，包括固定无线宽带接入标准（IEEE 802.162.3) 和支持移动特性的无线宽带接入标准（IEEE 802.16e）。协议规定了无线接入网络中的 MS 与 BS 之间空中接口的物理层和 MAC 层的协议，包括各层的数据结构和信令流程规范。

WiMAX 论坛 MINA（微波存取全球互通技术论坛）由众多无线通信设备和器件供应商发起组成，为促进 IEEE 802.16 标准规定的宽带无线网络的应用推广，保证采用相同标准的不同厂家宽带无线接入设备之间的互通性或互操作性，共同促进全球范围的宽带无线接入。

WiMAX 能够在比 Wi-Fi 更广阔的地域范围内提供"最后一公里"宽带连接性，由此支持企业客户享受 T1 类服务以及居民用户拥有相当于线缆 /DSL 的访问能力。凭借其在任意地点的 1 ~ 6 英里覆盖范围（取决于多种因素），WiMAX 将可以为高速数据应用提供更出色的移动性。此外，凭借这种覆盖范围和高吞吐率，WiMAX 还能够提供为电信基础设施、企业园区和 Wi-Fi 热点提供回程。

WiMAX 曾被认为是最好的一种接入蜂窝网络，让用户能够便捷地在任何地方连接到运营商的宽带无线网络，并且提供优于 Wi-Fi 的高速宽带互联网体验。它是一个新兴的无线标准。

用户还能通过 WiMAX 进行订购或付费点播等业务，类似于接收移动电话服务。

WiMAX 是一种城域网（MAN）技术。运营商部署一个信号塔，就能得到超数英里的覆盖区域。覆盖区域内任何地方的用户都可以立即启用互联网连接。和 Wi-Fi 一样，WiMAX 也是一个基于开放标准的技术，它可以提供消费者所希望的设备和服务，它会在全球经济范围内创造一个开放而具有竞争优势的市场。

（二）WiMAX 的技术特点

1. 链路层技术

TCP/IP 协议的特点之一是对信道的传输质量有较高的要求。无线宽带接入技术面对日益增长的 IP 数据业务，必须适应 TCP/IP 协议对信道传输质量的 要求。在 WiMAX 技术的应用条件下（室外远距离），无线信道的衰落现象非常显著，在质量不稳定的无线信道上运用 TCP/IP 协议，其效率将十分低下。WiMAX 技术在链路层加入了 ARQ 机制，减少到达网络层的信息差错，可大大提高系统的业务吞吐量。同时 WiMAX 采用天线阵、天线极化方式等天线分集技 术来应对无线信道的衰落。这些措施都提高了 WiMAX 的无线数据传输的性能。

（1）QoS 性能

WiMAX 可以向用户提供具有 QoS 性能的数据、视频、话音（VoIP）业务。WiMAX 可以提供三种等级的服务：CBR（Con-stant Bit Rate，固定带宽）、CIR（Com-mitted Information Rate，承诺带宽、BE（Best Effort，尽力而为）。CBR 的优先级最高，任何情况下网络操作者与服务提供商以高优先级、高速率及低延时为用户提供服务，保证用户订购的带宽。 CIR 的优先级次之，网络操作者以约定的速率来提供，但速率超过规定的峰值时，优先级会降低，还可以根据设备带宽资源情况向用户提供更多的传输带宽。BE 则具有更低的优先级，这种服务类似于传统 IP 网络的尽力而为的服务，网络不提供优先级与速率的保证。在系统满足其他用户较高优先级业务的条件下，尽力为用户提供传输带宽。

（2）工作频段

整体来说，802.16 工作的频段采用的是无须授权频段，范围在 2 GHz 至 66 GHz 之间，而802.16a 则是一种采用 2 GHz 至 11 GHz 无须授权频段的宽带无线接入系统，其频道带宽可根据需求在 1.5M 至 20 MHz 范围进行调整。因此，802.16 所使用的频谱将比其他任何无线技术更丰富，具有以下优点：

① 对于已知的干扰，窄的信道带宽有利于避开干扰。② 当信息带宽需求不大时，窄的信道带宽有利于节省频谱资源。

③ 灵活的带宽调整能力，有利于运营商或用户协调频谱资源。

2. WiMAX 的网络体系结构

WiMAX 网络体系由核心网和接入网组成。核心网包含网络管理系统、路由器，AAA 代理服务器、用户数据库以及网关设备，主要实现用户认证、漫游、网络管理等功能，并提供与其他网络之间的接口。接入网中包含基站（BS）、用户站（SS）和移动用户站（MSS），主要负责为 WiMAX 用户提供无线接入。WiMAX 网络体系结构如图 6-17 所示。

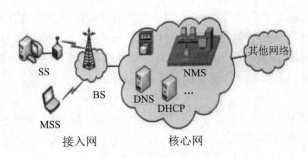

图 6-17 WiMAX 系统架构

（1）核心网

WiMAX 核心网主要负责实现用户认证、漫游、网络管理等功能，并提供与其他网络之间的接口。其中，网管系统用于监视和控制网内所有的基站和用户站，提供查询、状态监控、软件下载、系统参数配置等功能。WiMAX 系统连接的 IP 网络通常为传统交换网或因特网或其他网络。WiMAX 系统提供 IP 网络与基站间的连接接口，但 WiMAX 系统并不包括这些 IP 网络。

（2）接入网

基站提供用户站与核心网络间的连接，通常采用扇形／定向天线或伞向天线，可提供灵活的子信道部与配置功能，并根据用户群体状况不断升级扩展网络。用户站属于基站的一种，提供基站与用户终端设备问的中继连接，通常采用固定天线，并被安装在屋顶上。基站与用户站间采用动态自适应信号调制模式；而移动用户站（MSS）主要是指移动 WiMAX 终端和手持设备，负责实现移动 WiMAX 用户的无线业务接入。

3. 网络参考模型

网络工作组（NWG）定义的端到端 WiMAX 网络参考模型，主要包括接入业务网（ASN）和连接业务网（CSN）两部分。作为对 WiMAX 网络架构的一种逻辑表示，该模型定义了若干逻辑功能实体和在各实体之间实现的参考点，以同时满足各种应用场景的要求。

（1）接入业务网

WiMAX 接入业务网（ASN）负责为 WiMAX 用户提供无线接入，主要功能包括：建立和维护 WiMAX 基站与用户的第 2 层连接；作为 AAA 代理，协同 AAA 服务器一起完成用户的鉴权、授权以及计费；网络发现和选择；协助核心网与 WiMAX 终端建立第 3 层连接；无线资源管理；接入网内的移动性管理；寻呼和位置管理；接入网和核心网隧道建立和维护。接入业务网设备主要包括基站、基站控制器、接入网关等功能实体；一个接入业务网可以连接到多个 WiMAX CSN。

（2）连接业务网

WiMAX 连接业务网（CSN）是 WiMAX 的核心网，负责为 WiMAX 用户提供 IP 连接服务，主要功能包括：IP 地址分配；Internet 接入；AAA 代理或者服务器；基于用户属性的能力控制和管理；接入网和核心网隧道建立和维护；WiMAX 用户计费；满足漫游需要的 CSN 间隧道建立和维护；接入网之间移动性管理；为用户提供 WiMAX 业务（如基于位置的服务、点对点业务、多媒体多播组播业务、IP 多媒体业务、紧急呼叫服务等等）。

连接业务网（CSN）包含很多功能实体，如路由器、AAA 代理／服务器、用户数据库、互联网关等等；在 WiMAX 单独建网时，连接业务网（CSM）可以作为独立的网络进行建设；与其他 3G 网络互联混合组网时，可以与其核心网共用一些功能实体。

ASN 和 CSN 可以隶属于不同的运营商；ASN 可以根据用户要求选择不同的 CSN 为用户提供服务，这为虚拟运营业务的开展提供了便利，方便了 WAN 的共享。WiMAX 网络中用户的鉴权、认证和计费功能通过归属网络 AAA 服务器实现，漫游网络仅提供 AAA 代理功能，这种架构给运营商网络组建和网络管理提供了极大的灵活性。

（3）网络参考点

根据参考模型，WiMAX 网络定义了 R1~R8 八个开放接口，每个接口的功能不尽相同。

R1 接口：R1 接口是 BS 和 MSS/SS 之间的接口，它由 IEEE 802.16d 和 IEEE 802.16e 协议定义，包括空中接口的 MAC 层、物理层以及相关的管理层功能。

R2 接口：R2 接口是 MSS/SS 和 CSN 之间的逻辑接口，包括认证、授权以及 IP 相关的配置管理功能；此外，还可能包括一些移动性管理功能。

R3 接口：R3 是 ASN 和 CSN 之间的接口，包含数据面和控制面功能。数据面功能主要包括 CSN 和 ASN 之间的隧道管理，它可以支持 ASN 和 CSN 之间不同 QoS 要求的业务流；控制面功能包括隧道管理、AAA、决策和 QoS 管理等。

R4 接口：R4 是 ASN 网关之间的接口，负责处理 ASN 网关之间的移动性控制和承载面协议。

R5 接口：R5 接口是漫游地 CSN 和归属地 CSN 之间的接口，包含数据面和控制面功能。数据面是 CSN 之间的 IP 隧道，用来区别不同 QoS 要求的业务流；而控制面涉及隧道管理、漫游地 CSP 和归属地 CSP 之间 AAA 和策略协调等功能。

R6 接口：R6 是 ASN 网关和 BS 之间的接口，包含数据面和控制面功能。数据面是 ASN 网关和 BS 之间的 IP 隧道，用来区别不同 QoS 要求的业务流；而控制面涉及隧道管理、AAA、带宽分配和策略协调、RRM 等功能。

R7 接口：R7 是 ASN 网关的内部接口，用来协调 ASN 网关内部的决策点和执行点两部分，涉及 AAA、策略协调、位置管理等功能。

R8 接口：R8 是 BS 之间的接口，用来提供快速和无缝的切换，该接口由一系列控制和承载平面协议组成。承载平面定义了一套协议，允许切换时在所有涉及的 BS 之间传递数据；控制平面包含 BS 之间的通信协议，允许在所有涉及的 BS 之间传递控制信息。

（4）WiMAX 组网结构

IEEE 802.16 系列标准中，提供了两种组网结构：点到多点（Point to Multiple Point，PMP）结构和网状网（Mesh）结构。PMP 是一个 BS 和多个 MS 之间构成的点到多点的通信方式，Mesh 是 MS 之间借用无线通信方式，BS 和很多 MS 构成的一个网状网的通信方式。

① 点到多点结构

IEEE 802.16 系列标准中提供的 PMP（点到多点）网络结构，是 WiMAX 系统的基础组网结构。PMP 结构以基站为核心，采用点到多点的连接方式，构建星形结构的 WiMAX 接入网络，如图 6-18 所示。基站扮演业务接入点（SAP）的角色，通过动态带宽分配技术，基站可以根据覆盖区域用户的情况，灵活选用定向天线、全向天线以及多扇区技术来满足大量的用户站（CSS）设备接入核心网的需求。必要时，可以通过中继站（RS）扩大无线覆盖范围，也可以根据用户群数量的变化，灵活划分信道带宽，对网络进行扩容，以实现效益与成本的折中。PMP 应用模式是一种常用的接入网应用形式，其特点在于网络结构简洁，应用模式与 xDSL 等线缆接入形式相似，因而是一种替代线缆的理想方案。

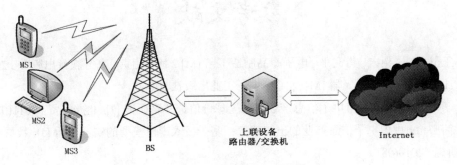

图 6-18 PMP 组网结构

② 网状网（Mesh）结构

Mesh 结构采用多个基站以网状网方式扩大无线覆盖区。其中，有一个基站作为业务接入点与核心网相连，其余基站通过无线链路与该业务接入点相连，如图 6-20 所示。Mesh 组网结构的特点在于网状网结构可以根据实际情况灵活部署，实现网络的弹性延伸。对于市郊等远离骨干网络而有线网络不易覆盖的地区，可以采用该模式扩大覆盖范围，其规模取决于基站半径、覆盖区域大小等因素。

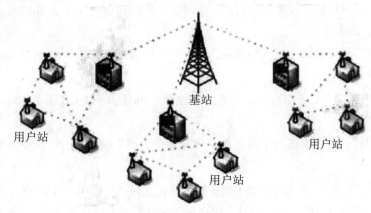

图 6-20 Mesh 组网结构

（三）WiMAX 应用

WiMAX 的应用主要是基于 IP 数据的综合业务宽带无线接入，具体工作模式有点对多点宽带无线接入、点对点宽带无线接入、蜂窝状组网方式等。对于不同的应用场合，可以灵活、快速地进行部署。目前，WiMAX 的主要应用领域包括蜂窝回传、无线业务回传、金融网络业务、远程教育、公共安全、海上通信、校园网、临时建筑通信、娱乐通信、城市无线业务接入和远郊通信网络等。

思考题

1. 简述移动通信技术的特点。

2. 简述 WiMAX 的网络体系结构？

3. 说明 3G 技术的特点及主要应用。

4. 简述 4G 与 5G 的区别。

5. 说明 4G 和 5G 通信的关键技术包括哪些？

参考文献

[1] 王卫平,陈粟宋,肖文平.电子产品制造工艺 [M].2 版.北京:高等教育出版社,2011.

[2] 江剑平.半导体激光器 [M].北京:电子工业出版社,2000.

[3] 李峰,张贵.天津市电子信息产业攀升全球价值链战略研究 [J].北方经贸.2011(03).

[4] 简必希.中国电子信息产业的出口研究:基于投入产出模型的实证分析 [J].数量经济技术经济研究.2010(08).

[5] 周子学.2011-2012 年电子信息产业经济运行分析与展望 [M].北京:电子工业出版社,2011.

[6] 周子学.2013-2014 年电子信息产业经济运行分析与展望 [M].北京:电子工业出版社,2014.

[7] 陈明森,陈爱贞,赵福战.国际产业转移对我国产业波及传导效应研究:基于开放度视角的投入产出实证分析 [J].经济管理.2011(06)

[8] 工业和信息化部运行监测协调局.中国电子信息产业统计年鉴 2012(软件篇)[Z].北京:电子工业出版社,2013.

[9] 工业和信息化部运行监测协调局.中国电子信息产业统计年鉴 2012(综合篇)[Z].北京:电子工业出版社,2013.

[10] 信息产业部.电子信息产业行业分类注释(2005-2006)[Z].北京:电子工业出版社,2006.

[11] 胡晓平.FDI 对浙江电子信息产业国际竞争力的影响研究 [J].企业家天地(理论版).2011(02).

[12] 通信设备、计算机及其他电子设备制造业化危为"机"[J].中国海关,2010(11).

[13] 孙娟.两岸电子信息产业贸易、投资与产业分工 [D].重庆工商大学,2012.

[14] 吕巍.我国电子信息产业技术创新能力研究 [D].辽宁大学,2012.

[15] 于珍.中国电子信息产业集群的类型及实证分析 [J].山东大学学报(哲学社会科学版),2010(04).

[16] 王天营,陈圻,徐赵.环境保护视角下的企业与政府行为选择:基于对中国电子信息产业的分析 [J].中国行政管理,2009(05).

[17] 张英春.从人力资源管理角度看当代大学生就业 [J].企业家天地:下旬刊,2013(2).

[18] 季学军.美国高校创业教育的动因及特点探析 [J].外国教育研究,2007(03).

[19] 李宝莹.大学生创业障碍及其突破 [J].北京劳动保障职业学院学报,2010(04).

[20] 电子制造产业回暖:结构调整仍旧是发展核心 [EB/OL].[2014-01-07] http://www.eepw.com.cn/article/215197.htm.

[21] 企业组织架构的三大类型.华人企业管理网.

[22] 房海明.LED 照明设计与案例精选 [M].北京:北京航空航天大学出版社,2012.

[23] 毛学军. LED 应用技术 [M]. 北京：电子工业出版社, 2012.

[24] 周志敏, 纪爱华. 大功率 LED 照明技术设计与应用 [M]. 北京：电子工业出版社, 2011.

[25] 陈振源. LED 应用技术 [M]. 北京：电子工业出版社, 2013.

[26] 王斯成. 分布式光伏发电政策现状及发展趋势 [J]. 太阳能, 2013.8

[27] 杨金焕. 太阳能光伏发电应用技术 [M].2 版. 北京：电子工业出版社, 2013.

[28] 曹丰文, 刘振来, 祁春清. 电力电子技术基础 [M]. 北京：中国电力出版社, 2007.

[29] 王兆安, 刘进军. 电力电子技术 [M].5 版. 北京：机械工业出版社, 2009.

[30] 太阳能发电发展"十二五"规划. 国家能源局.

[31] 太阳能光伏产业"十二五"发展规划. 工业和信息化部.

[32] 2014 年中国光伏产业发展形势分析展望. 工业和信息化部赛迪研究院.

[33] 国务院关于促进光伏产业健康发展的若干意见（国发〔2013〕24 号）. 国务院.

[34] 何道清, 何涛, 丁宏林. 太阳能光伏发电系统原理与应用技术 [M]. 北京：化学工业出版社, 2012.

[35] 赵书安. 太阳能光伏发电及应用技术 [M]. 南京：东南大学出版社, 2011.

[36] 分布式光伏发电项目管理暂行办法. 国家能源局. 2013.11.18.

[37] 孟宪淦. 谈中国分布式光伏发电. 产业论坛（太阳能）报告.

[38] 王斯成. 分布式光伏发电政策现状及发展趋势. 产业论坛（太阳能）报告.

[39] 何宝华, 王慧, 何涛, 等. BIPV 组件及其安装应用概述 [J]. 上海节能, 2013, No.3.

[40] 郭剑, 张双燕. 光伏建筑一体化及其设计原则 [J]. 电力需求侧管理, 2013, Vol.15(6).

[41] 江伟山, 周倩. 高铁车站光伏发电系统应用 [J]. 电气时代, 2012, No.4.

[42] 吕芳, 马丽云. 建筑光伏系统工程设计要点研究 [J]. 太阳能, 2013(13).

[43] 刘丽军, 邓子云. 物联网技术与应用 [M]. 北京：清华大学出版社, 2012.

[44] 崔胜民, 新能源汽车技术 [M]. 北京：北京大学出版社, 2009.

[45] 邹政耀, 王若平. 新能源汽车技术 [M]. 北京：国防工业出版社, 2012.

[46] 崔胜民, 韩家军. 新能源汽车概论 [M]. 北京：北京大学出版社, 2011.

[47] 马静, 唐四元, 王涛. 物联网基础教程 [M]. 北京：清华大学出版社, 2012.

[48] 桂小林. 物联网技术导论 [M]. 北京：清华大学出版社, 2012.

[49] 徐勇军, 刘禹, 王峰. 物联网关键技术 [M]. 北京：电子工业出版社, 2012.

[50] 国际电信联盟（ITU）. ITU 互联网报告 2005: 物联网.

[51] 杨玺, 阎芳, 刘军. 无线传感器网络及其在物流中的应用 [M]. 北京：机械工业出版社, 2012, 9.

[52] 辛培哲, 李隽, 王玉东, 等. 配电网通信技术研究及应用 [J], 电力系统通信, 2010(11).

[53] 李媛. 移动通信原理与设备 [M]. 北京：北京邮电大学出版社, 2009.

[54] 袁汉雯. GSM 无线数据传输的研究和应用 [D]. 杭州：浙江大学, 2003.

[55] 盛利军. WiMAX 相关技术及系统测试研究 [D]. 南京：南京邮电大学, 2012.

[56] 岳向睿. WiMAX 网络即时通信系统的实现 [D]. 南京：南京邮电大学, 2013.

[57] 郎为民 . WiMAX 技术讲座 [J]. 中国新通信 , 2009(1)(3)(5)(7)(9)(11).

[58] 孙承先 . 第三代移动通信 (3G) 技术的发展与现状 [J]. 智能建筑与城市信息 , 2007(6).

[59] 宋燕辉 , 杨光辉 . 3G 业务特点及应用研究 [J]. 中国新通信 , 2009(23).

[60] 李珊 . 全球 3G 业务发展与展望 [J]. 现代电信科技 , 2010(1).

[61] 庞政海 . 3G 业务未来发展趋势分析 [J]. 科技创新与应用 , 2012(20).

[62] 谢卫民 . 4G 技术发展的探讨 [J]. 信息通信 , 2013(8).

[63] 姚美菱 , 移动通信原理与系统 [M]. 北京：北京邮电大学出版社 , 2011.

[64] 宋丹阳 . 4G 技术在图书馆中的应用 [D]. 大连：辽宁师范大学 , 2011.

[65] 李蔷 . 基于 4G 的移动图书馆服务平台构建 [D]. 哈尔滨：黑龙江大学 , 2012.

[66] 闻立群 , 胡海波 , 庚志成 . 4G 技术发展特征及趋势分析 [J]. 通信世界 , 2008(2).

[67] 吴红云 . 移动通信前沿：GPRS 技术应用 [J]. 中山大学学报 (自然科学版), 2003(12).

[68] 孙少陵 . GPRS 技术特点及其应用 [J]. 电信技术 , 2002(3).

[69] 杨菁 , 余成波 , 胡晓倩 . GPRS 技术及其应用探析 [J]. 重庆工学院学报 , 2004(2).

[70] 姜大洁 , 何丽峰 , 刘宇超等 . 5G：趋势、挑战和愿景 [J]. 电信网技术 , 2013 (9).

[71] 秦飞 , 康绍丽 . 融合、演进与创新的 5G 技术路线 [J]. 电信网技术 , 2013 (9).

[72] 翟冠楠 , 李昭勇 . 5G 无线通信技术概念及相关应用 [J]. 电信网技术 , 2013 (9).

[73] 李红 , 郭大群 . WiFi 技术的优势与发展前景分析 [J]. 电脑知识与技术 , 2013(7).

[74] 李晓阳 . WiFi 技术及其应用与发展 [J]. 信息技术 . 2012(2).

[75] 侯华 . WIFI 技术以及应用探究 [J]. 信息与电脑 (理论版), 2013(7).

[76] 魏小辉 , 杨美珍 . 无线 WIFI 技术应用分析 [J]. 现代商贸工业 , 2013(18).

[77] 魏伟 . 几种无线宽带接入技术的分析和应用 [J]. 现代商贸工业 , 2009(36).

[78] 向泽凡 . 无线宽带接入市场发展模式研究 [D]. 北京：北京邮电大学 , 2007.

[79] 赵永锋 , 王军选 . 无线宽带接入技术浅析 [J]. 中国集成电路 , 2011(12).

[80] 杨成军 . 无线宽带接入技术及应用分析 [J]. 中国新通信 , 2009(3).

[81] 闻立群 , 胡海波 , 庚志成 . 4G 技术发展特征及趋势分析 [J]. 通信世界 , 2008(2).

[82] 姜大洁 , 何丽峰 , 刘宇超 , 等 . 5G：趋势、挑战和愿景 [J]. 电信网技术 , 2013 (9): 20-26.

[83] 中国电子信息产业发展研究院赛迪智库无线管理研究所 . 6G 概念及愿景白皮书 [EB/OL], 2020.3

[84] 中国信息通信研究院 IMT-2030（6G）推进组 . 6G 总体愿景与潜在关键技术白皮书 [EB/OL], 2021.6

[85] 彭健 , 孙美玉 , 滕学强 . 6G 愿景及应用场景展望 [J]. 中国工业和信息化 , 2020(09):18-25.